El banquete de las banquetas
Artes de México, 2008
Primera edición

Coordinación editorial: Gabriela Olmos
Diseño: Leonardo Vázquez Conde
Asistencia editorial: María Luisa Cárdenas
Traducción: Dominique Dufétel
Corrección: Neige Sinno

Córdoba 69, Col. Roma, 06700, México, D.F.
Teléfonos 52 (55) 5208 3217, 5208 3205

ISBN: 978-970-683-348-8

Impreso en México

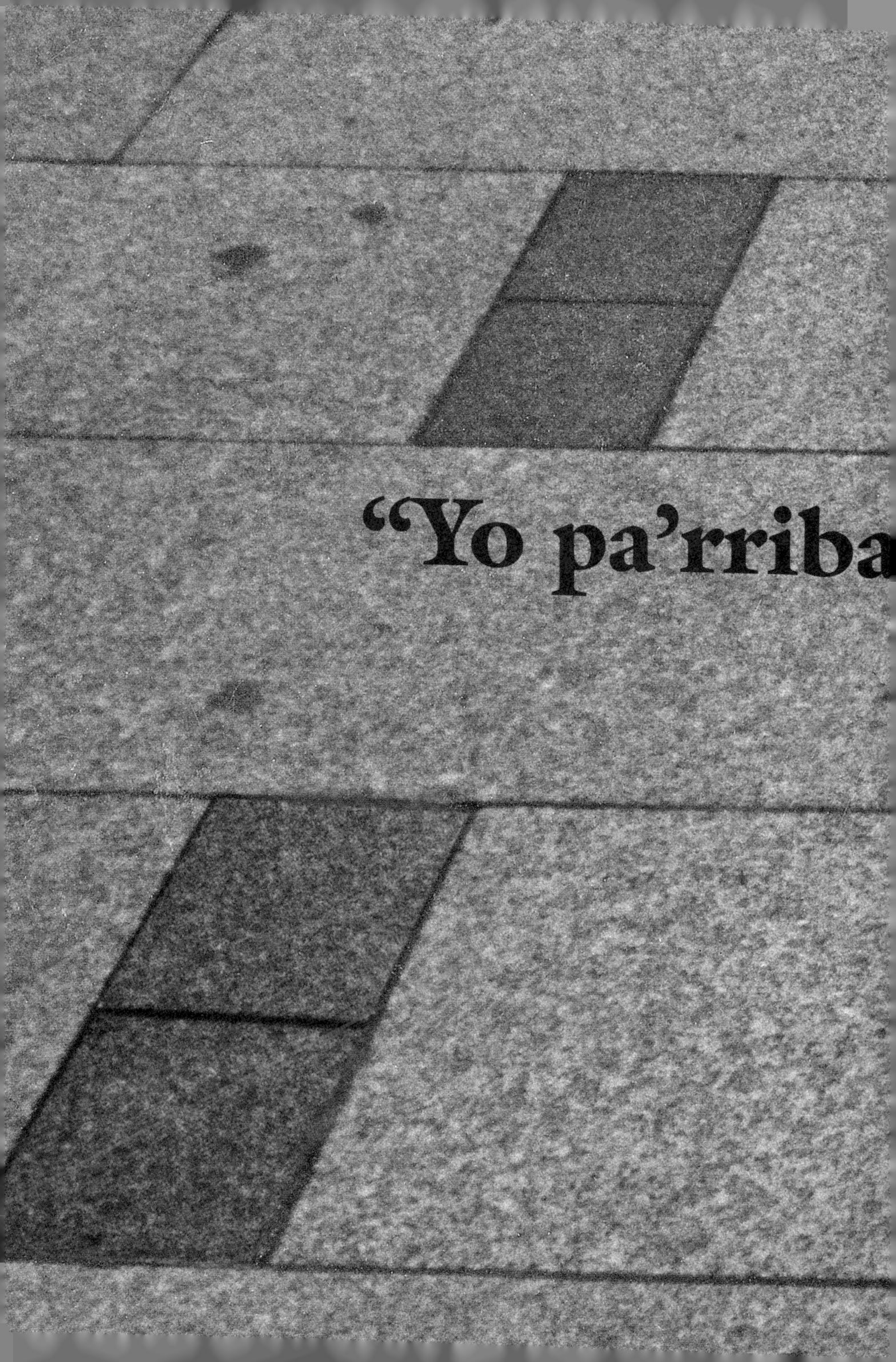
“Yo pa’rriba

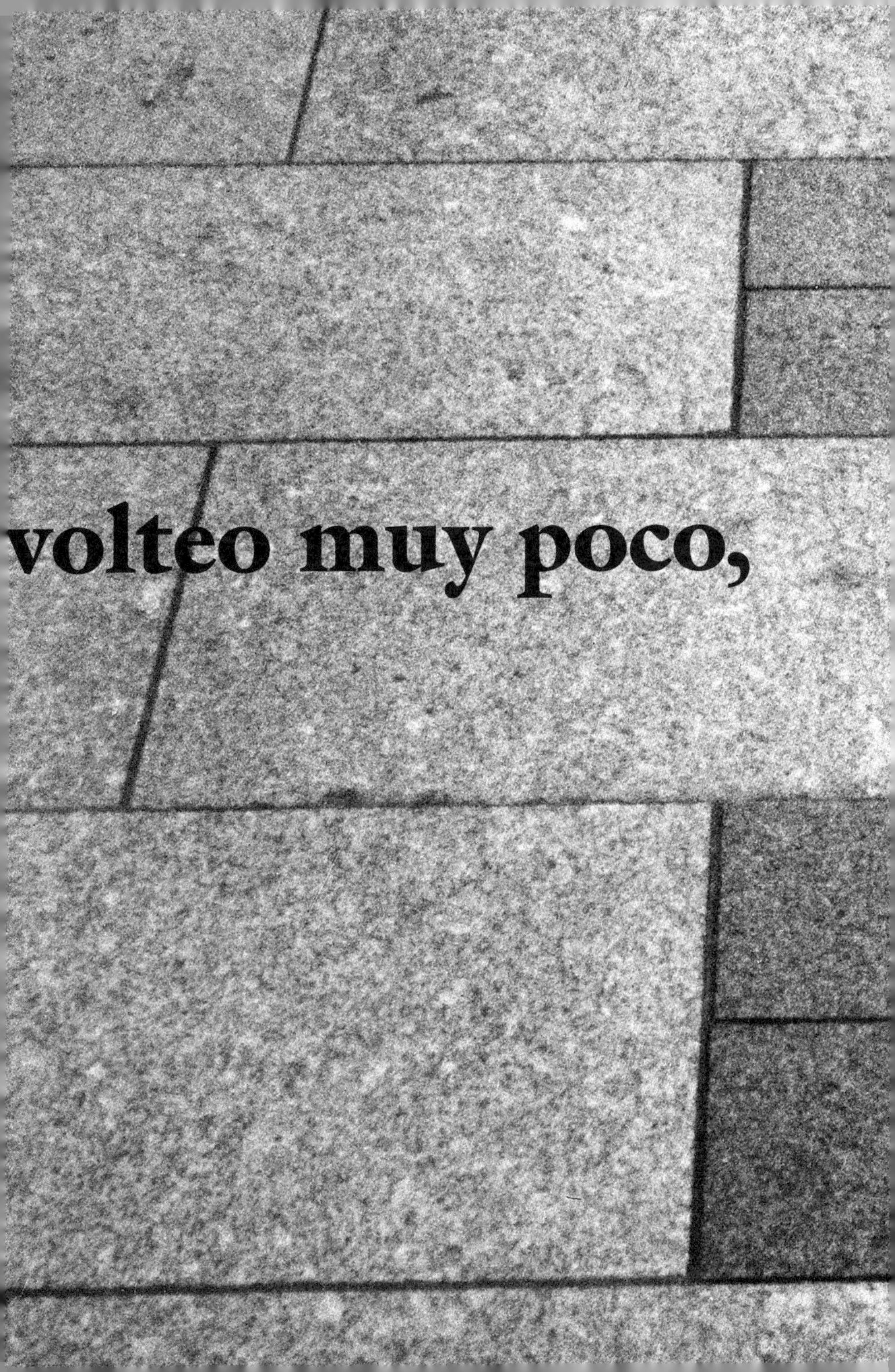

volteo muy poco,

Prólogo

Gérard Fontaine

"París es una mujer...
De nariz respingada y aire burlón,
Con ojos siempre risueños".

Así cantaba Mistinguett, ataviada con plumas y diamantes, al bajar las escalinatas del Folies-Bergères en los años locos de la década de 1920, del brazo de sus *boys.*

El primero en equiparar París con una mujer fue un poeta; el segundo, como todos los segundos, debe de haber sido un imbécil. En cuanto al tercero, ya era un clásico, pues no han faltado los "terceros", y la sensualidad de esta ciudad ha inspirado numerosas comparaciones voluptuosas. Algunos inclusive han invertido la metáfora y la han hecho hombre; por lo menos es lo que podemos suponer al escuchar esta otra canción célebre: "El Sena es una amante y París duerme en su lecho".

Hombre o mujer, qué importa; para el imaginario de los poetas y para el nuestro, París es un ser vivo, como pocas ciudades en el mundo. Posee un corazón, que fue también su cuna, la *Cité*; posee un vientre, las *Halles* de Baltard, inolvidables y nunca olvidadas; posee arterias y entrañas, pero tiene sobre todo el espíritu, la ojeada viva, la mirada aguda, el sentido del ridículo y el odio al mal gusto: el espíritu de París.

Pero la que siempre vuelve es la idea de la sensualidad, el amor, la piel, lo más profundo que existe en el hombre, según Paul Valéry. ¿No ocurre lo mismo en una ciudad como París? ¿No serán su pavimento, sus calles y sus banquetas, la piel de París, lo más profundo de esa sensual ciudad?

Ese empedrado es el que Bruno Newman ha recorrido y fotografiado por millares. A través de su lente, cosas admirables, cosas innombrables, cosas triviales y reconciliaciones inauditas —como aquella reja de alcantarilla transformada en calavera Catrina por la magia de algunos trazos de gis—, todo evoca alguna verdad de París.

Gracias al ingenio de un montaje que permite al lector hojear al azar y volver a componer sin cesar un cuadro caleidoscópico, lo raro y lo infame se combinan para engendrar una fascinante extrañeza, una obra de arte. Como aquellos artistas antiguos que hacían con un bloque de mármol lo mismo un dios que una pila, o como aquellos artistas contemporáneos que encuentran su miel en los restos de los botes de basura, Bruno Newman compone con pequeñeces una sinfonía.

Los surrealistas sostenían que la realidad es fea por definición; según ellos, la belleza sólo existe en lo que no es real. Fue el hombre quien introdujo la belleza en el mundo. Para producir belleza es necesario alejarse lo más posible de la realidad. Bruno Newman a la vez le da y le quita la razón a André Breton; quizá la realidad sea

Préface

Gérard Fontaine

"Paris, c'est une femme..."
"Le nez retroussé, l'air moqueur,"
"Les yeux toujours rieurs..."

Ainsi chantait Mistinguett, emplumée et endiamantée, en descendant au bras de ses "boys" l'escalier des Folies Bergères des années folles.

Le premier qui compara Paris à une femme était un poète ; le second, comme tous les seconds, devait être un imbécile. Quant au troisième, c'était déjà un classique ; car les "troisièmes" n'ont pas manqué et la sensualité de cette ville a inspiré bien des rapprochements voluptueux. Certains ont même inversé la métaphore et l'ont faite homme ; du moins peut-on le supposer si l'on en croit une autre chanson célèbre :

"La Seine est une amante et Paris dort dans son lit..."

Homme ou femme, qu'importe ; pour l'imaginaire des poètes et pour le nôtre, Paris est un être vivant, comme peu de villes au monde. Elle a son cœur, qui fut aussi son berceau, la Cité ; elle a son ventre, les Halles, celles de Baltard, inoubliables, inoubliées ; elle a ses artères et ses entrailles ; elle a surtout l'esprit, le coup d'œil vif, l'aperçu fin, le sentiment du ridicule et la haine du faux-goût : l'esprit de Paris.

Mais c'est toujours l'idée de sensualité qui revient, c'est l'amour, c'est la peau, ce qu'il y a de plus profond dans l'homme si l'on en croit Paul Valéry. Dans une ville, à Paris, n'en va-t-il pas de même ? La peau de Paris, le plus profond de cette ville sensuelle, n'est-ce pas ses pavements, sa chaussée, ses trottoirs ?

C'est ce pavé que Bruno Newman a arpenté et photographié par milliers d'images. Sous son objectif, des choses admirables, des choses innommables, des choses banales et des rapprochements inouïs - cette grille d'égoût transformée en *Calavera Catrina* par la grâce de quelques traits de craie - tout évoque une vérité de Paris.

Par le génie d'un montage qui permet au lecteur de feuilleter au hasard et de recomposer sans cesse un tableau kaléidoscopique, le rare et l'infâme, en se combinant, engendrent une fascinante étrangeté, une œuvre d'art. Comme ces artistes anciens qui, d'un bloc de marbre faisaient un dieu ou une cuvette, comme ces artistes modernes qui trouvent leur miel dans les rebuts des poubelles, Bruno Newman compose avec de petits riens une symphonie.

Les surréalistes soutenaient que la réalité est laide par définition ; pour eux, la beauté n'existe que dans ce qui n'est pas réel. C'est l'homme qui a introduit la beauté dans le monde. Pour produire du beau, il faut s'écarter le plus possible de la réalité. Bruno Newman donne à la fois tort et raison à André Breton : peut-être, la réalité est-elle laide par définition ; certainement, c'est l'homme qui introduit le beau dans le

El banquete de las banquetas

Bruno Newman

París es la ciudad que más me gusta en el mundo.

La emoción que sentí al ver la primera vez la Torre Eiffel desde el avión, hace 35 años, la sigo teniendo cada vez que llego a la Ciudad Luz.

De París me gusta todo: su trazo, su arquitectura, sus parques, sus cementerios, sus mercados, sus calles, su río, sus iglesias, sus árboles, sus atardeceres, su comida y, desde luego, su gente. Los parisinos son hospitalarios y amables, dispuestos a ayudar al visitante.

La ciudad es inagotable y pareciera estar hecha para caminar. Andando por las calles de París se aprecian y se gozan por igual el detalle de un quicio, una puerta, una escultura, un edificio, un puente, un jardín y los árboles de una calle en perspectiva.

Del diseño más específico al paisaje más urbano, todo es espléndido (excluyendo la horrible Torre de Montparnasse, que viene a ser la excepción que confirma la regla). Me refiero al París clásico, al París histórico, al París de Hausmann, más que al París moderno que tiene otros méritos, entre ellos, el de no mezclarse con el viejo París.

He deambulado por los veinte barrios de París cientos o miles de horas, y lo maravilloso de cada incursión es que París se vuelve a manifestar fresco, inédito y lleno de sorpresas agradables cada vez que uno se lanza a gozarlo. No importa si la caminata es breve o larga, si se preparan los sentidos para el gozo: uno siempre encuentra nuevos motivos de enamoramiento con esa maravillosa ciudad.

Es evidente que los parisinos lo saben, y aprecian y protegen su ciudad. Lo hacen con discreción y elegancia, sumándose a la acción de muchos gobiernos nacionales y citadinos que sucesivamente la han cuidado y arropado, y lo siguen haciendo.

Uno se apresta a salir de casa a caminar por París y la aventura es siempre excitante, porque se va a disfrutar algo nuevo, sin importar si se han recorrido esas calles o esas avenidas innumerables veces. Los escenarios son cambiantes y nuestro ánimo, por alguna razón extraña, se prepara para lo inédito, lo nuevo y lo diferente. Esta generosidad de la más bella ciudad del mundo nos lleva a mantener el ojo alerta para captar las experiencias que se van a suceder sin prisa ni pausa.

En nuestras últimas y más prolongadas estancias en París, Patricia y yo recorrimos la ciudad de arriba abajo y de un lado a otro. Siempre me llamó la atención el cuidado con que se hicieron las instalaciones para los servicios a la comunidad parisina: el gas, la electricidad, el agua, los teléfonos, entre otros, y comencé a dividir mi atención entre la arquitectura, la perspectiva urbana y las banquetas. Estas últimas me contaban una historia nueva de París y comencé a fotografiarlas. Este libro recoge una visión de París desde 1.70 metros de altura,

Un banquet de trottoirs

Bruno Newman

Paris est la ville au monde que j'aime le plus. L'émotion que j'ai ressentie, la première fois que j'ai vu la Tour Eiffel de l'avion, il y a 35 ans, je la ressens encore chaque fois que j'arrive dans la Ville Lumière. J'aime tout à Paris. Son tracé, son architecture, ses jardins, ses cimetières, ses marchés, ses rues, son fleuve, ses églises, ses arbres, ses soirs, ses mets et, bien entendu, ses habitants. Les Parisiens sont hospitaliers et aimables, prêts à aider le visiteur.

La ville est inépuisable et semble être faite pour la marche. Le long des rues de Paris, on peut apprécier et aimer aussi bien le détail d'une ferrure qu'une porte, une sculpture, un immeuble, un pont, un parc ou les arbres d'une rue vue en perspective.

Du moindre de ces détails à l'ensemble du contexte urbain, tout est magnifique (hormis l'horrible Tour Montparnasse, exception qui confirme la règle). Je pense évidemment au Paris classique, au Paris historique et au Paris d'Haussmann plus qu'au Paris moderne, qui a d'autres mérites - entre autres celui de ne pas se mélanger au vieux Paris. J'ai déambulé dans les vingt arrondissements de Paris pendant des centaines ou des milliers d'heures et ce qu'il y a de merveilleux, c'est qu'à chaque fois que l'on se lance à sa découverte, Paris se présente avec une fraîcheur nouvelle et pleine de surprises agréables. N'importe quelle promenade, brève ou longue, dès lors que l'on est disposé à en profiter, donne toujours de nouvelles raisons d'aimer cette ville merveilleuse. Il est évident que les Parisiens le savent, apprécient et protègent leur ville. Ils le font avec une discrétion et une élégance qui s'ajoutent à l'action de nombreux gouvernements et de nombreuses mairies qui, à tour de rôle, l'ont choyée et ornée et continuent à le faire.

On est toujours pressé de sortir pour marcher dans Paris et l'aventure garde son attrait parce que l'on y découvre chaque fois quelque chose de nouveau ; même si l'on a parcouru ses rues et ses avenues d'innombrables fois, les promenades y sont immanquablement différentes. Les vues sont changeantes et, pour on ne sait quel motif singulier, l'âme y est prête à accueillir l'inédit, la nouveauté, la différence. La générosité de la plus belle ville du monde pousse à rester l'œil aux aguets pour saisir ce qui se présente sans hâte et sans interruption.

Au cours de nos derniers séjours à Paris, qui furent plus longs que les précédents, Patricia et moi avons parcouru la ville du Nord au Sud et d'Est en Ouest. J'ai toujours remarqué le soin avec lequel les installations mises au service de la communauté parisienne ont été réalisées : le gaz, l'électricité, l'eau, le téléphone, entre autres. Mon attention a, au début, été partagée entre l'architecture, la perspective urbaine et les trottoirs. Ces derniers me racontaient une nouvelle histoire de Paris et j'ai commencé à les photographier.

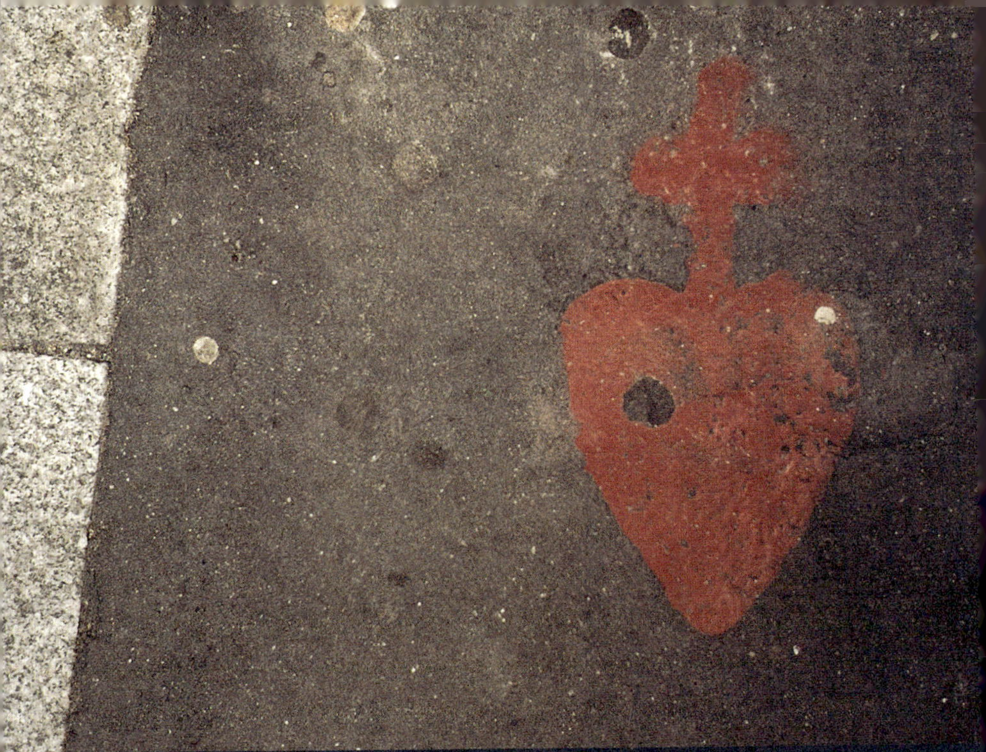
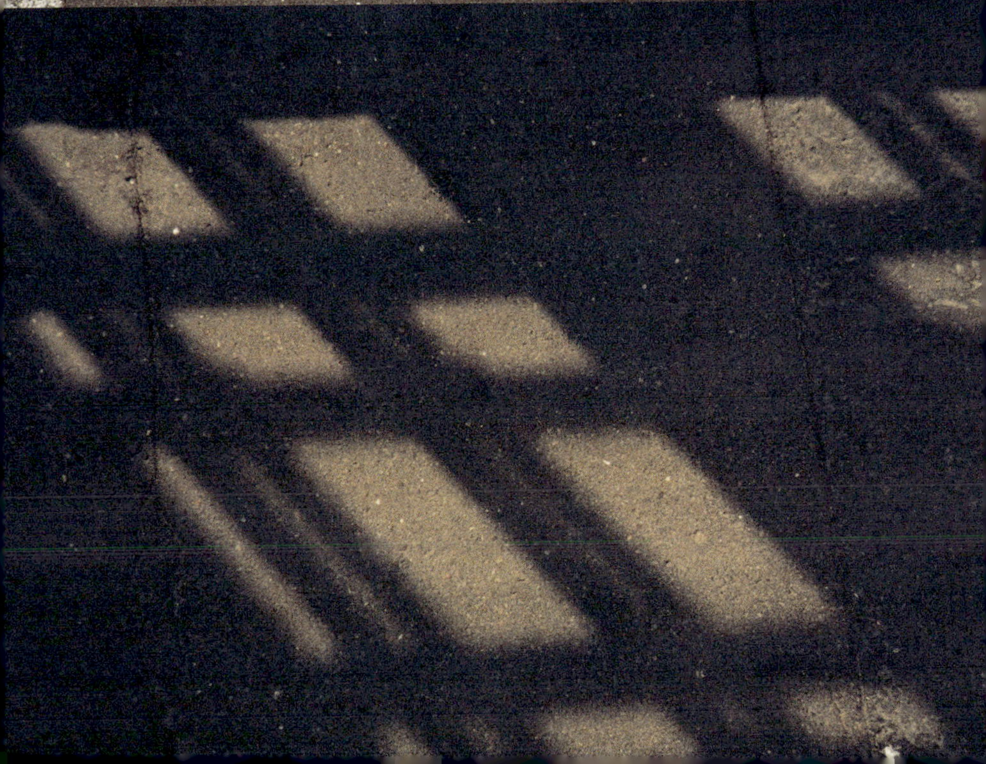

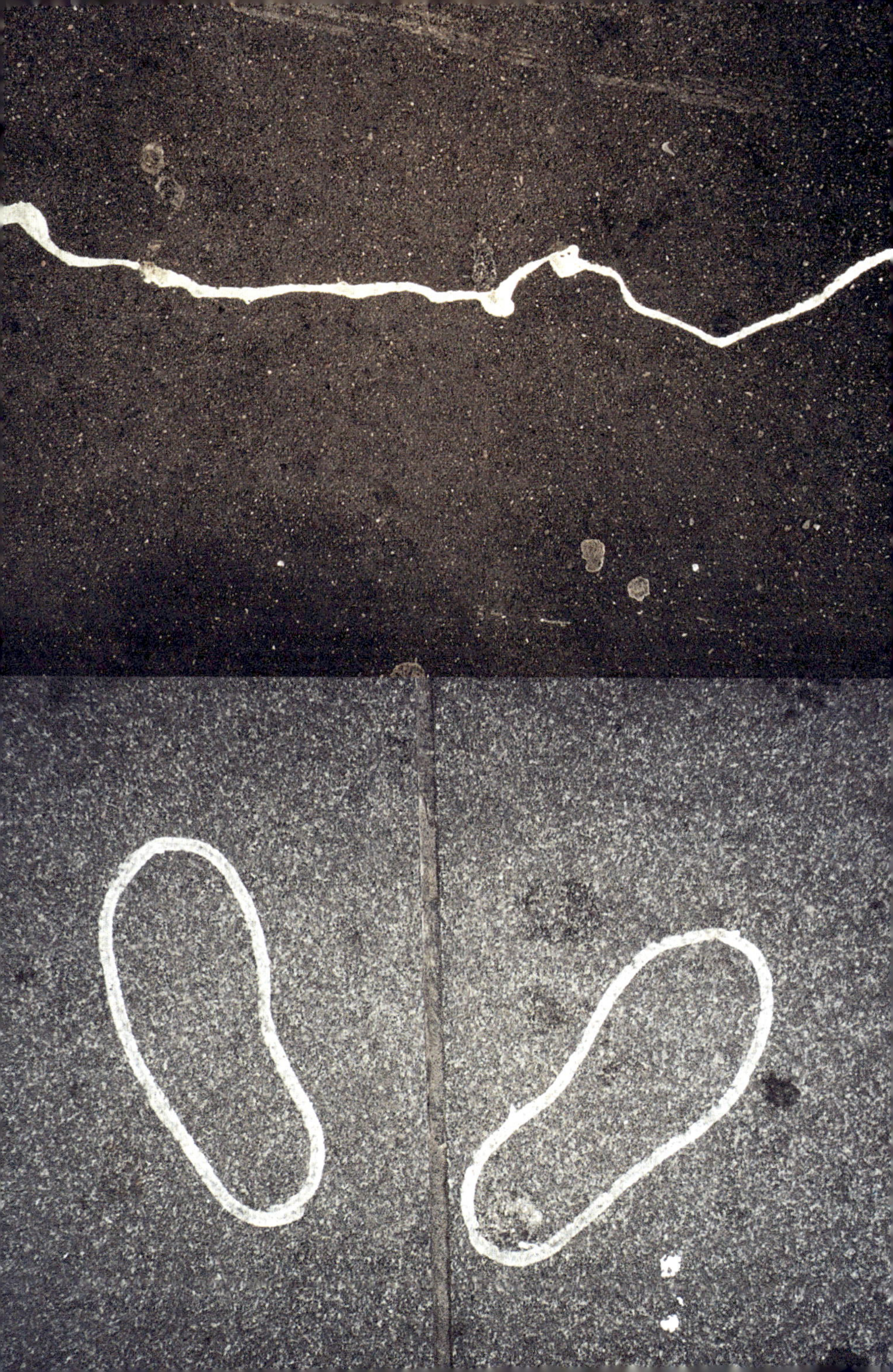

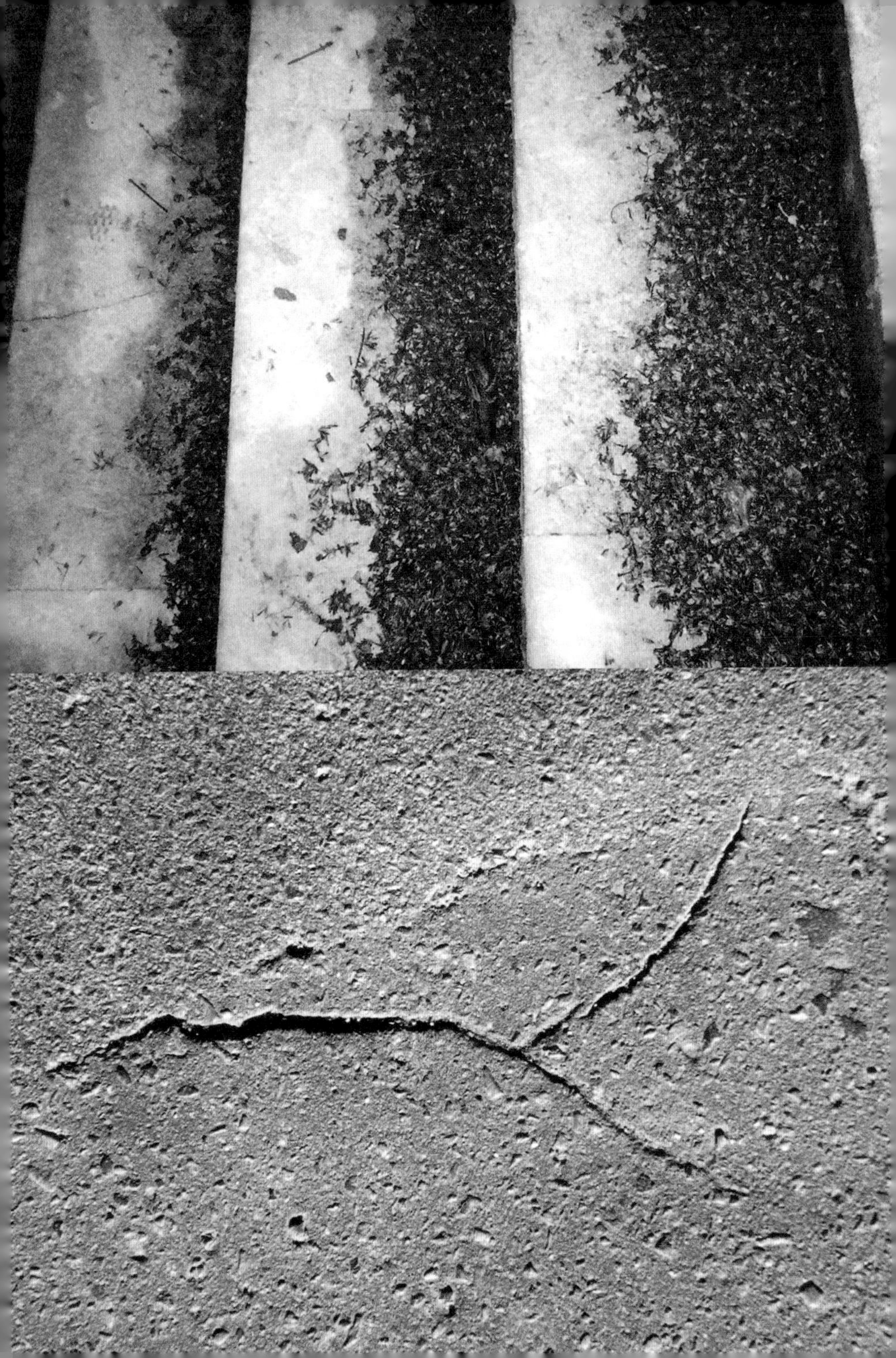

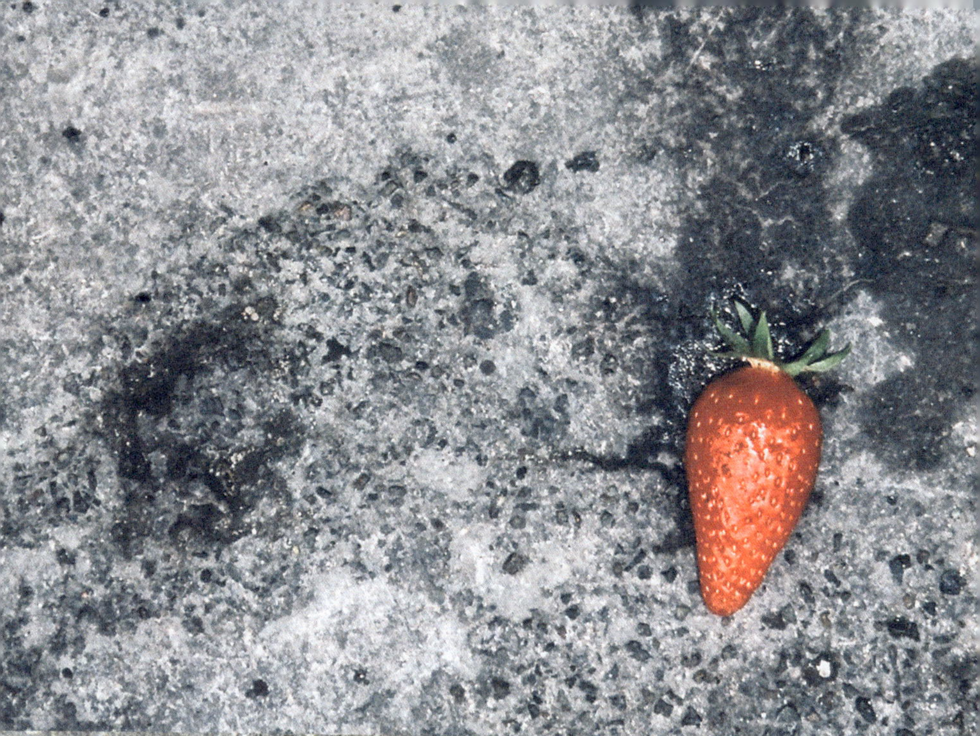

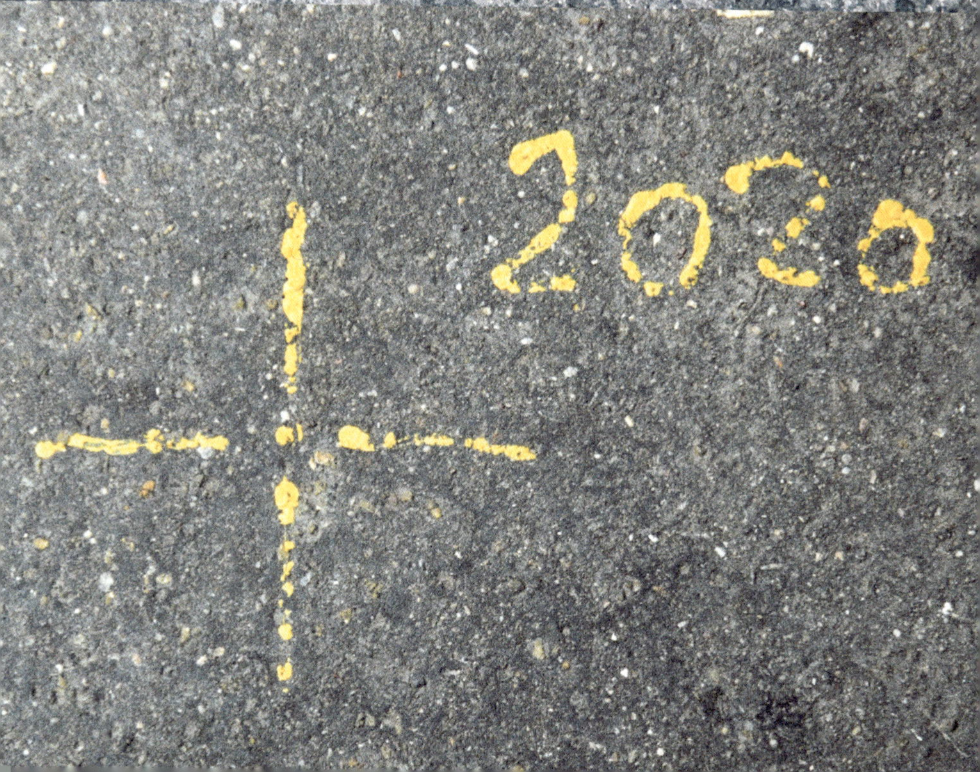
2020

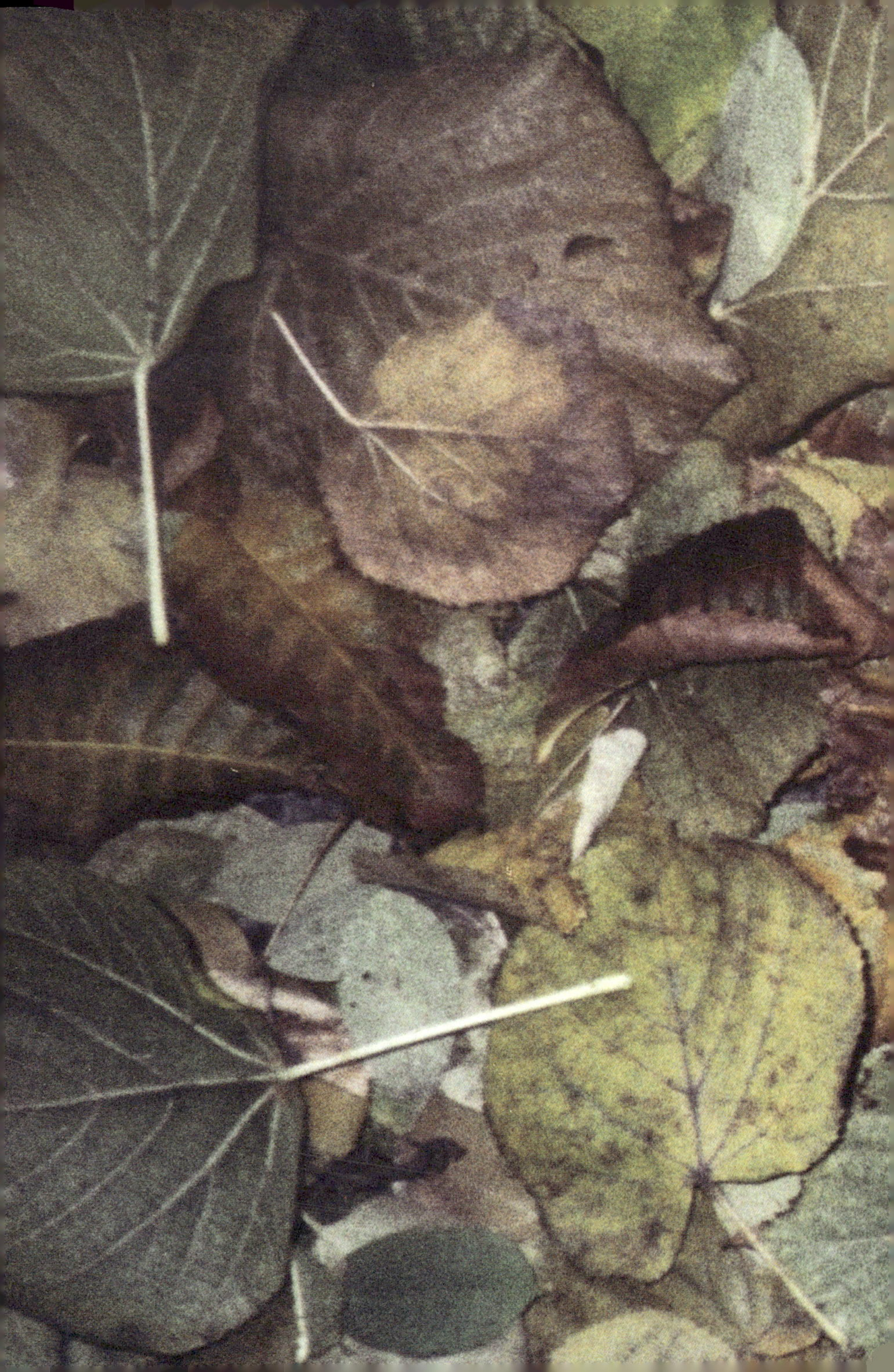

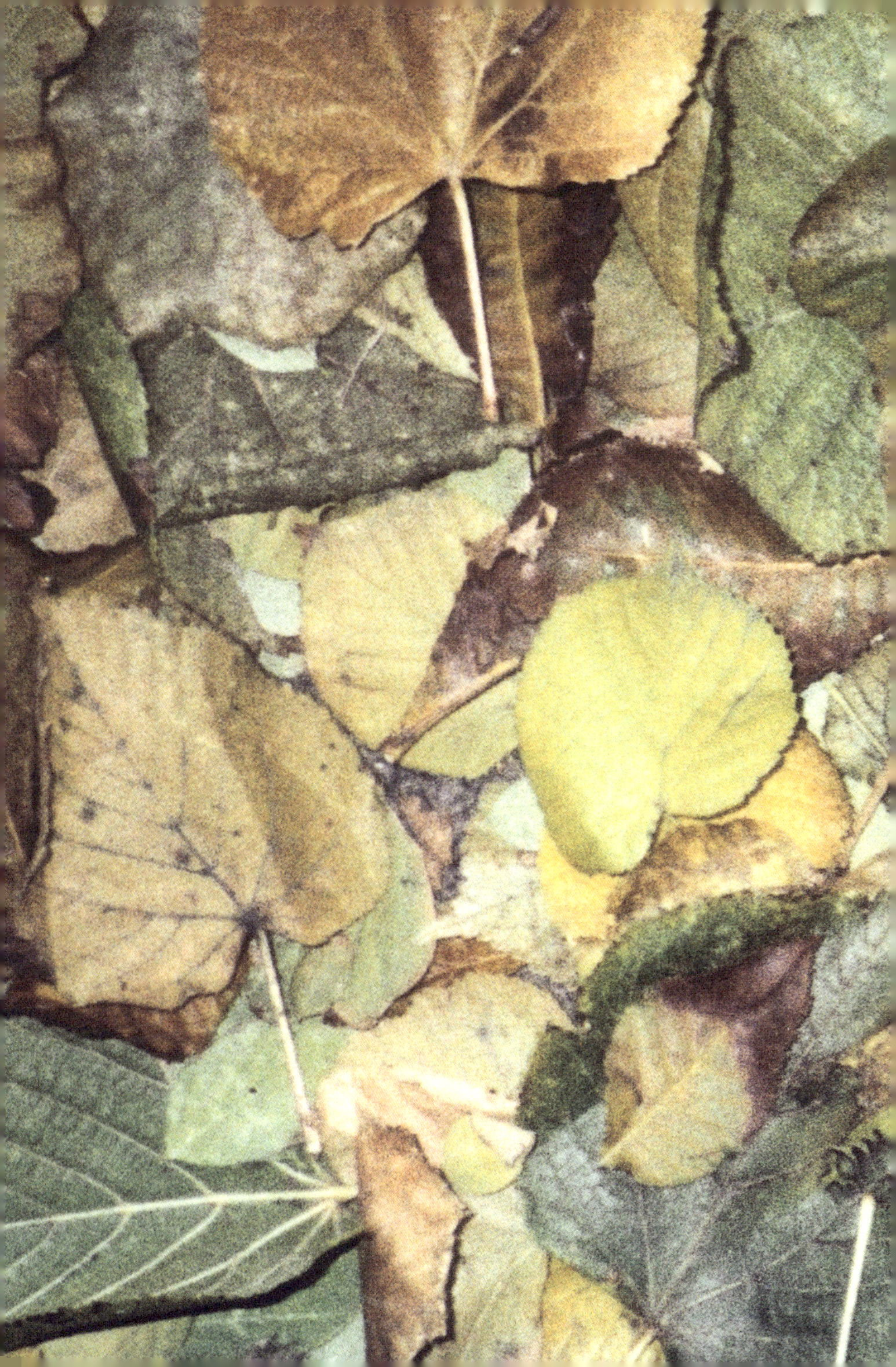

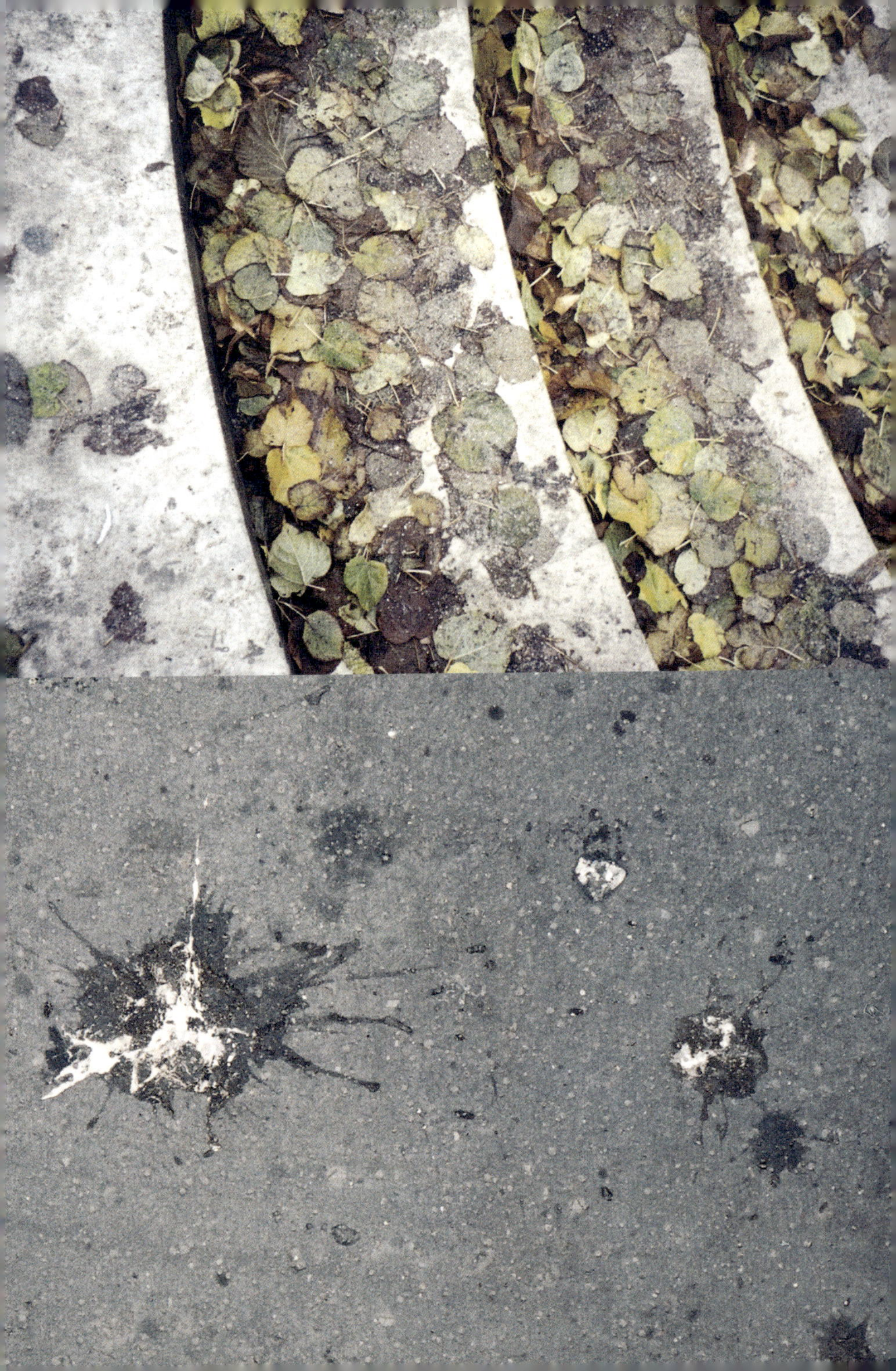

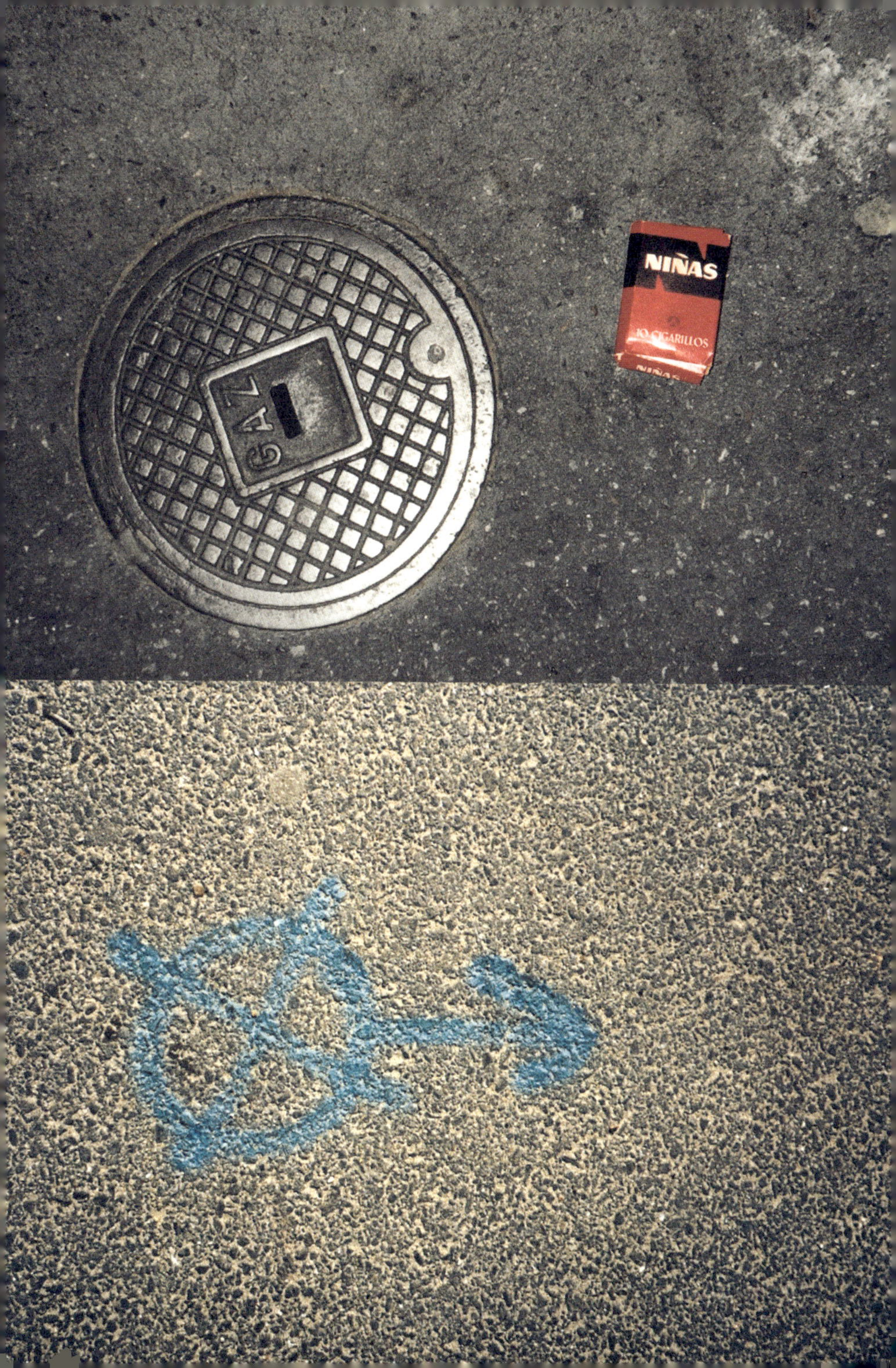
GAZ
NIÑAS
10 CIGARILLOS

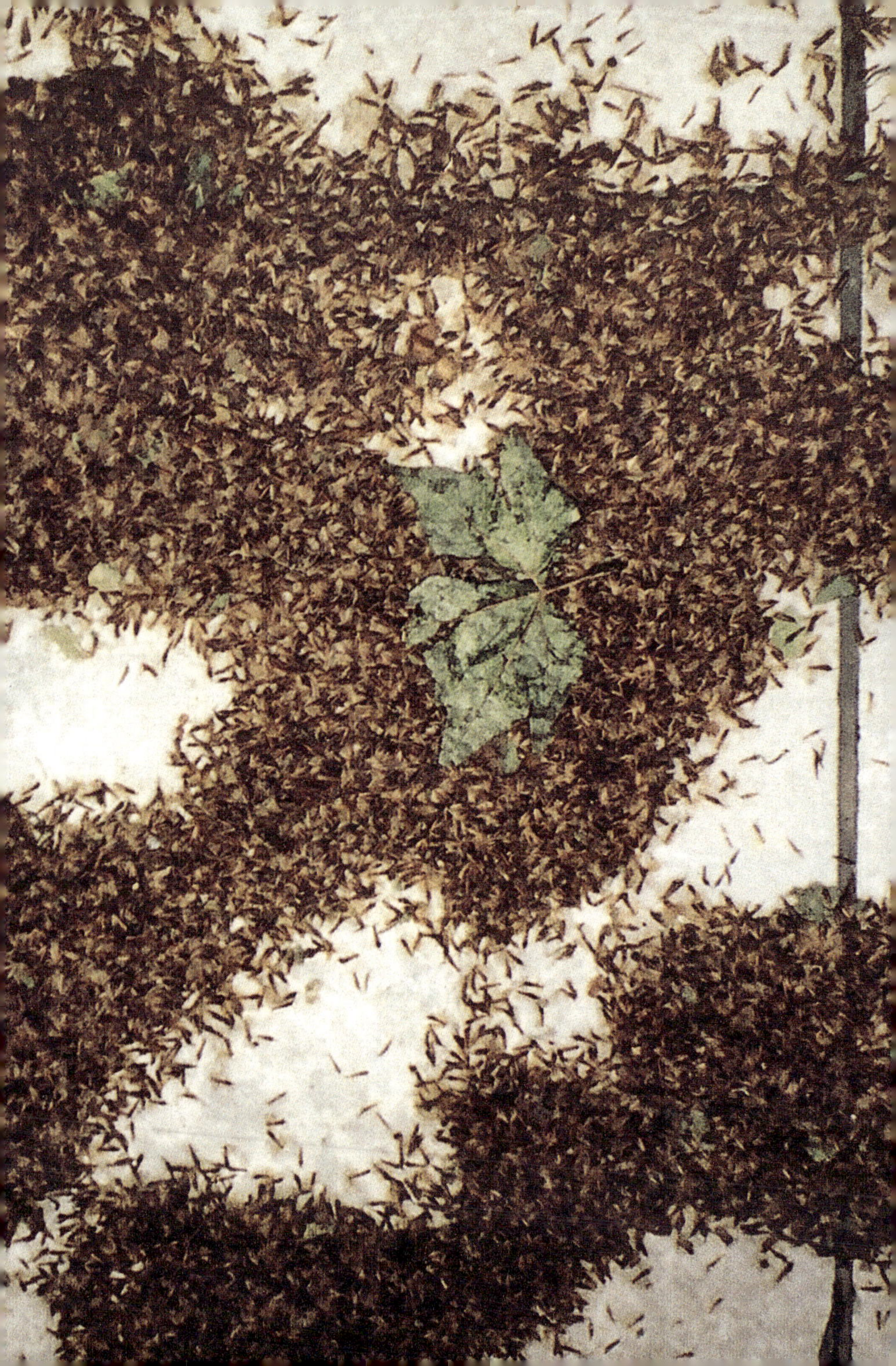

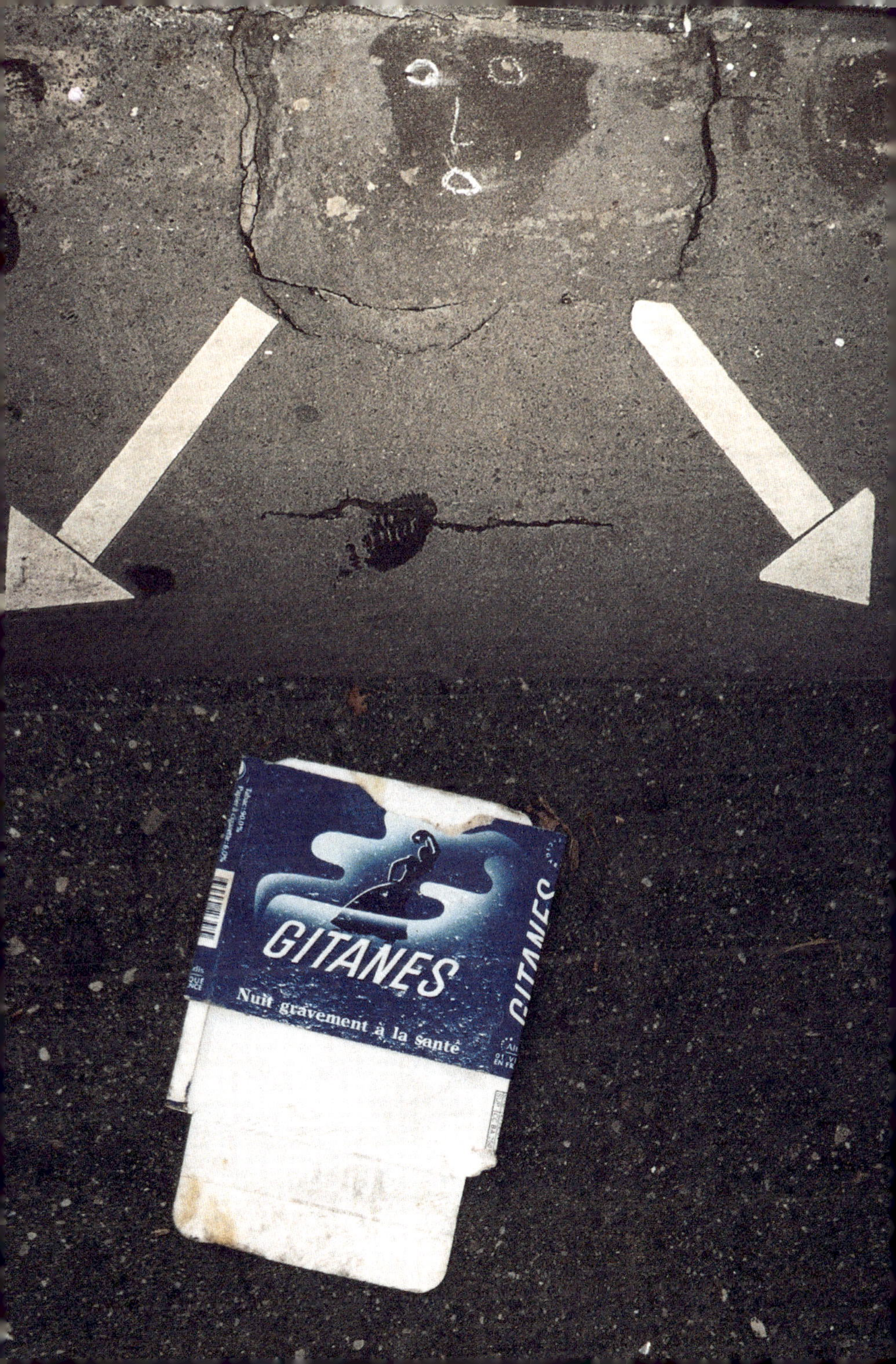
GITANES
Nuit gravement à la santé
GITANES

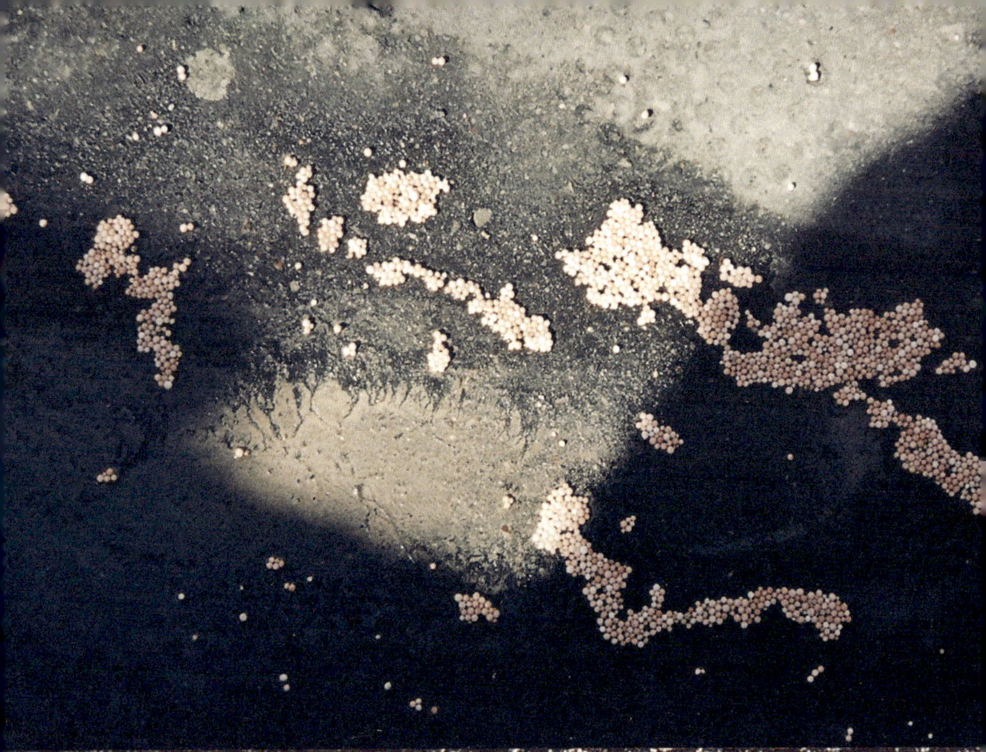

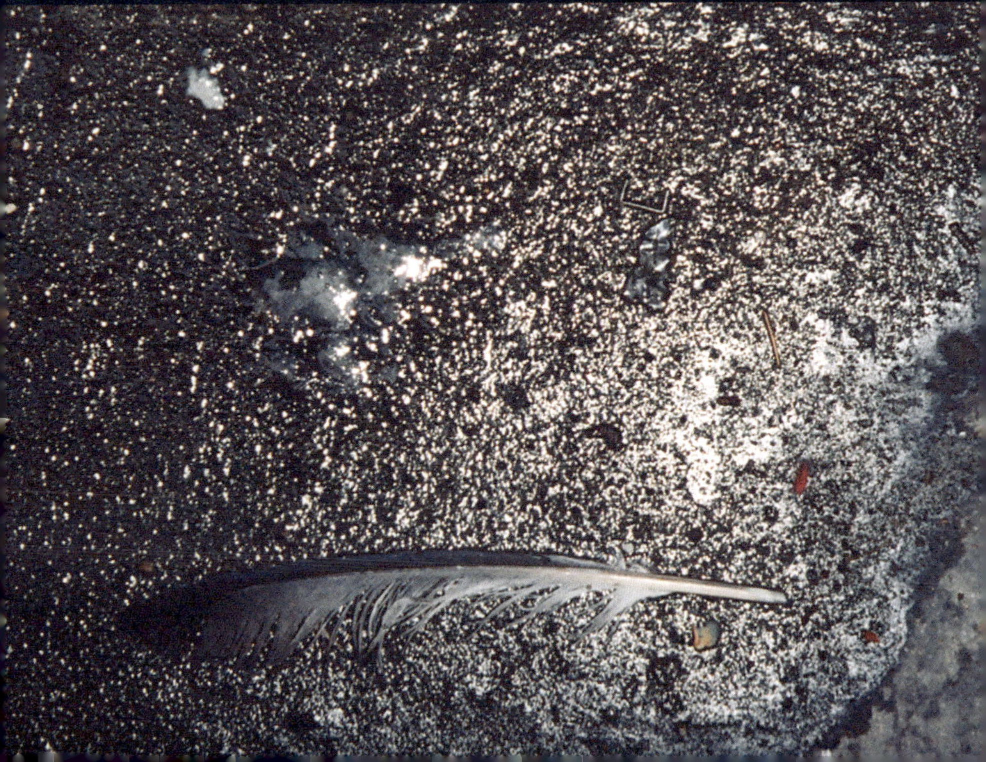

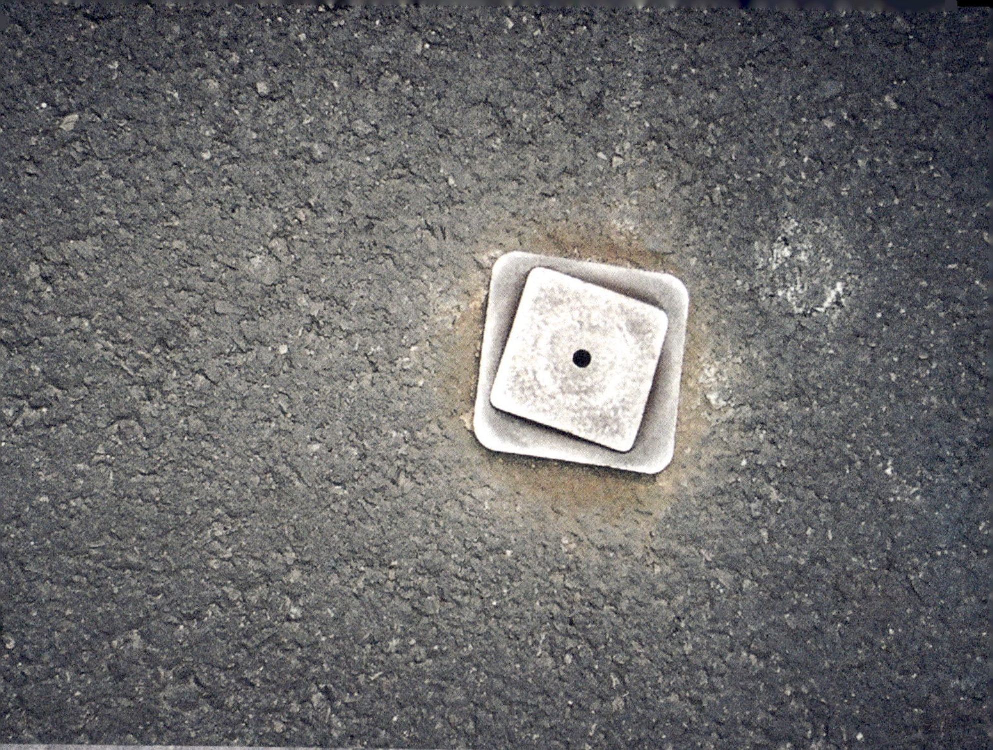

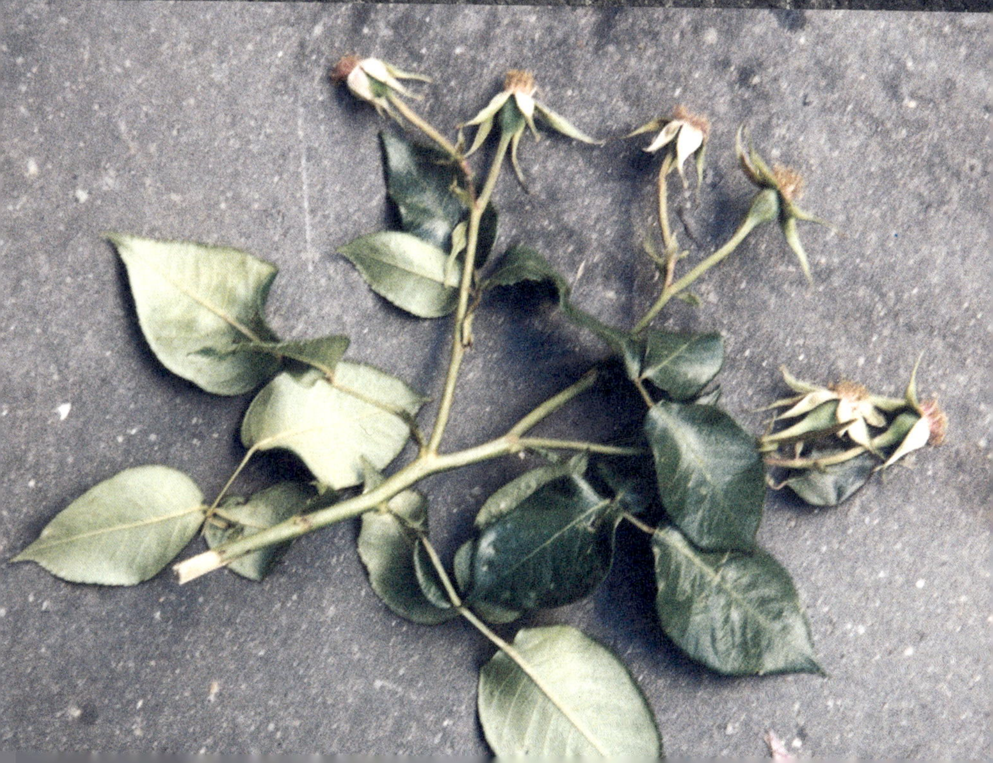

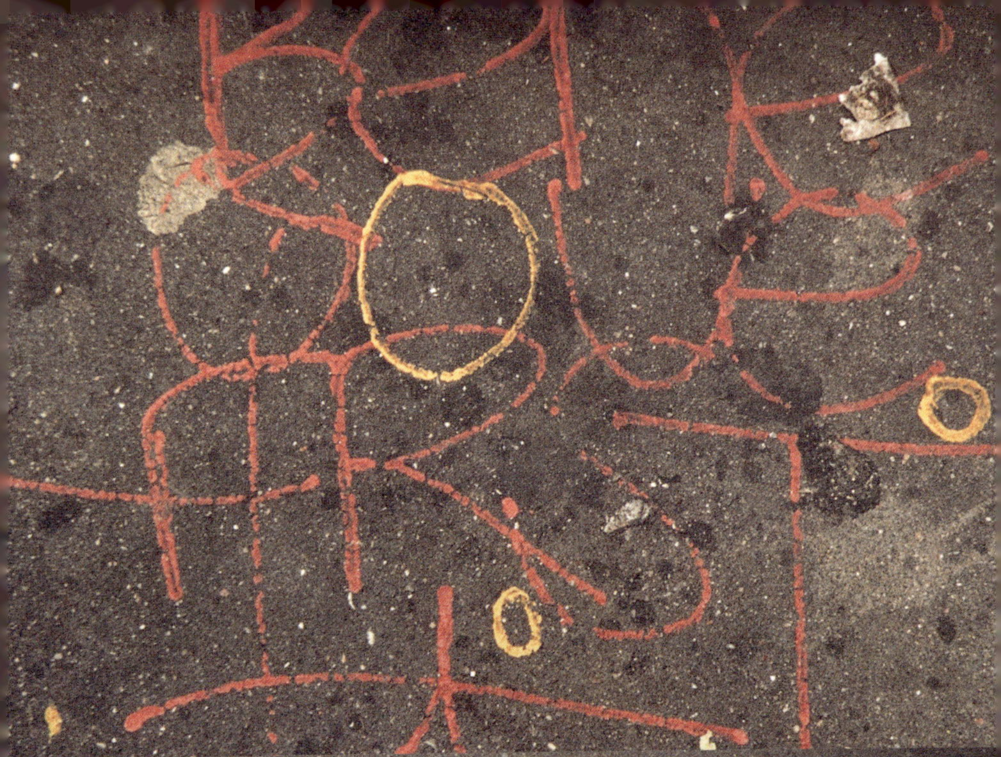

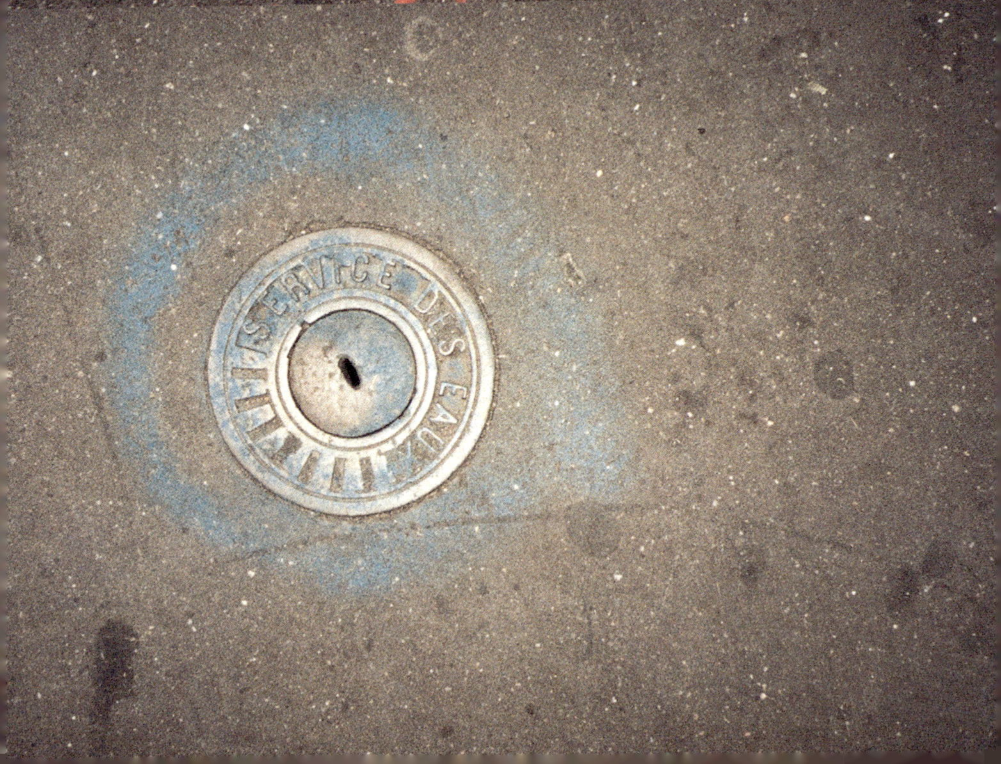
SERVICE DES EAUX

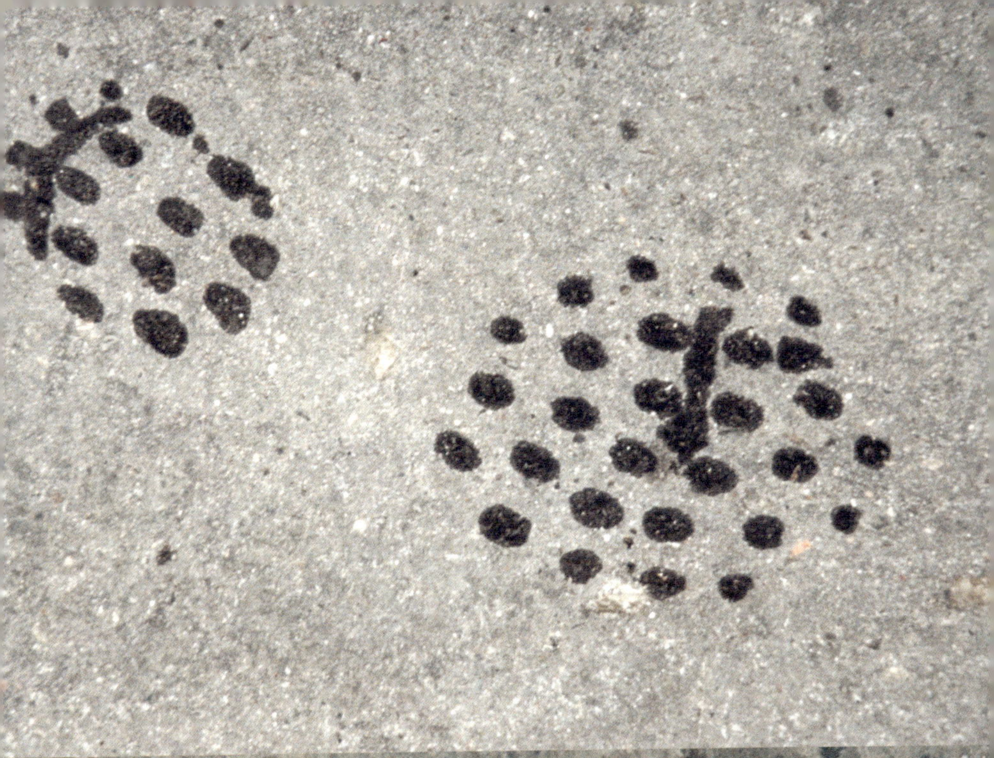

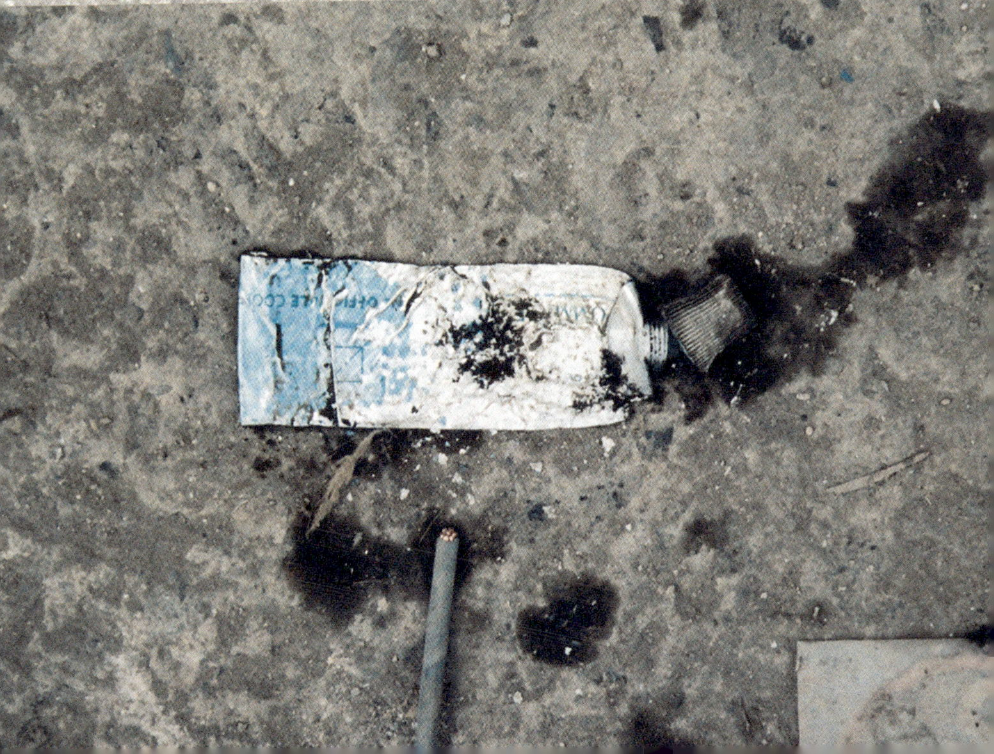

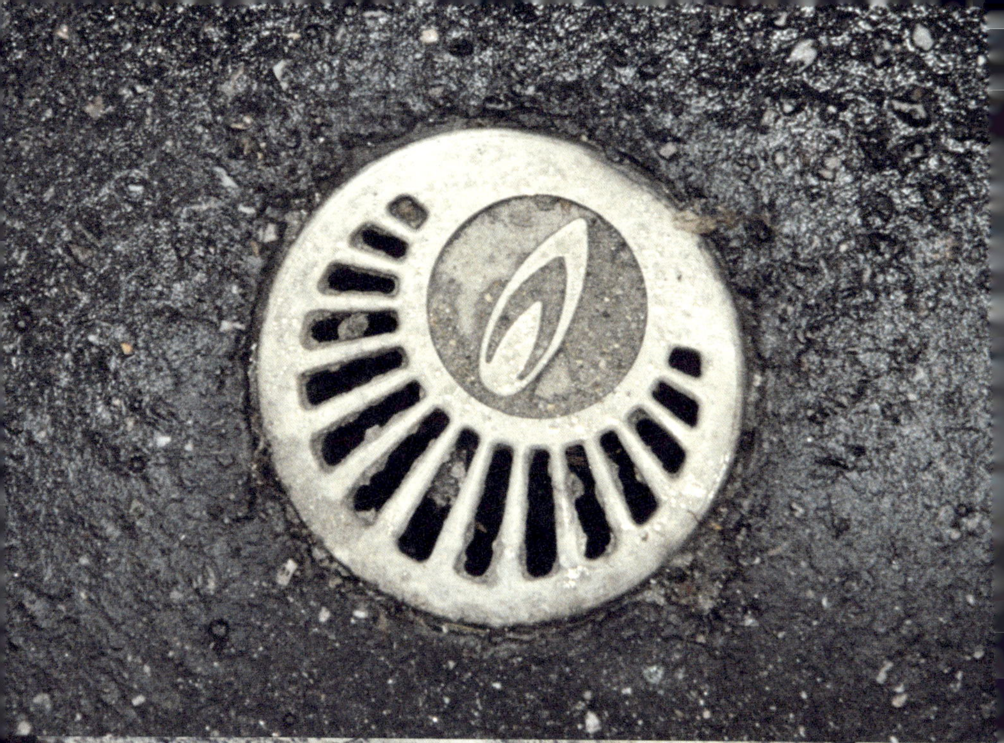

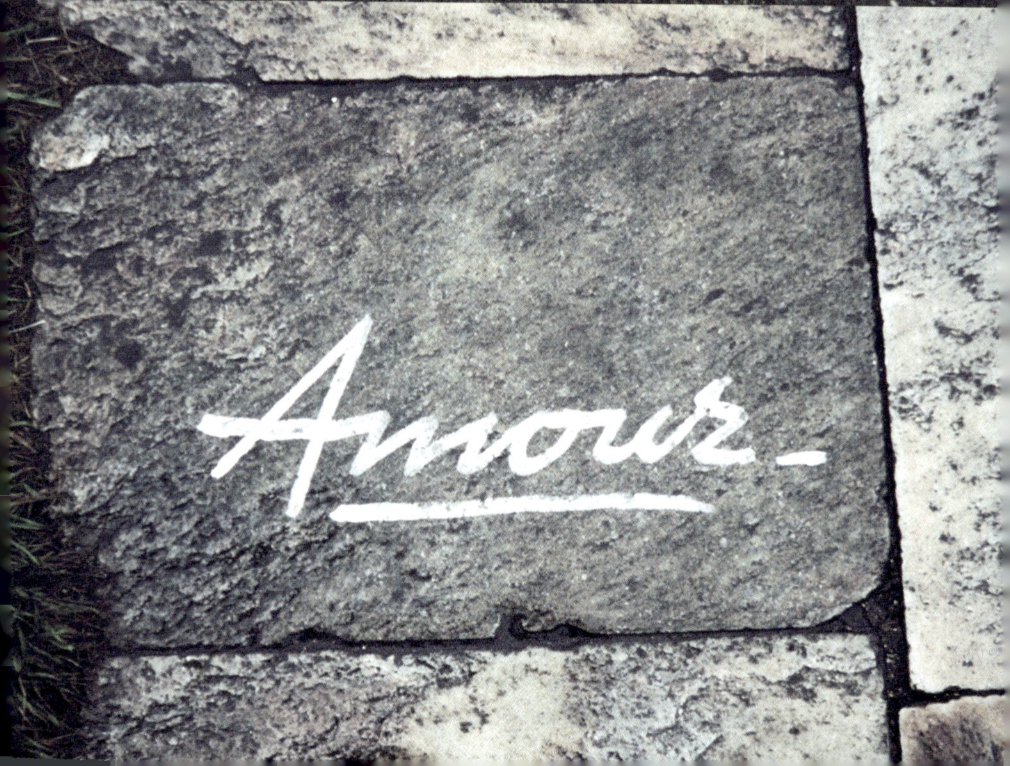
Amour

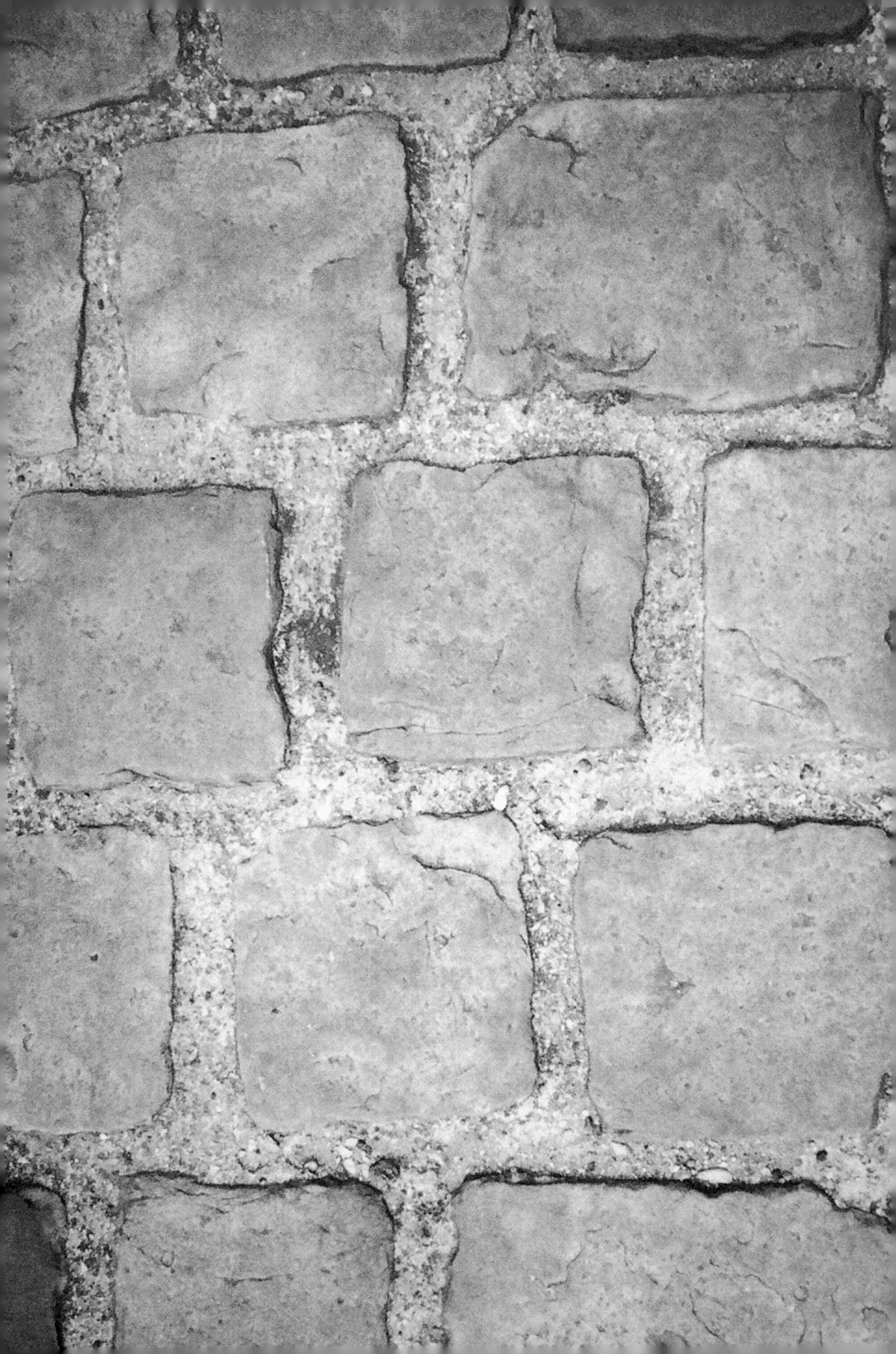

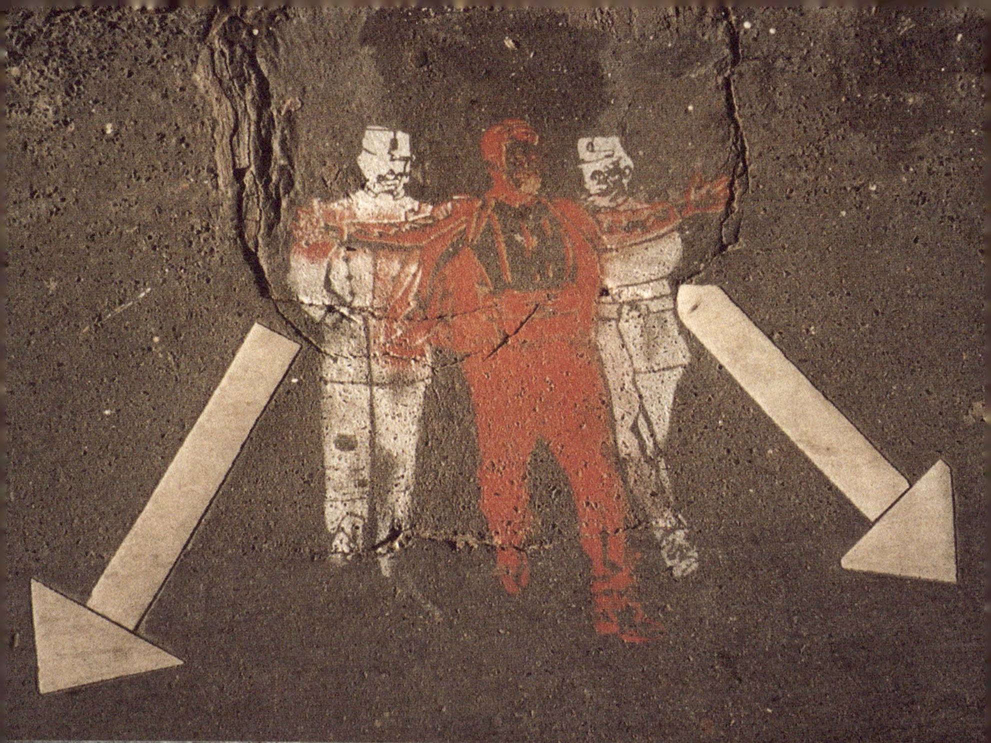

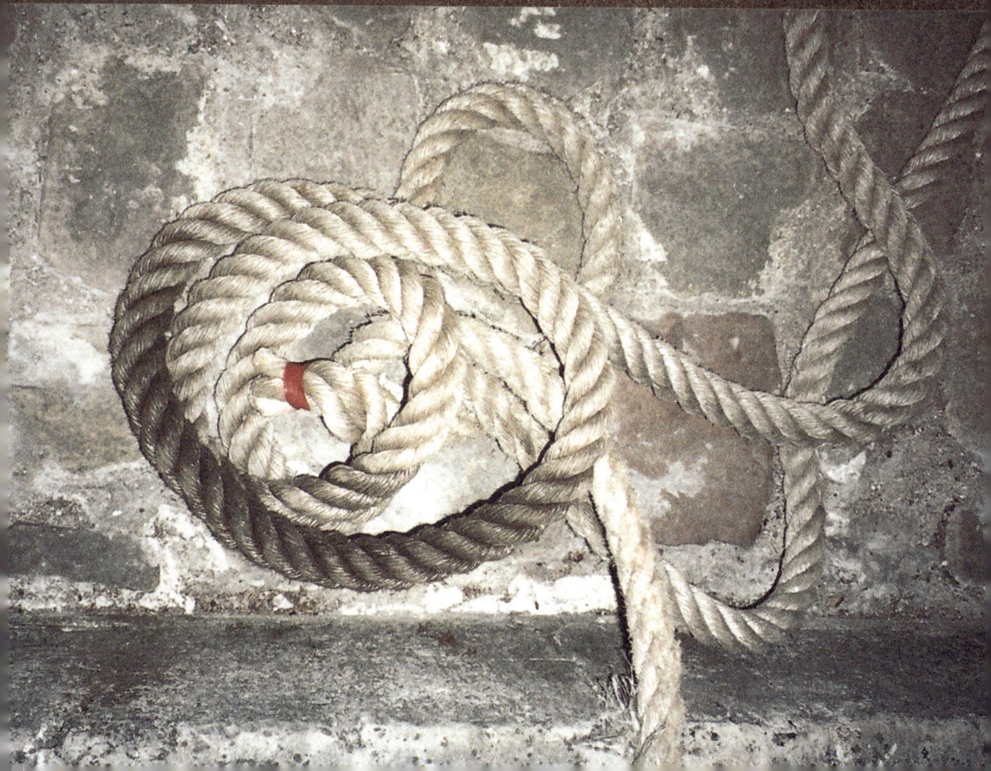

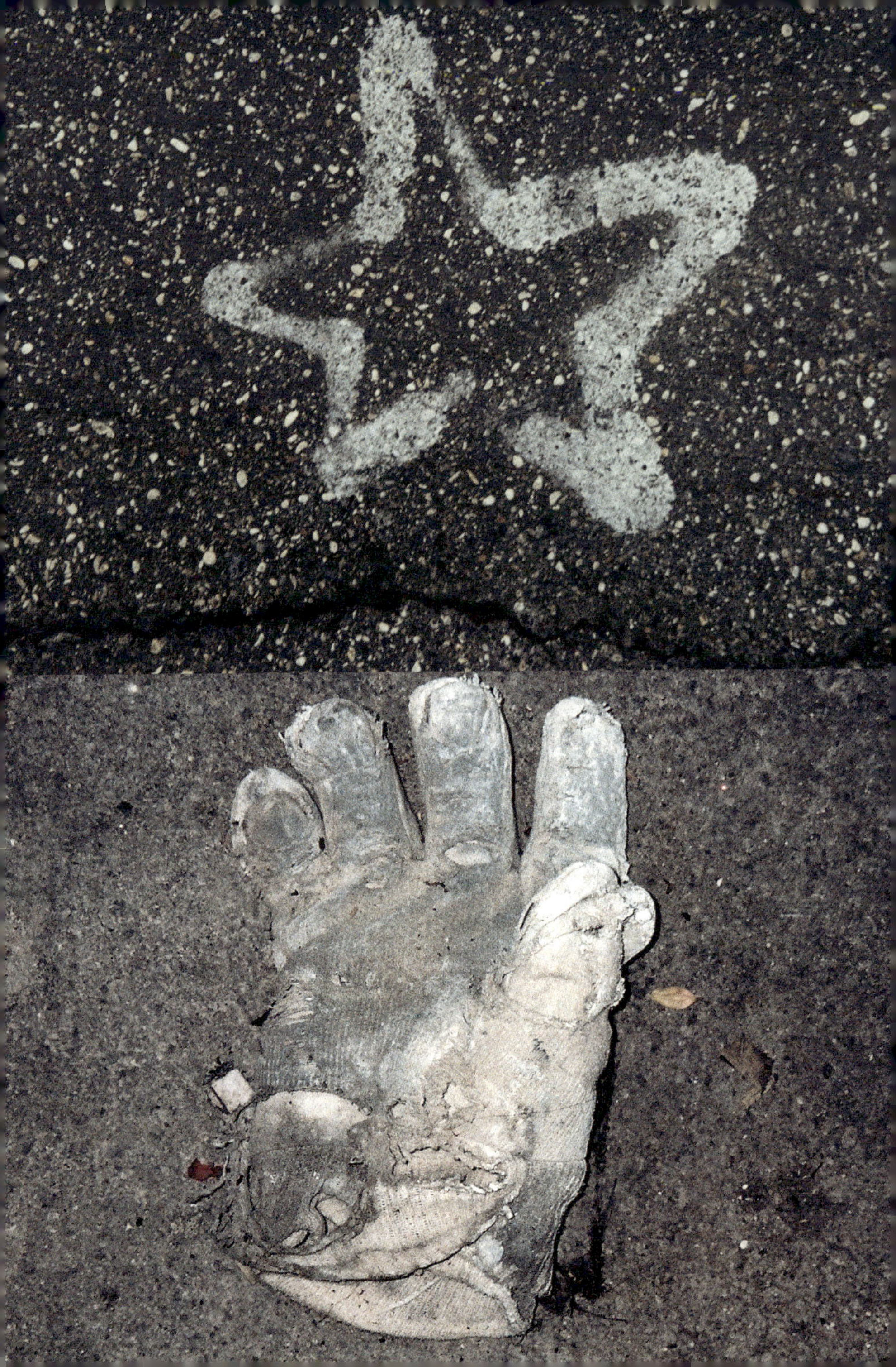

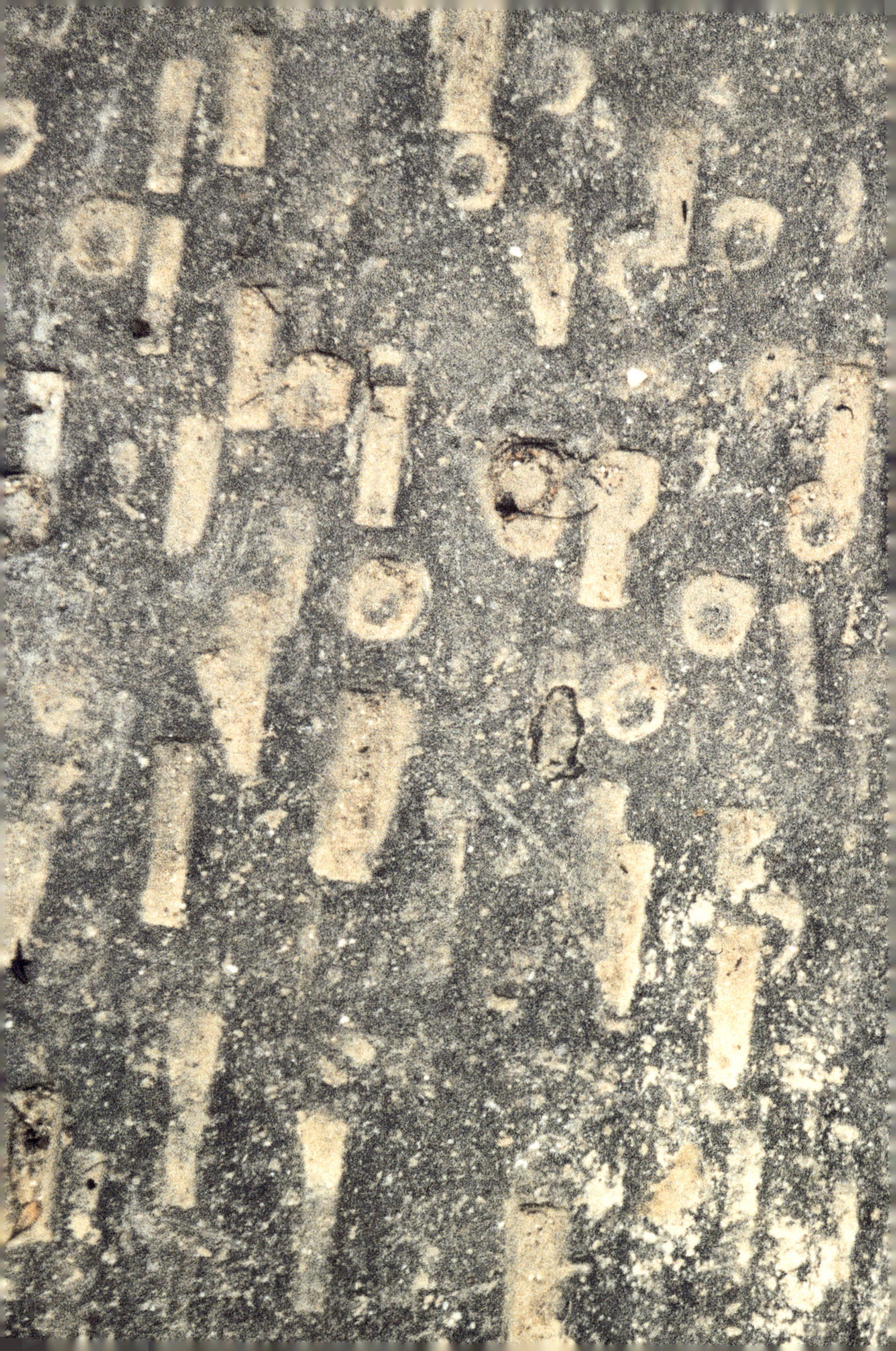

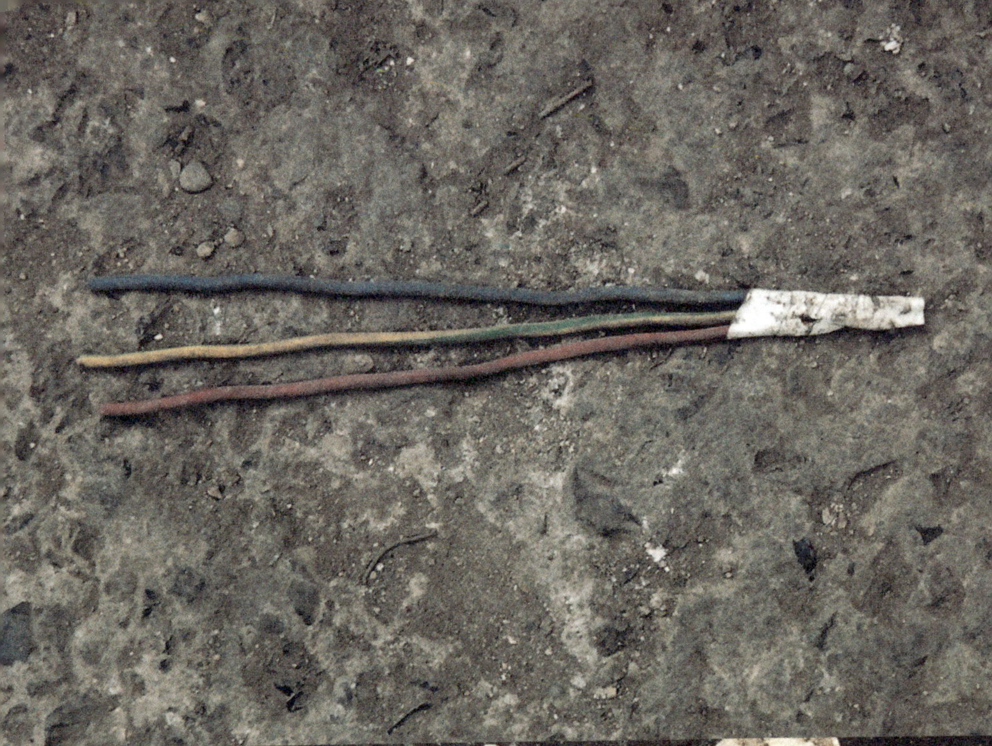

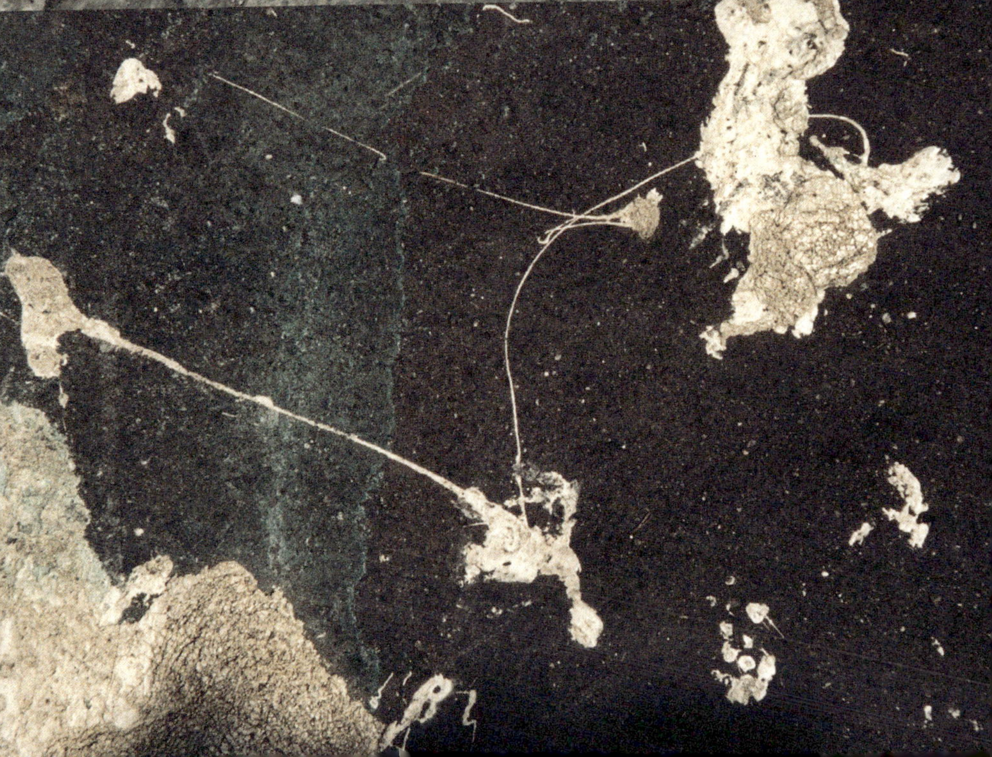

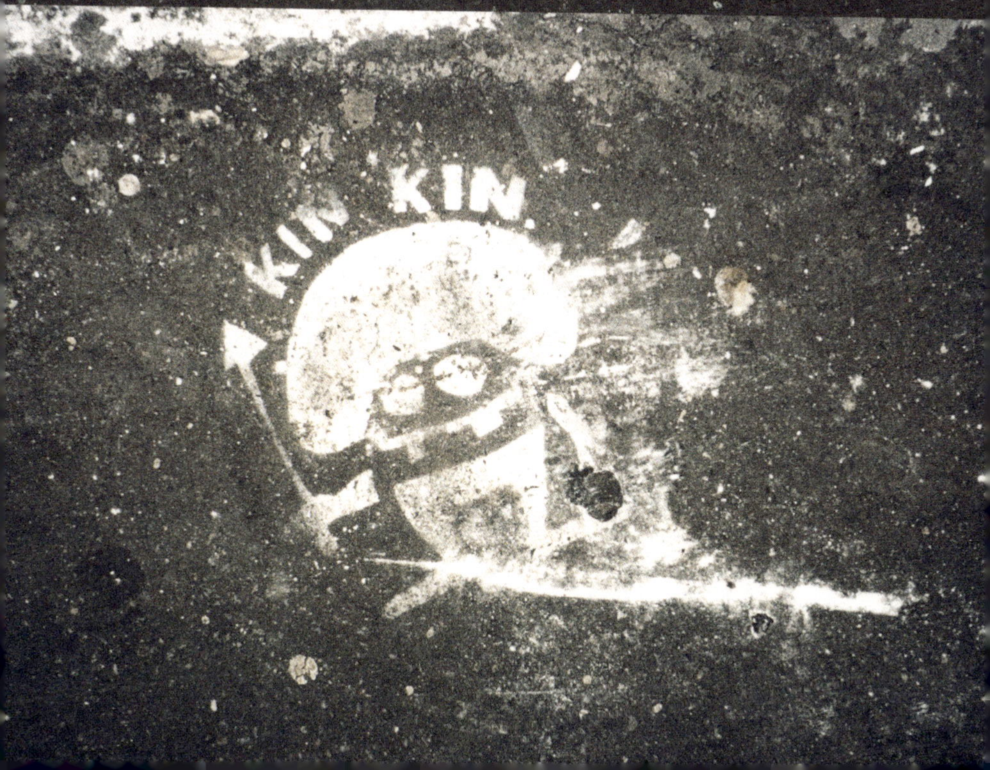
KIN
KIN

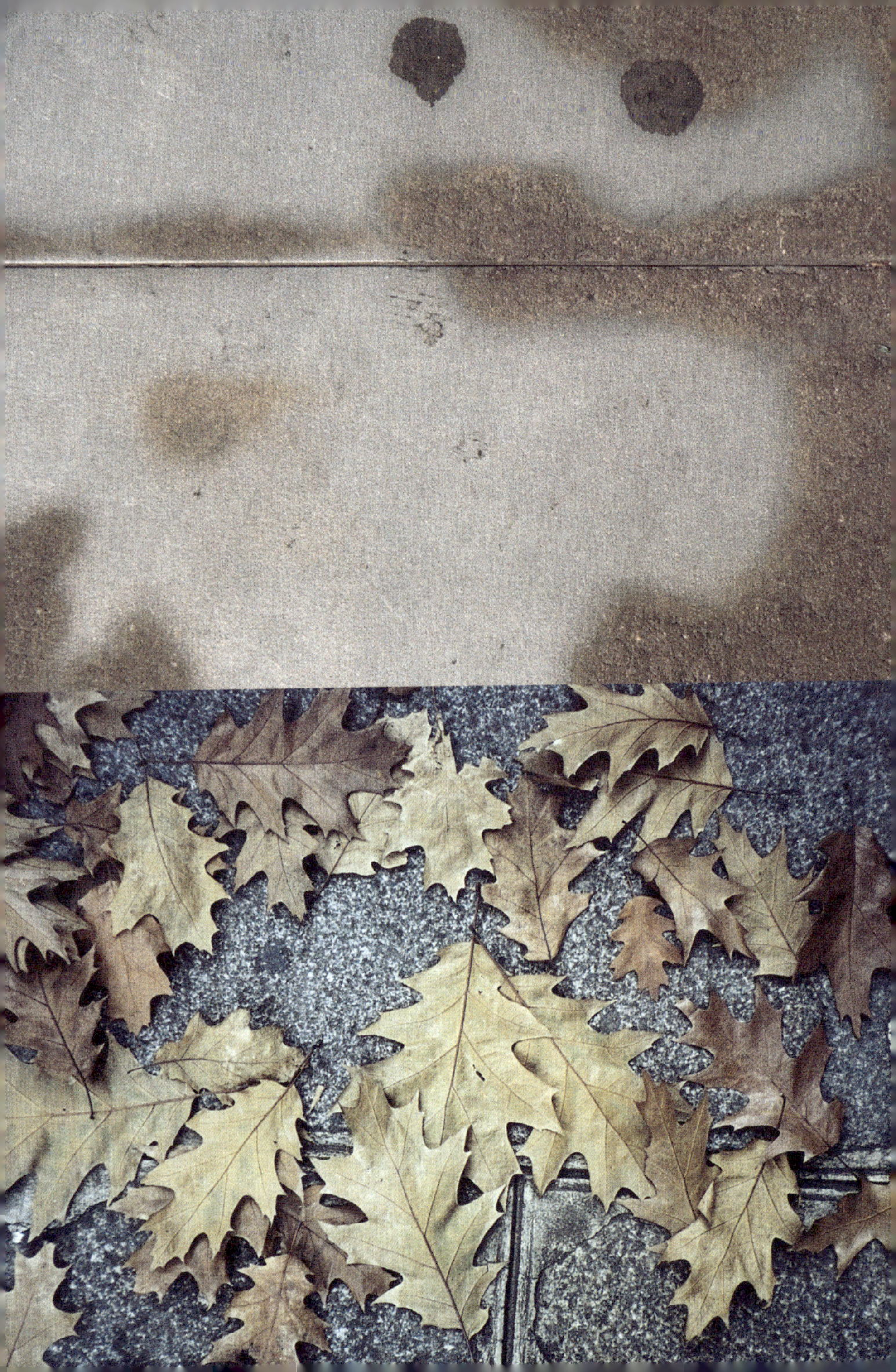

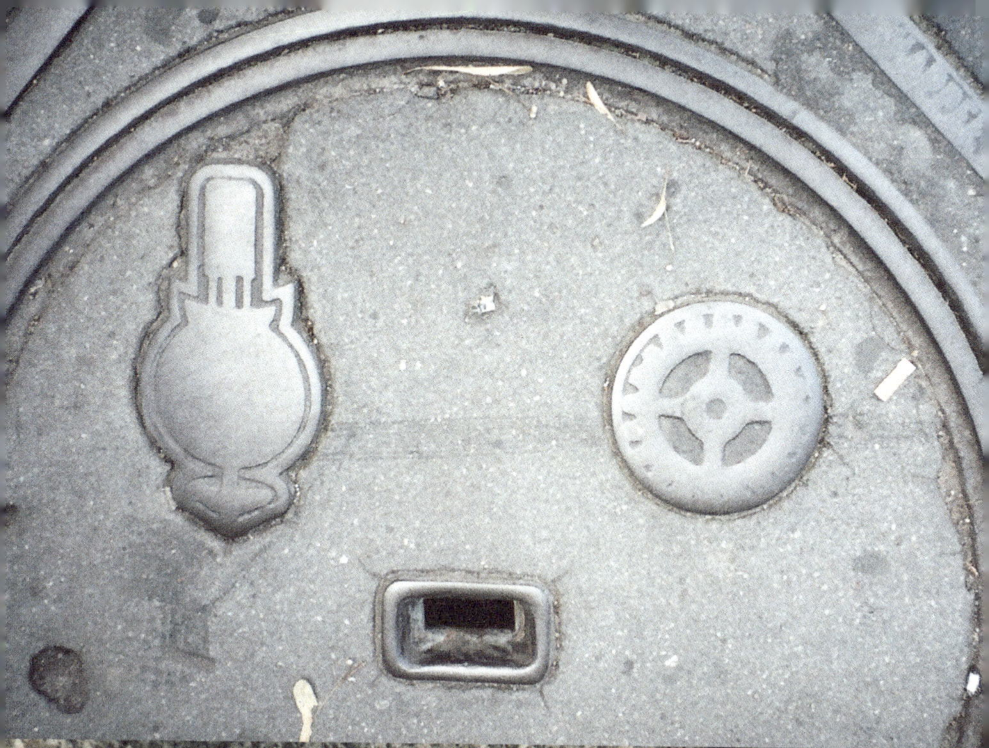
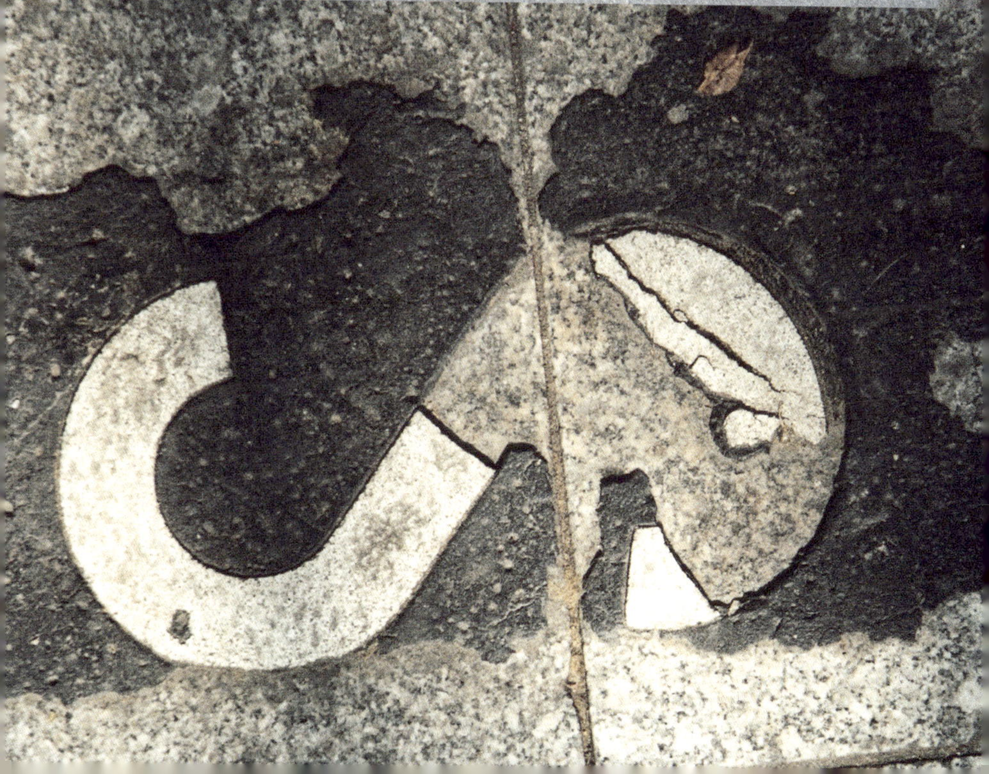

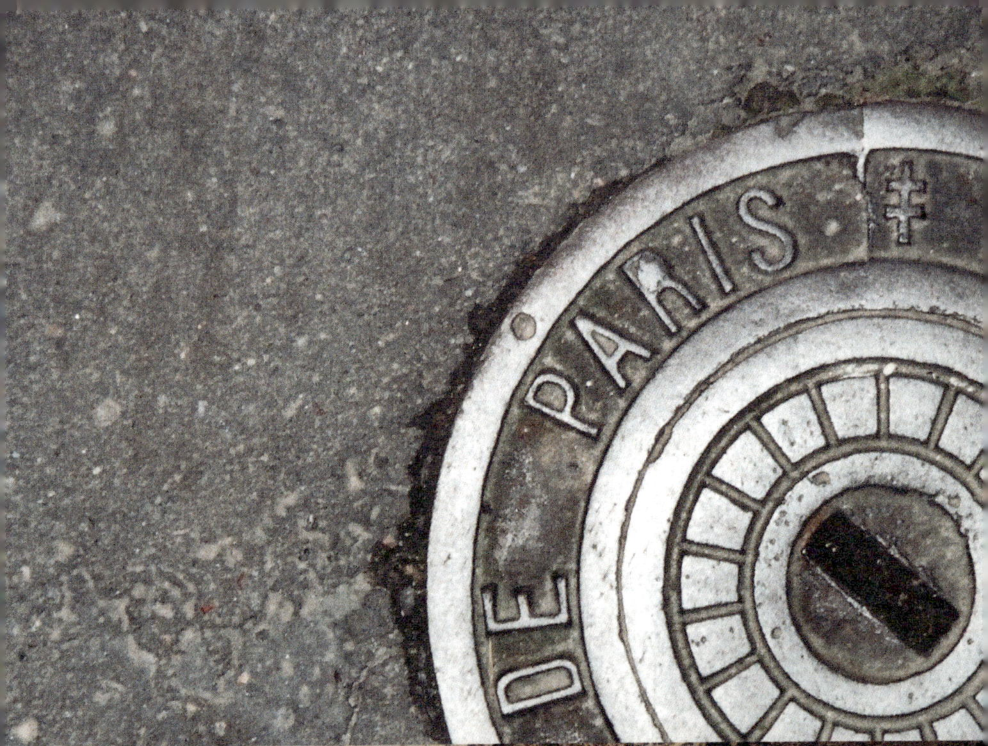
DE PARIS
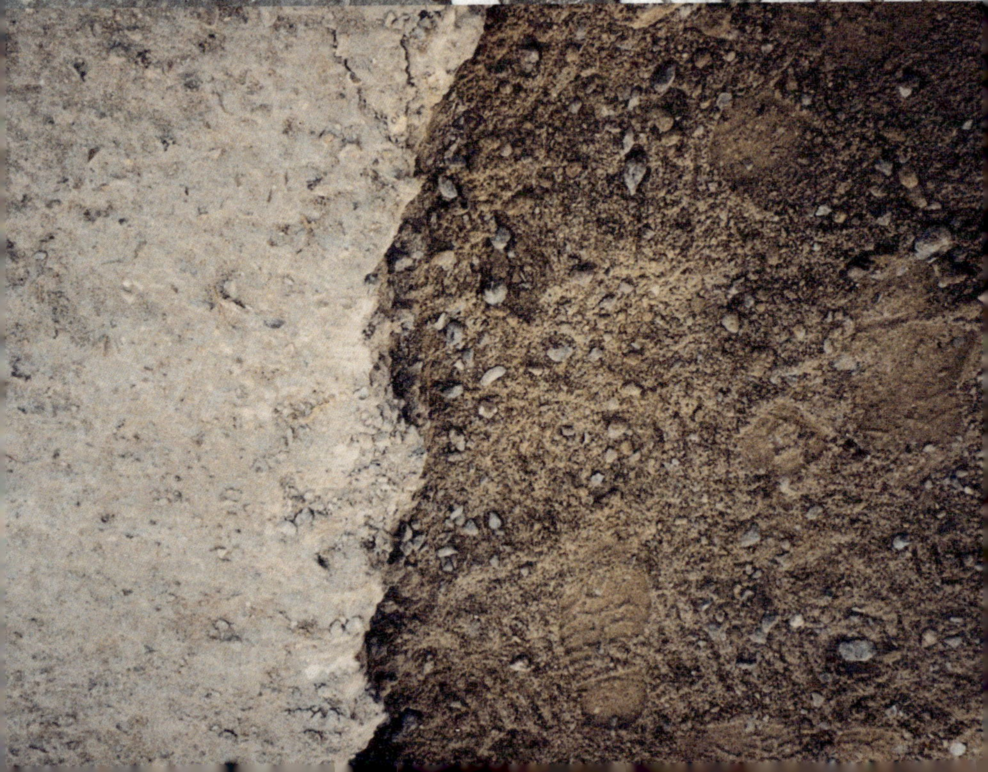

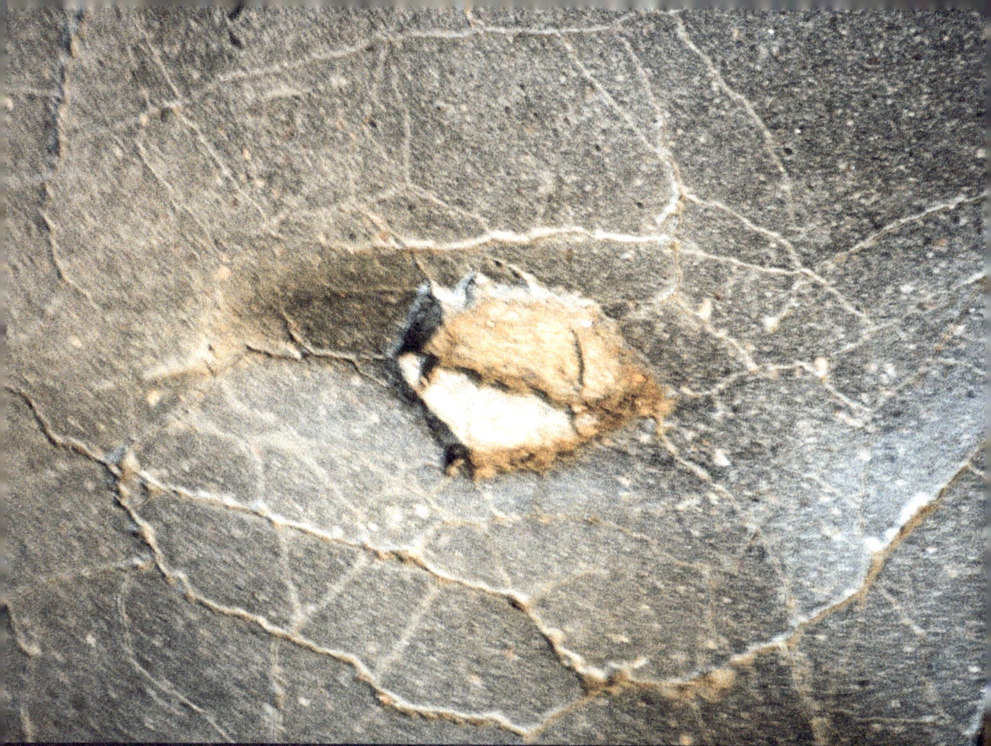

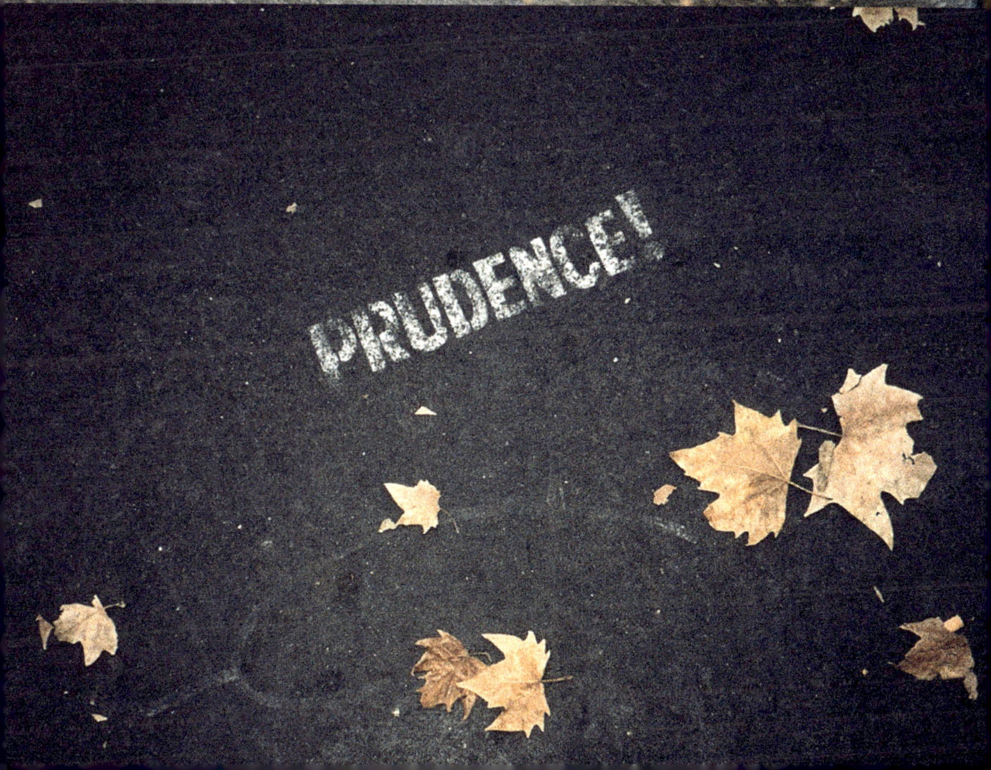
PRUDENCE!

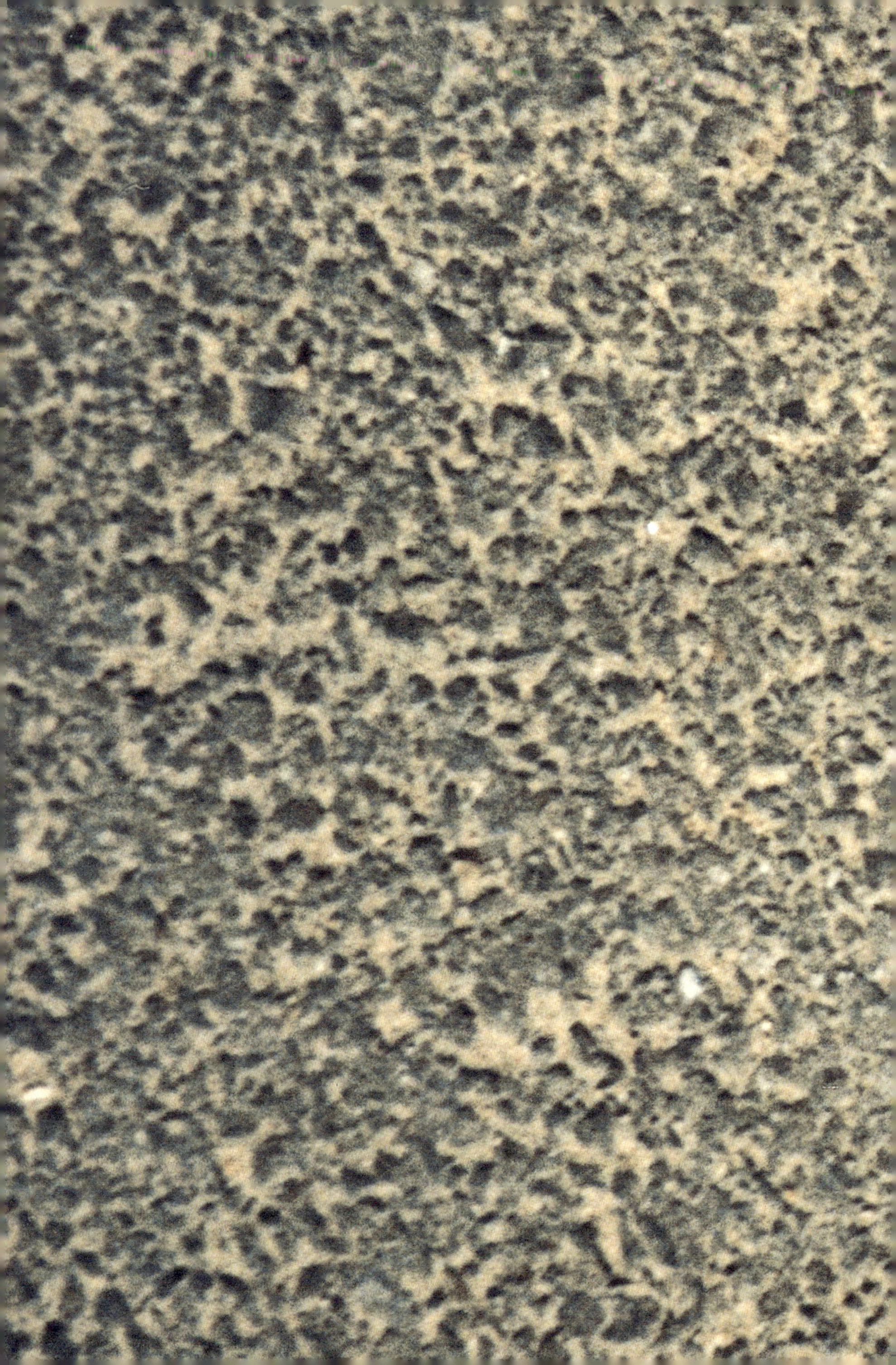

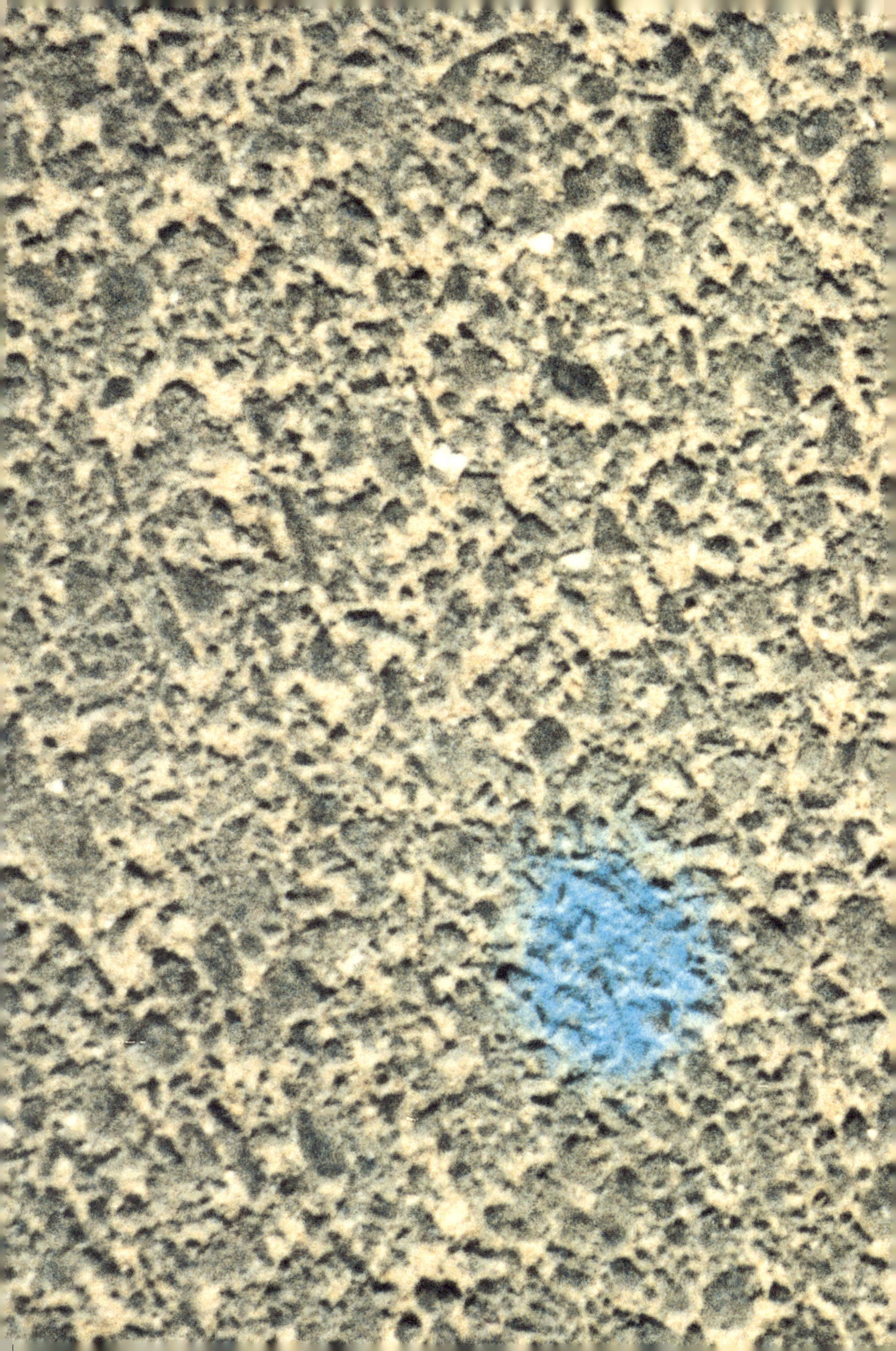

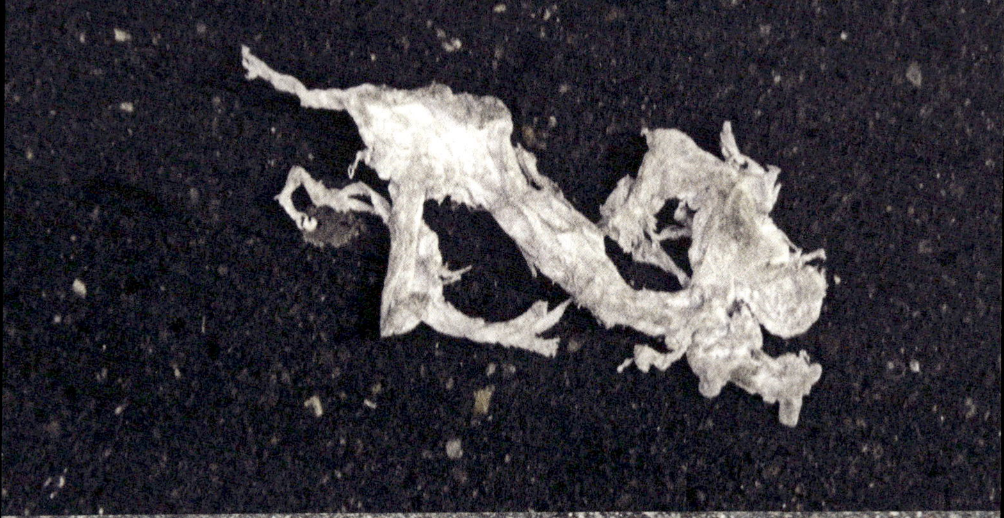

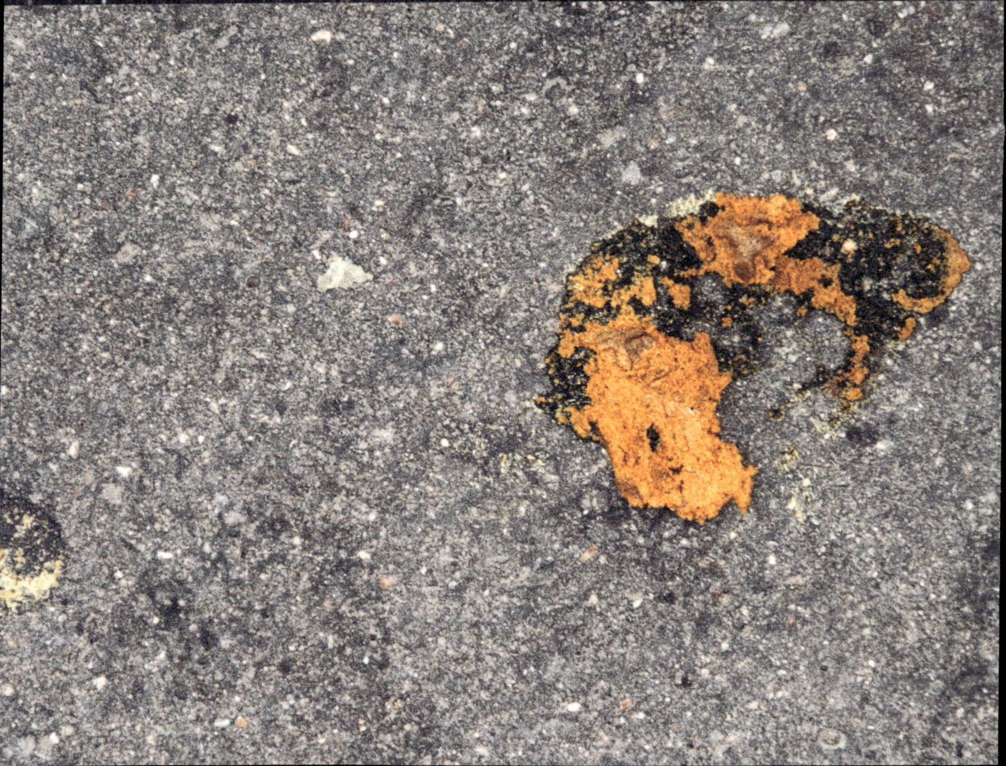

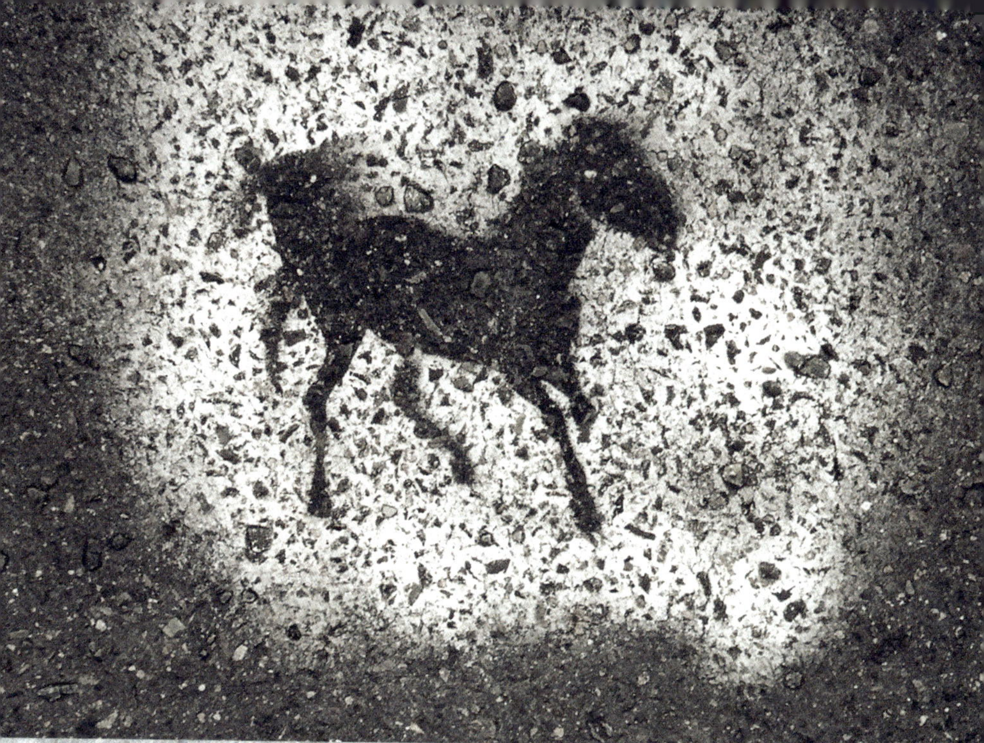
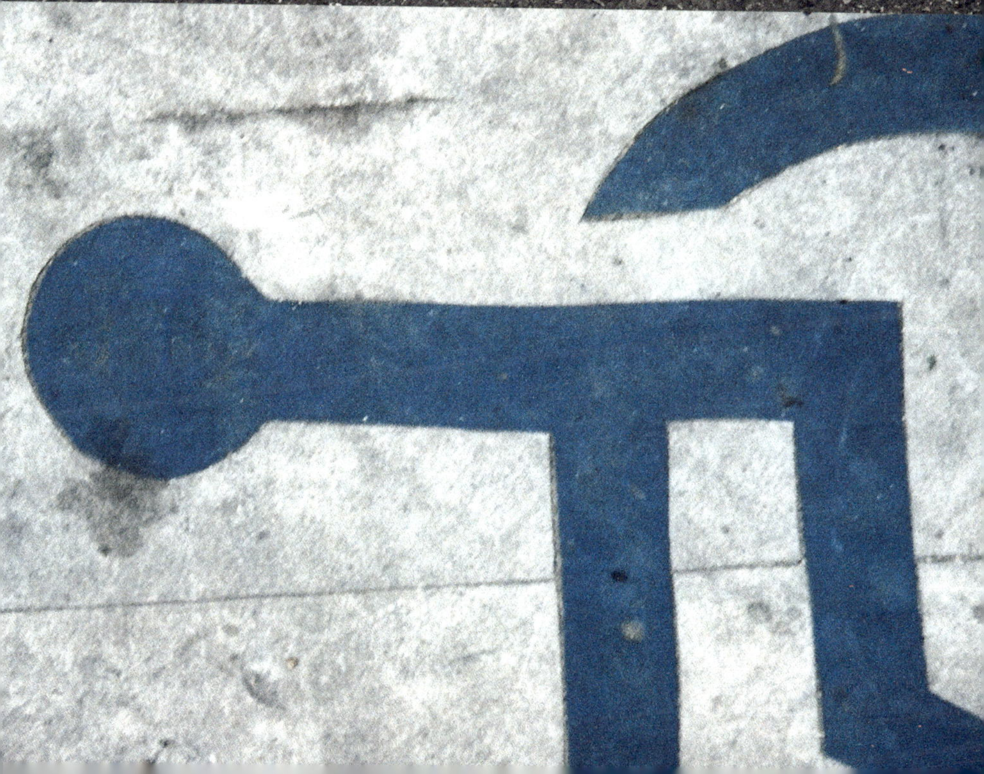

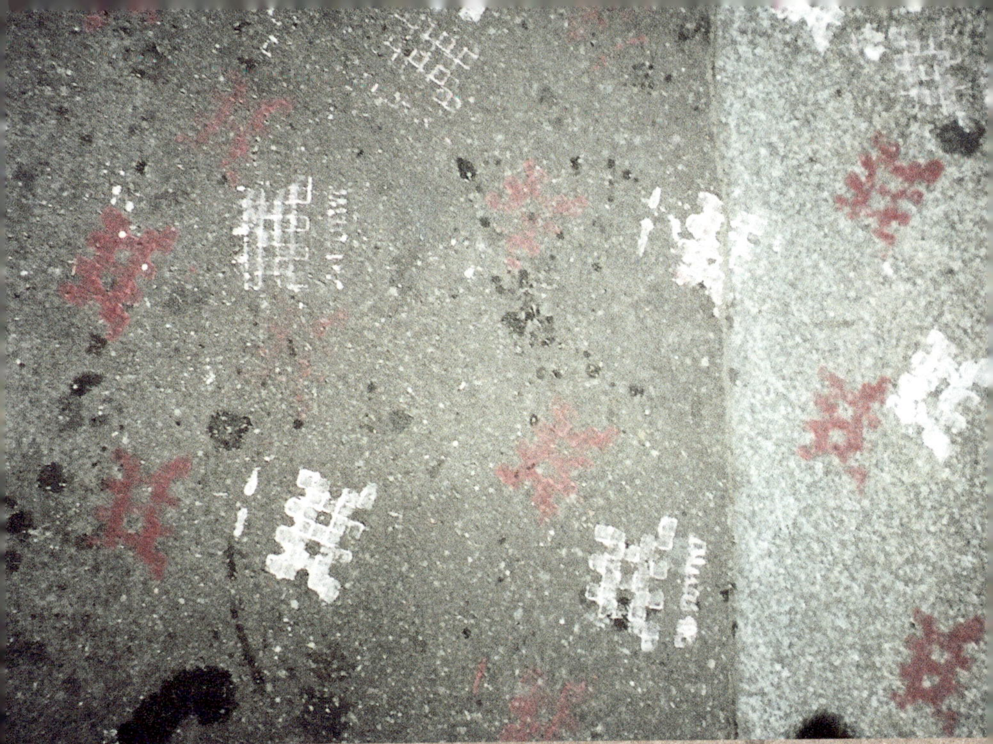

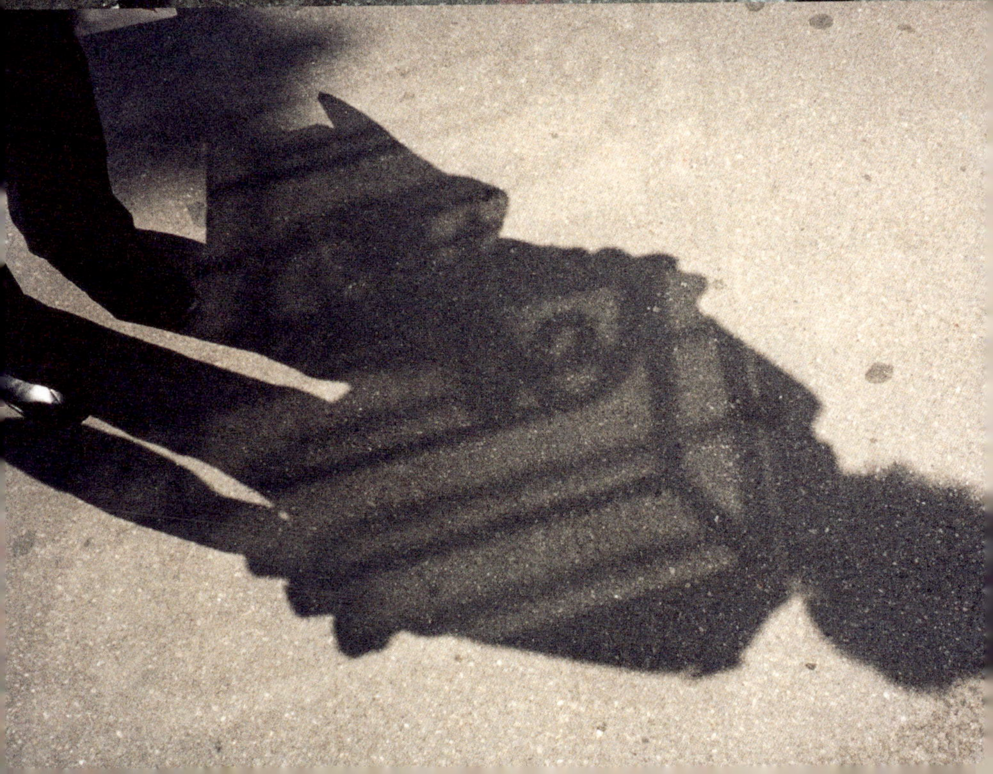

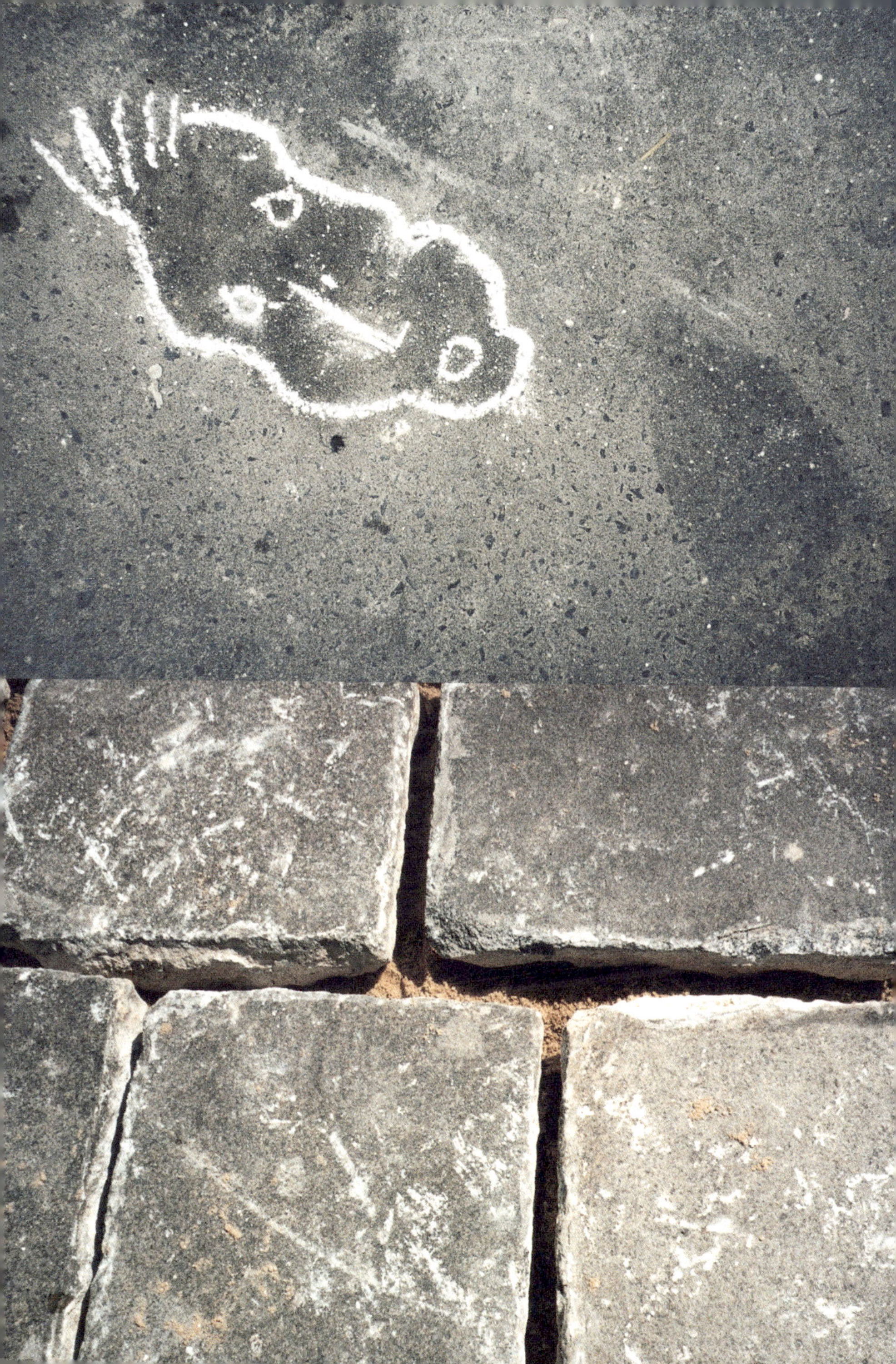

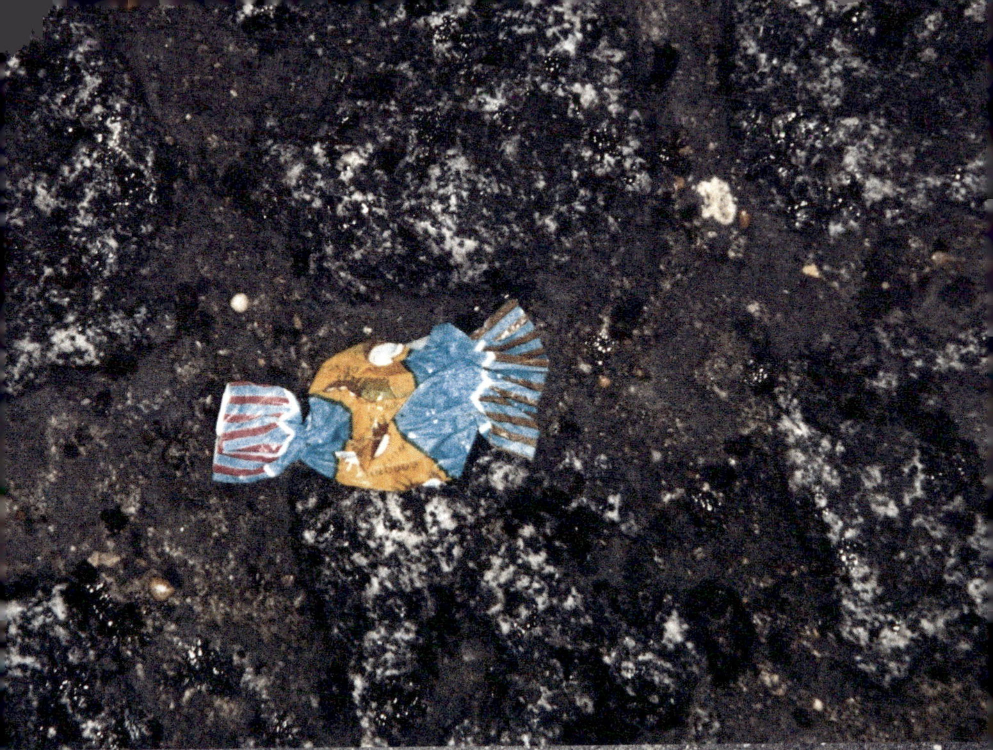

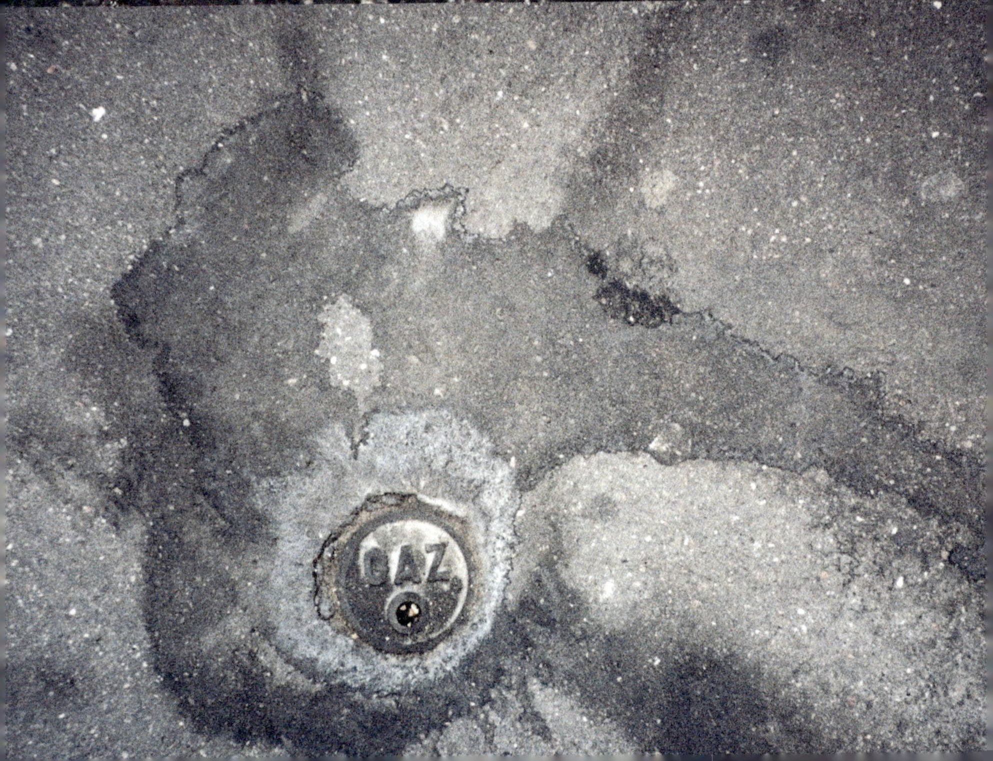
GAZ

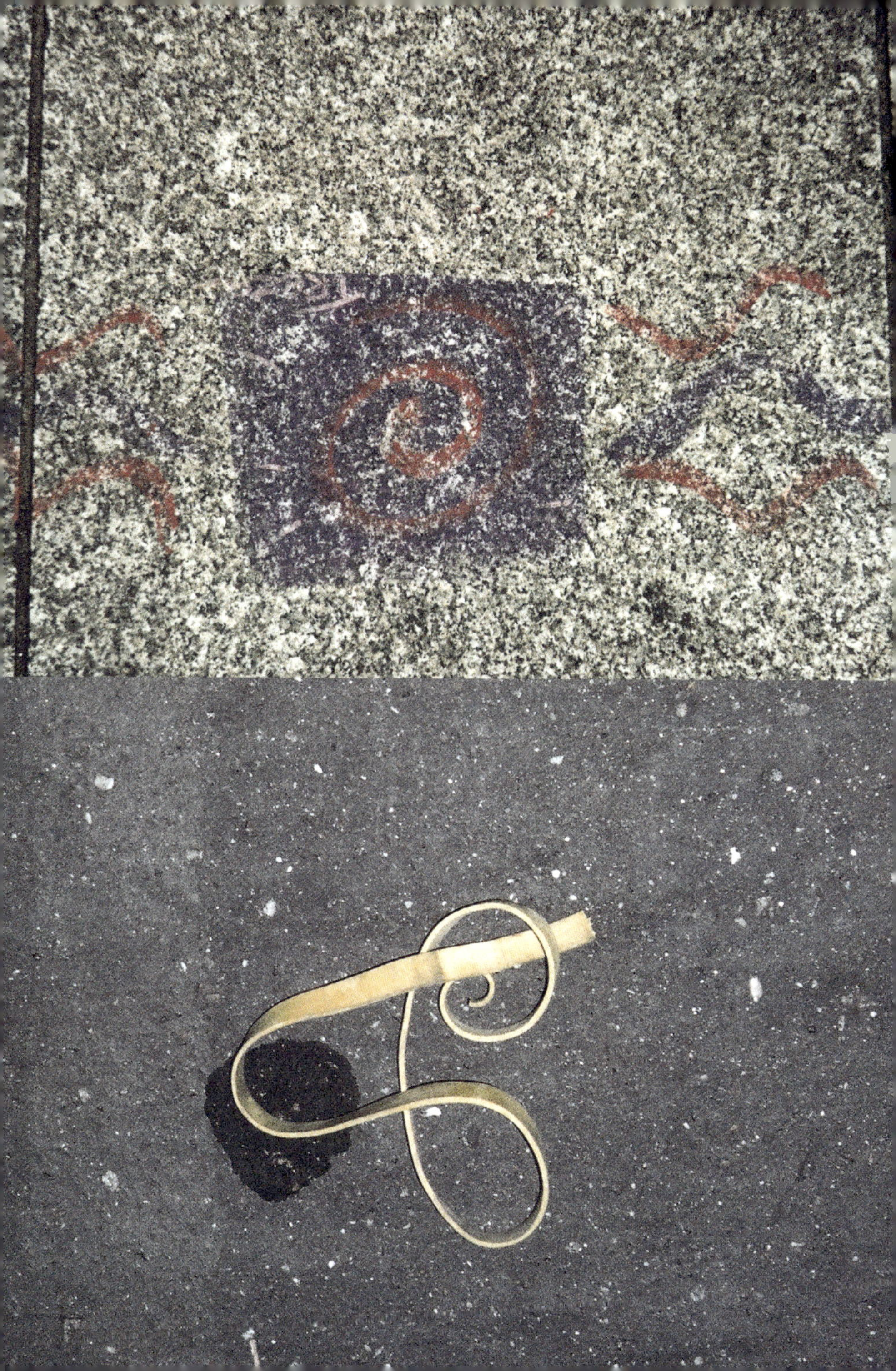

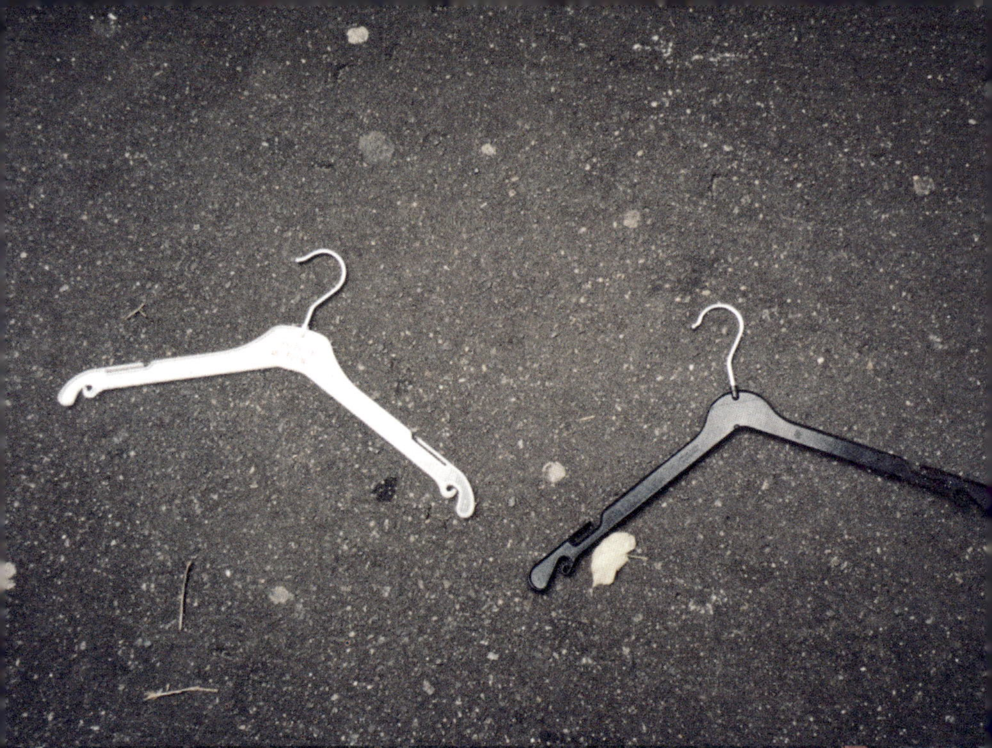
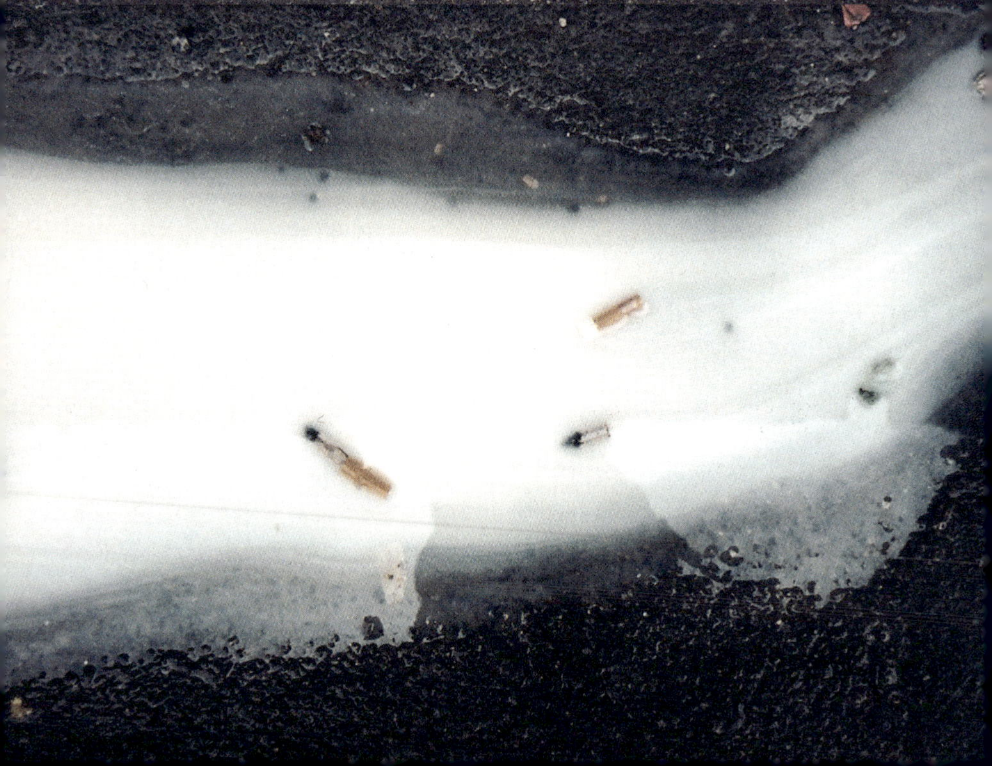

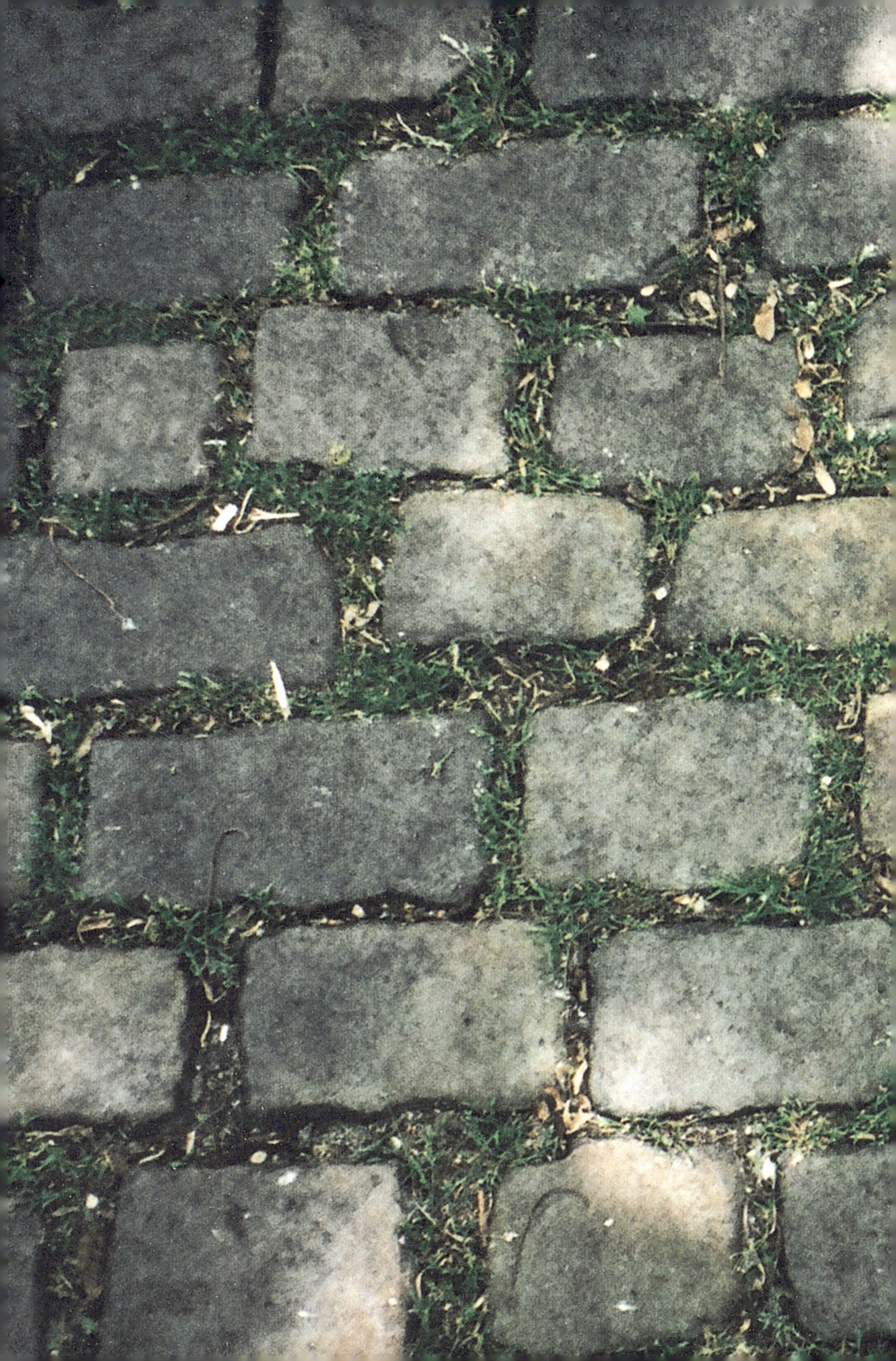

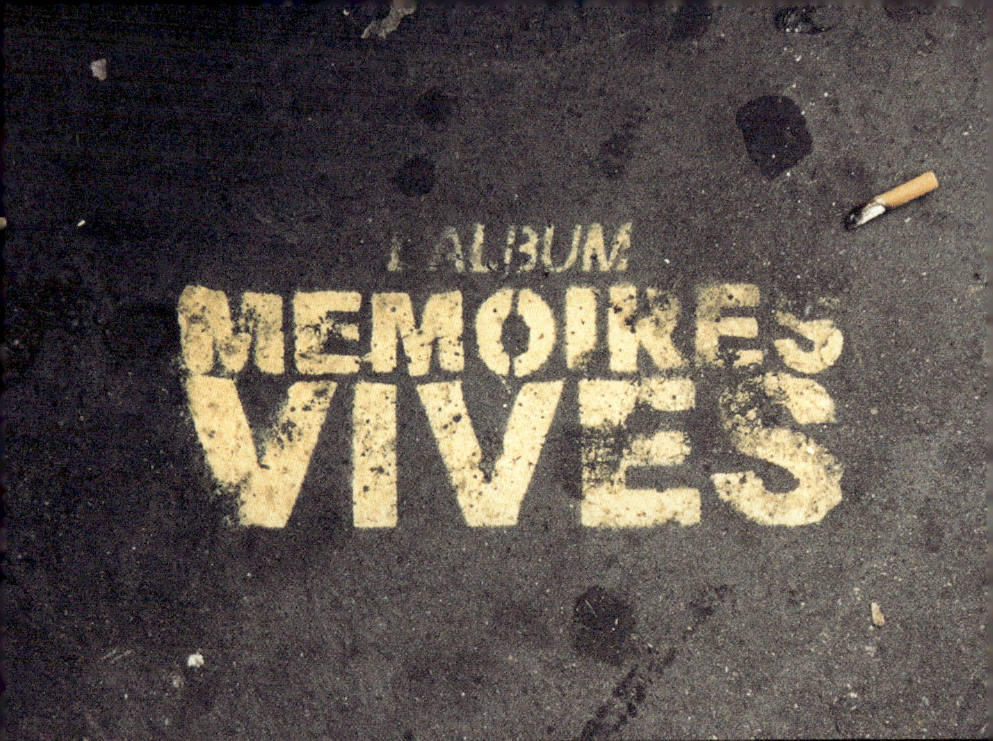
ALBUM
MEMOIRES
VIVES

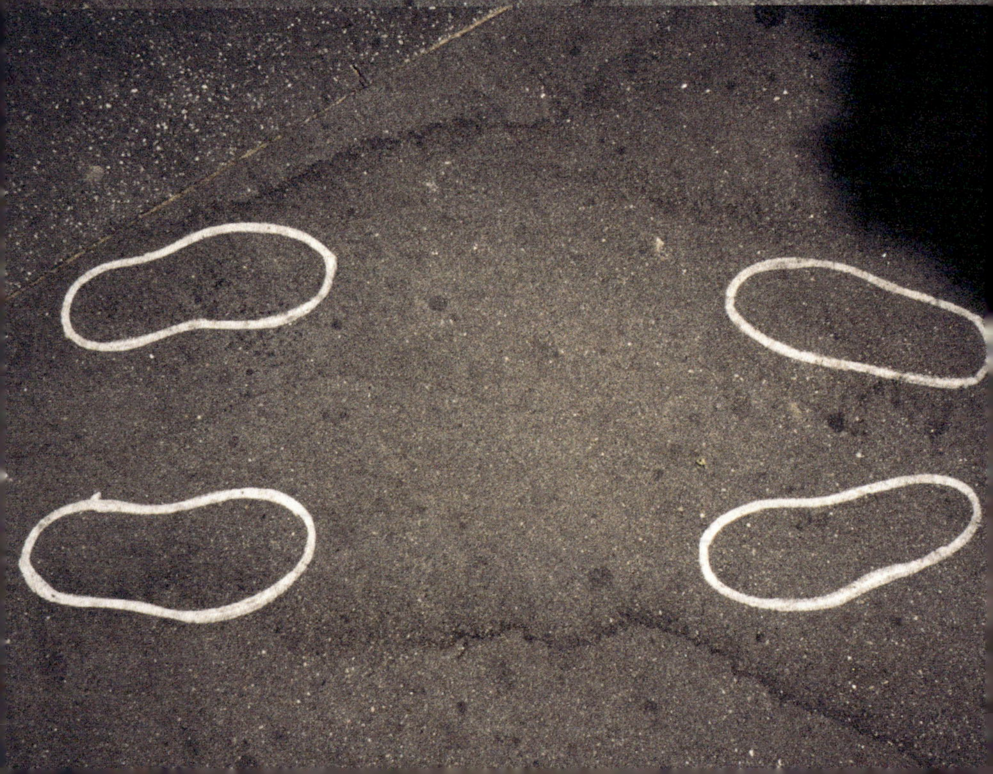

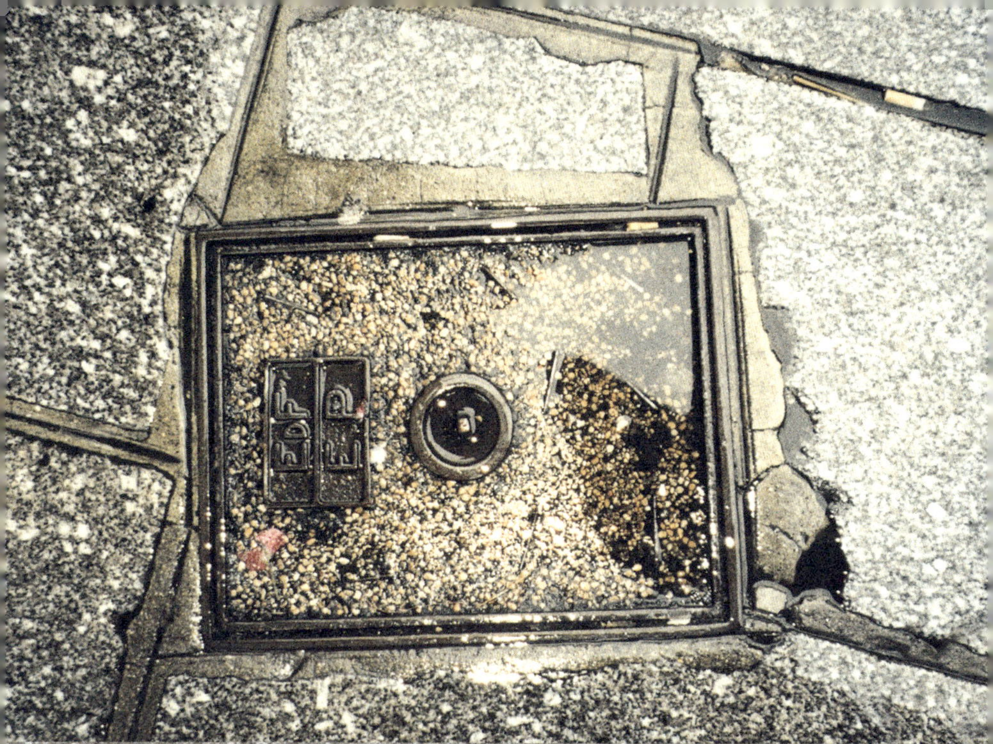

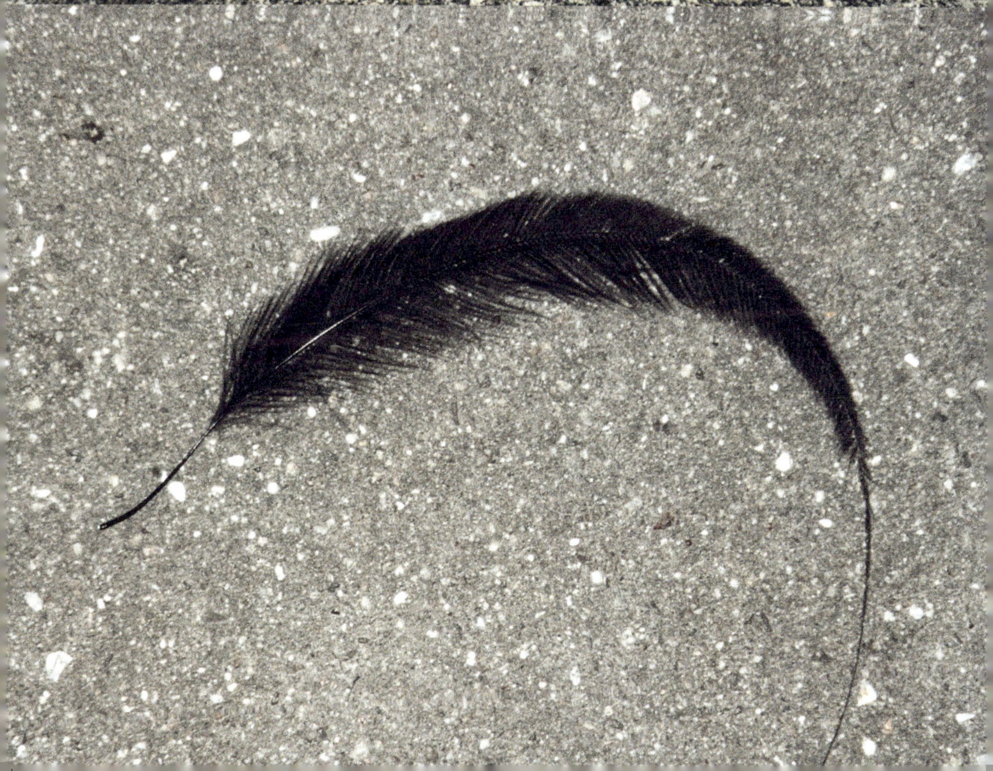

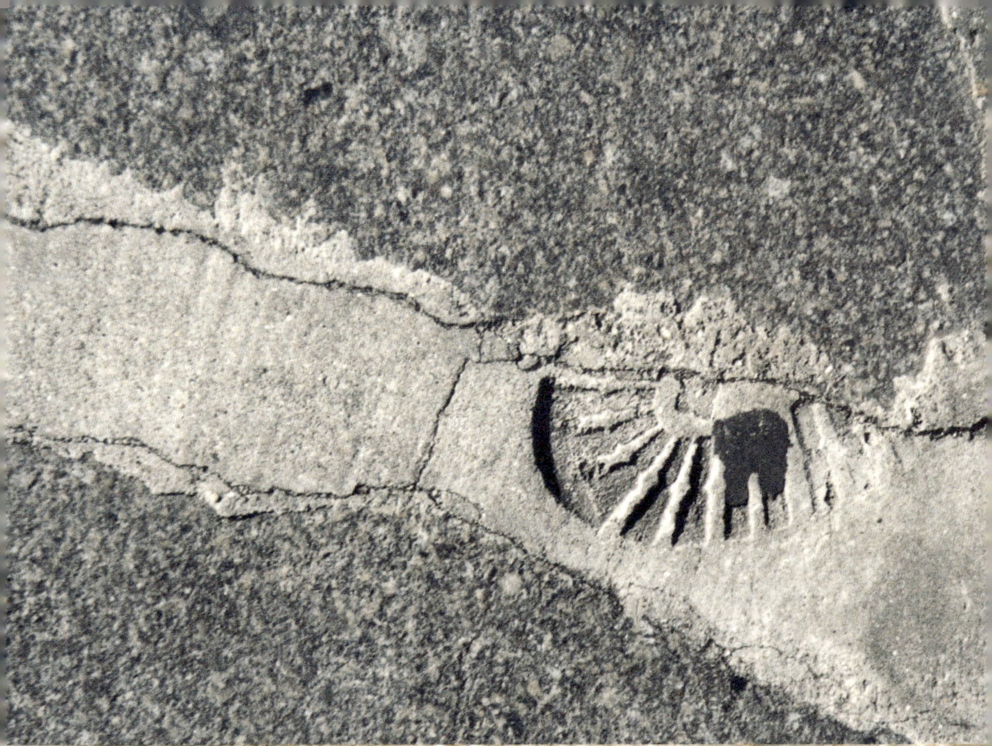

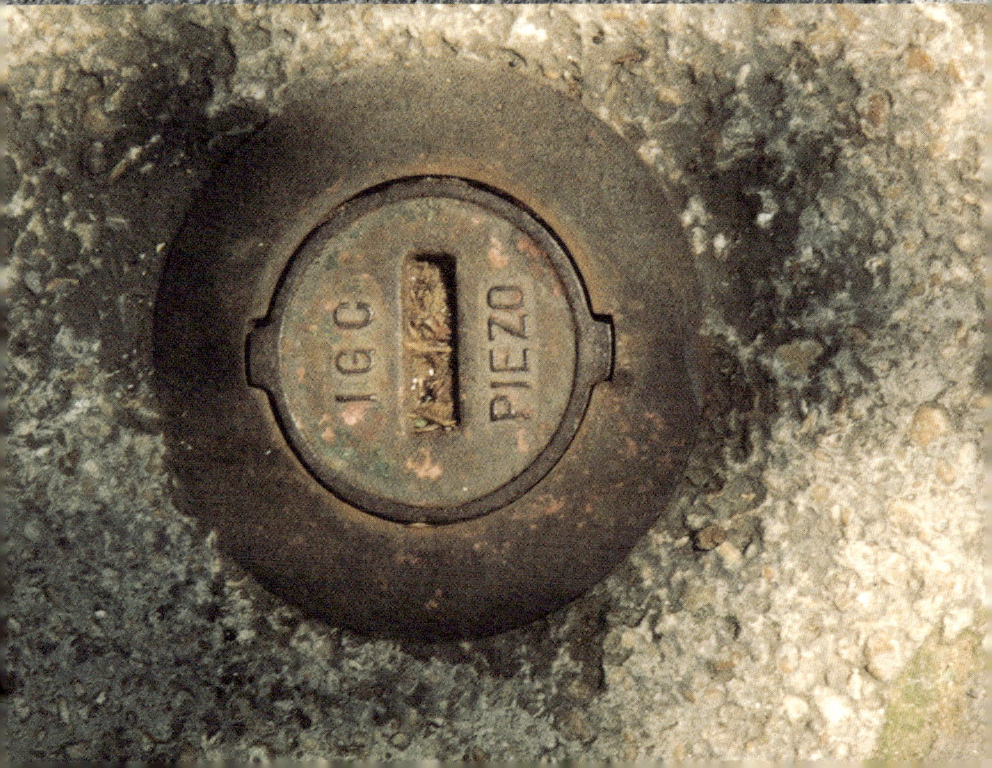
IGC
PIEZO

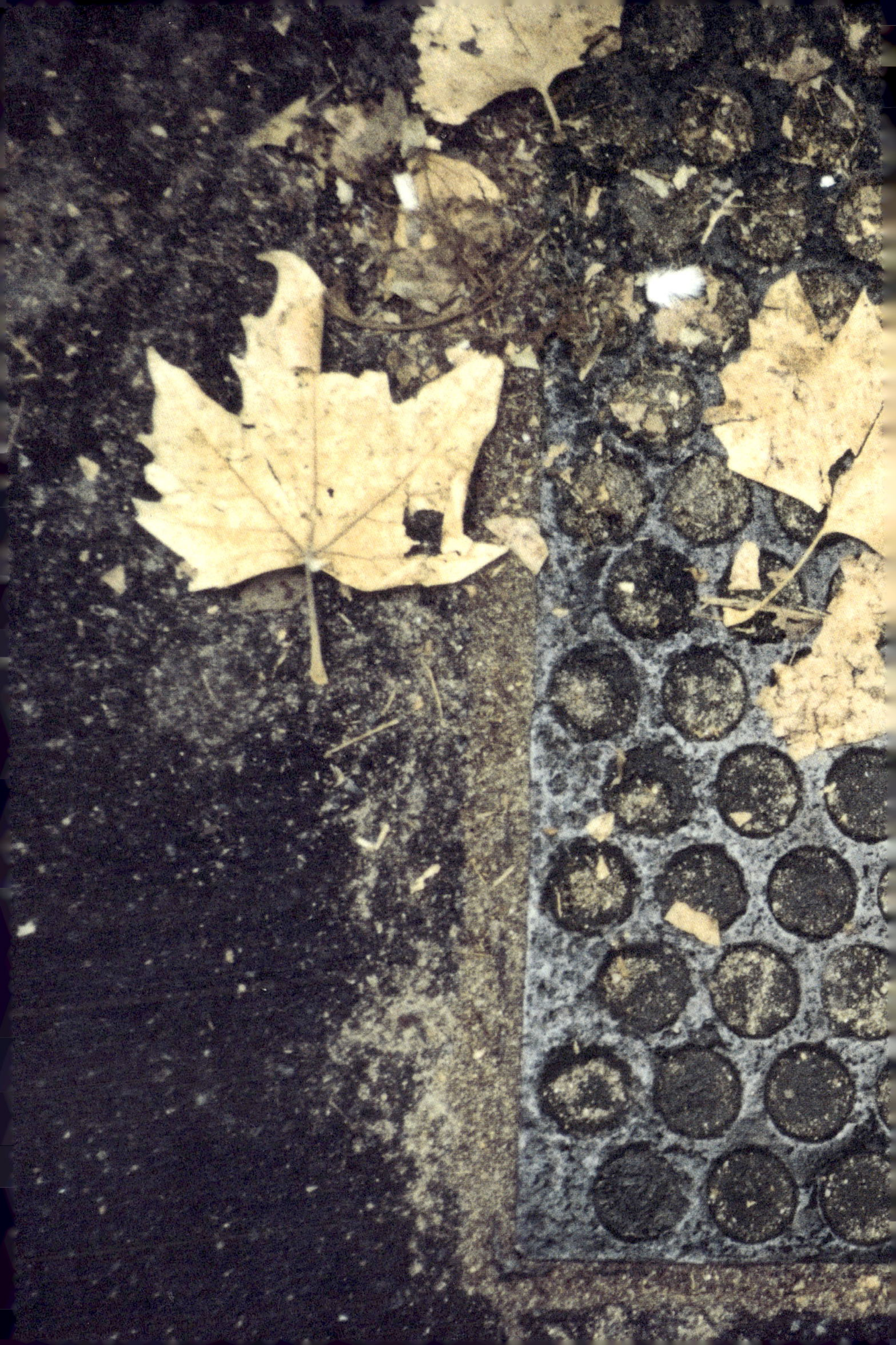

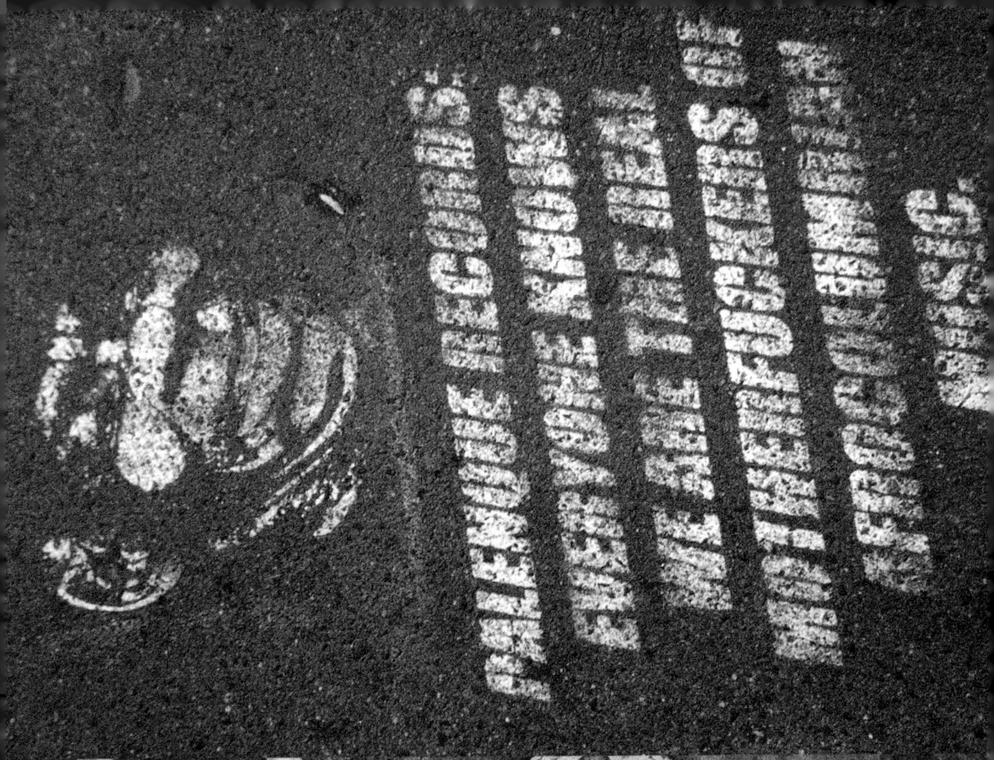
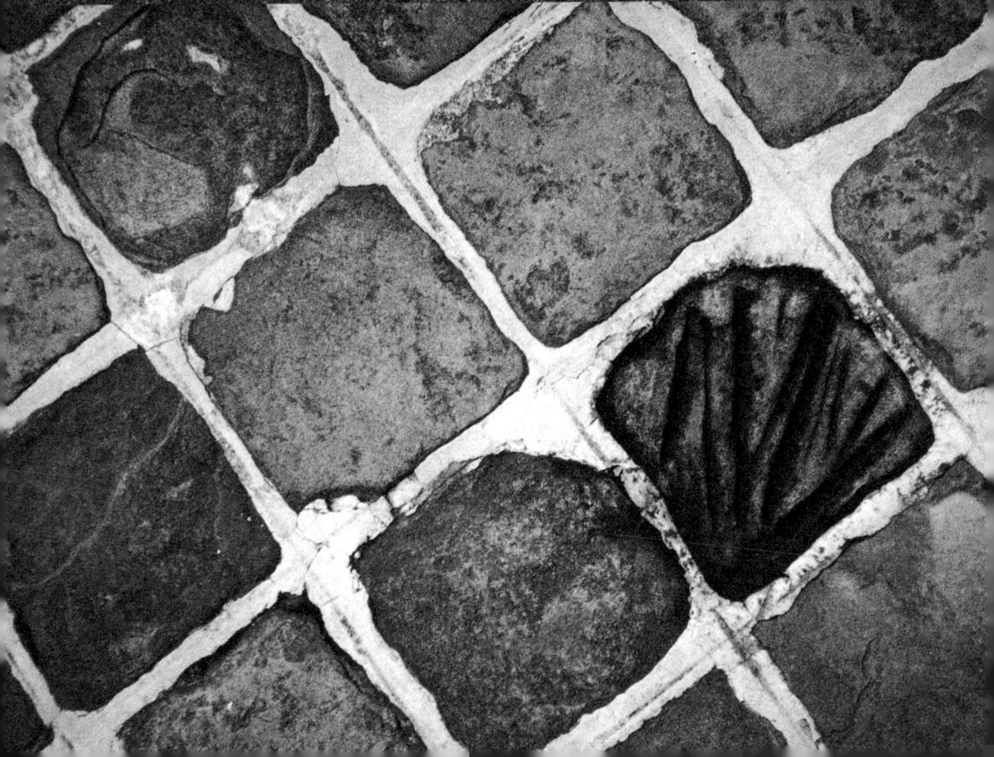

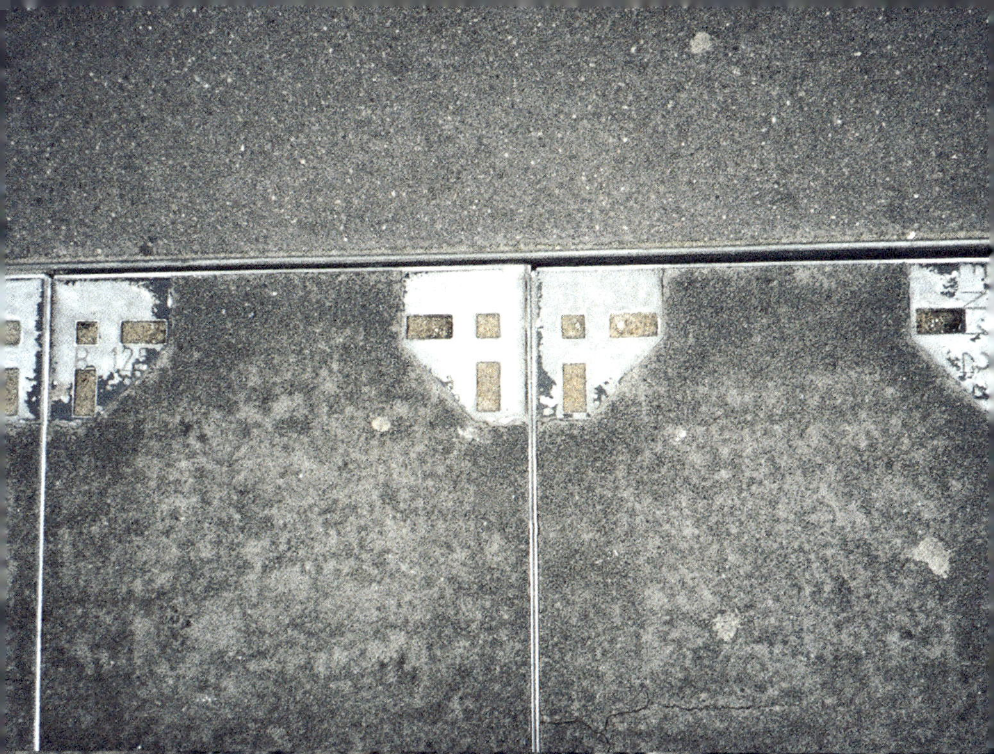
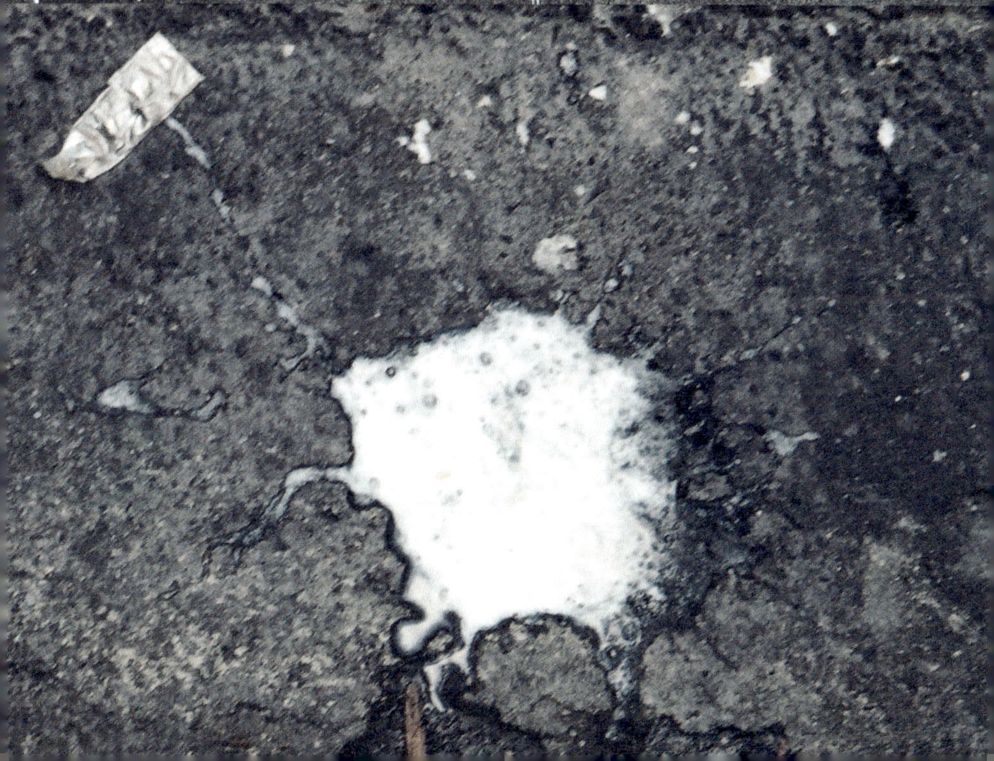

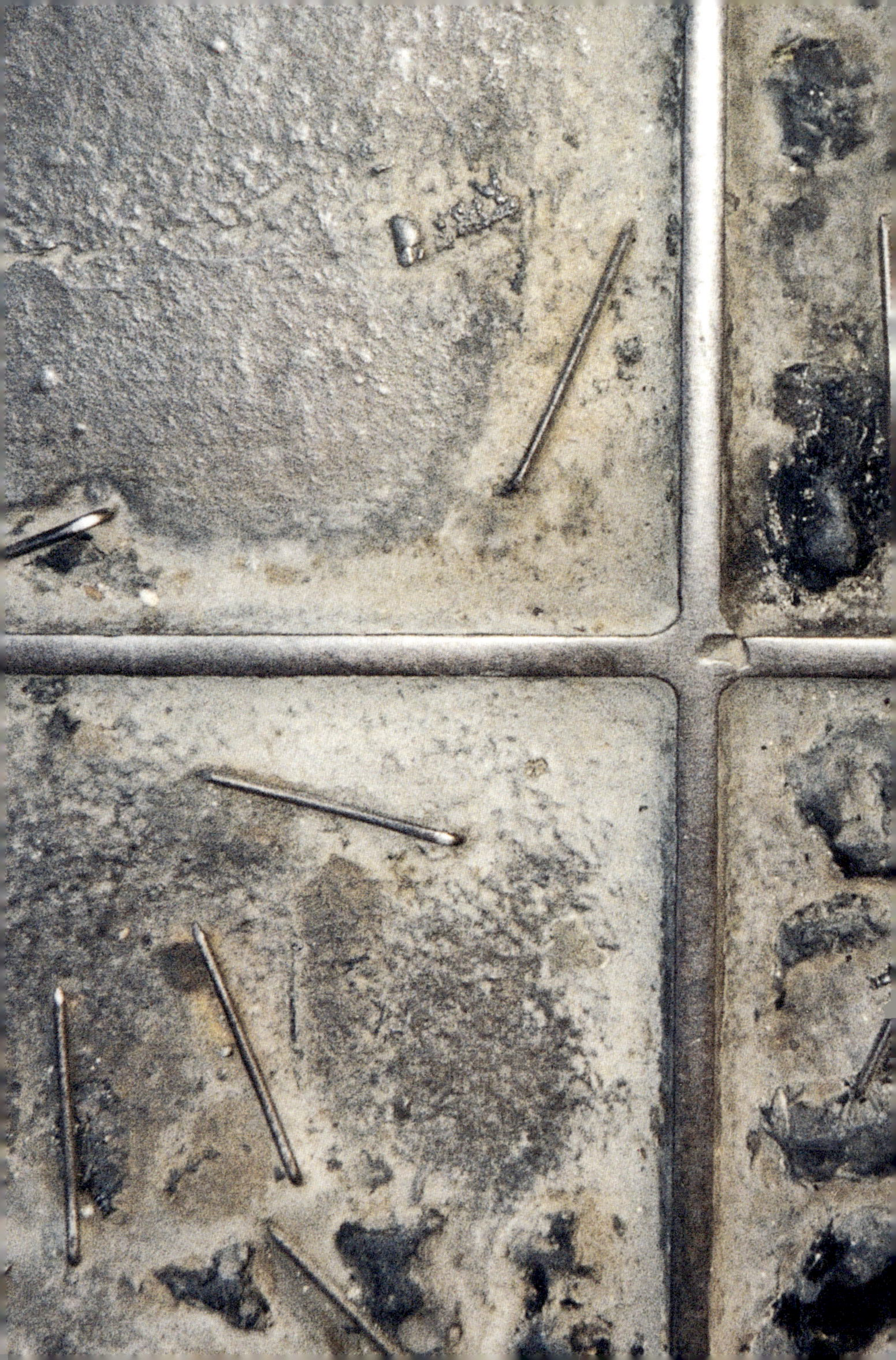

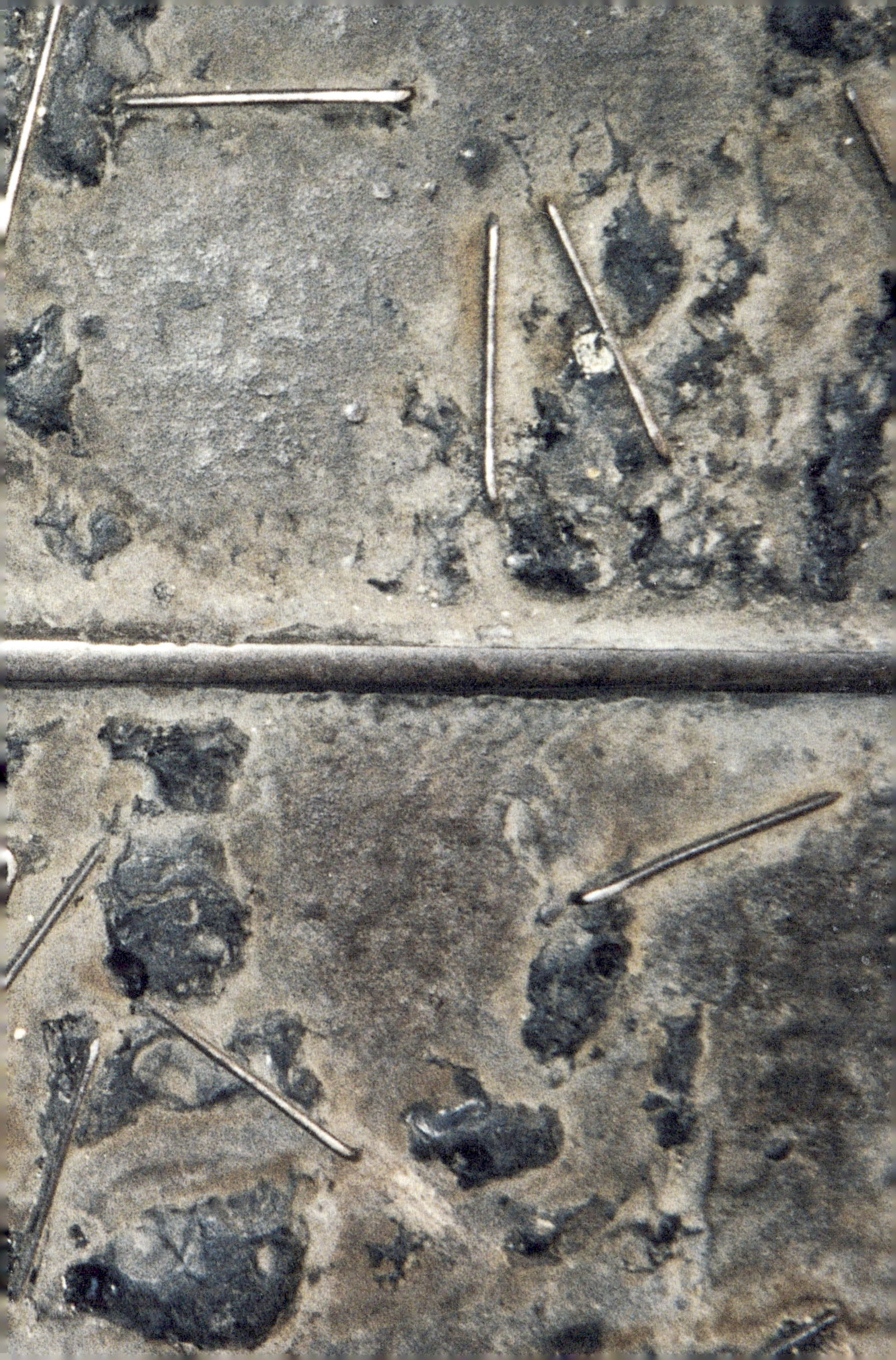

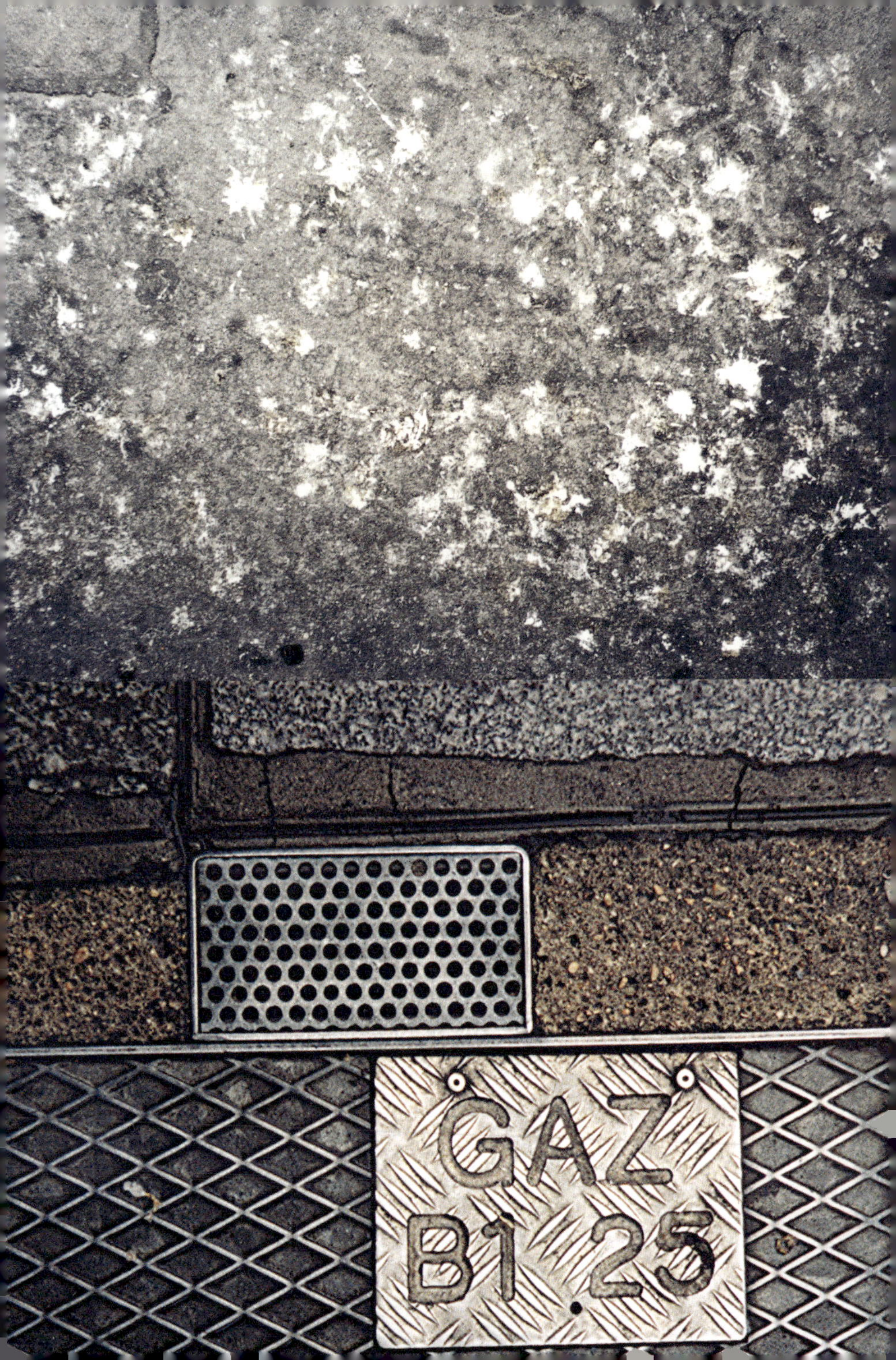
GAZ
B1 25

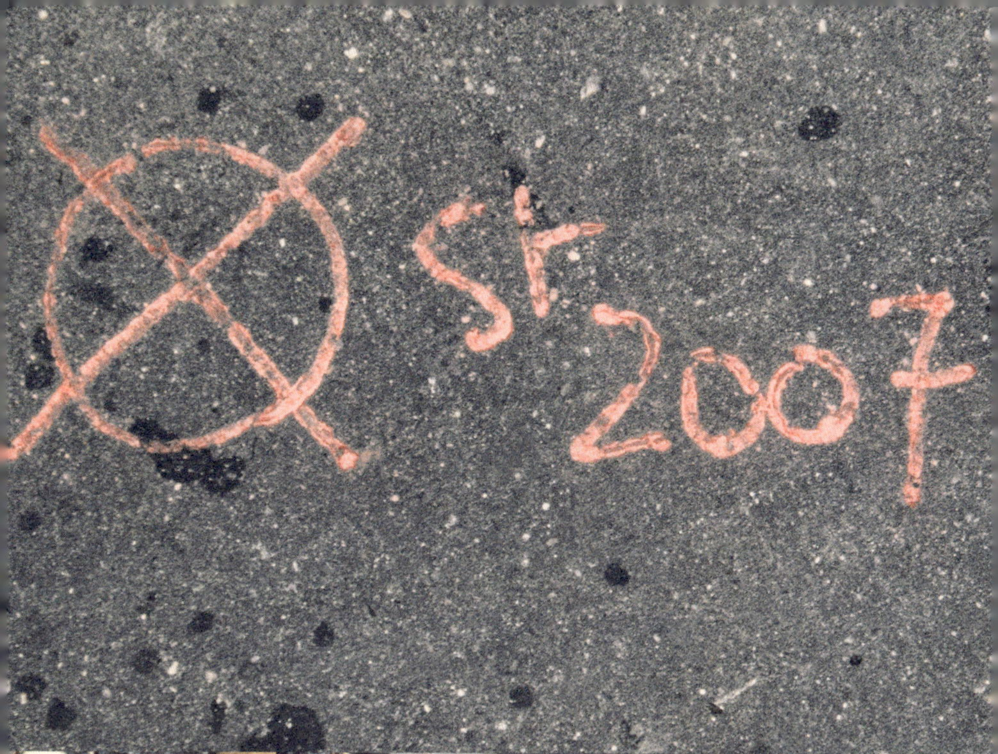
sr
2007
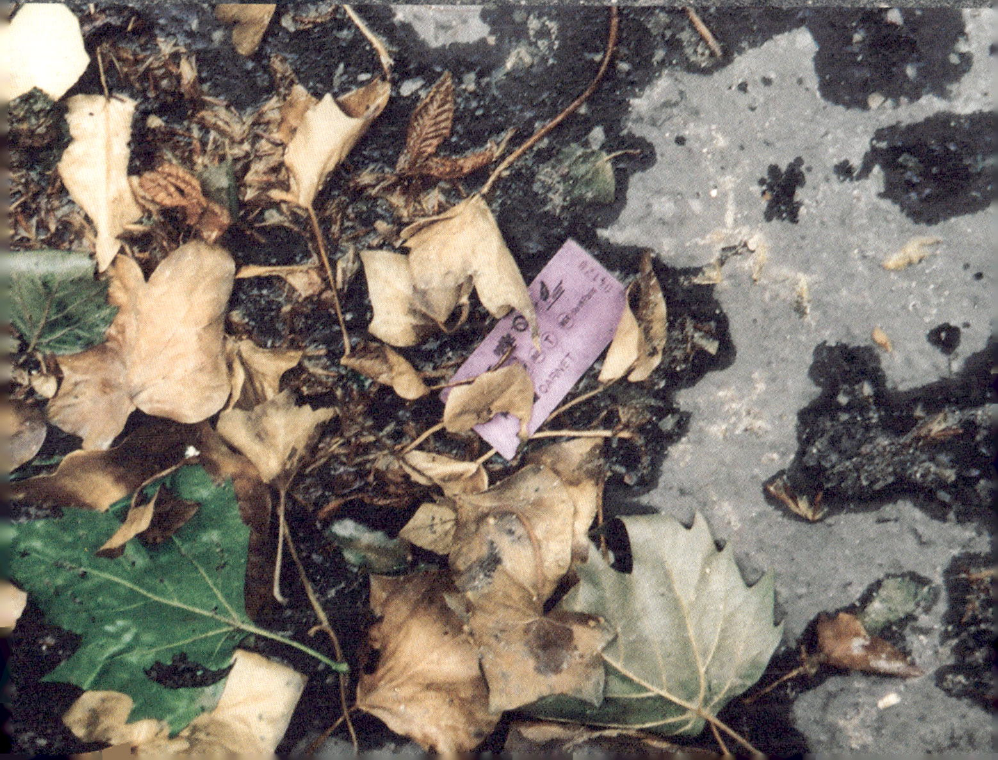

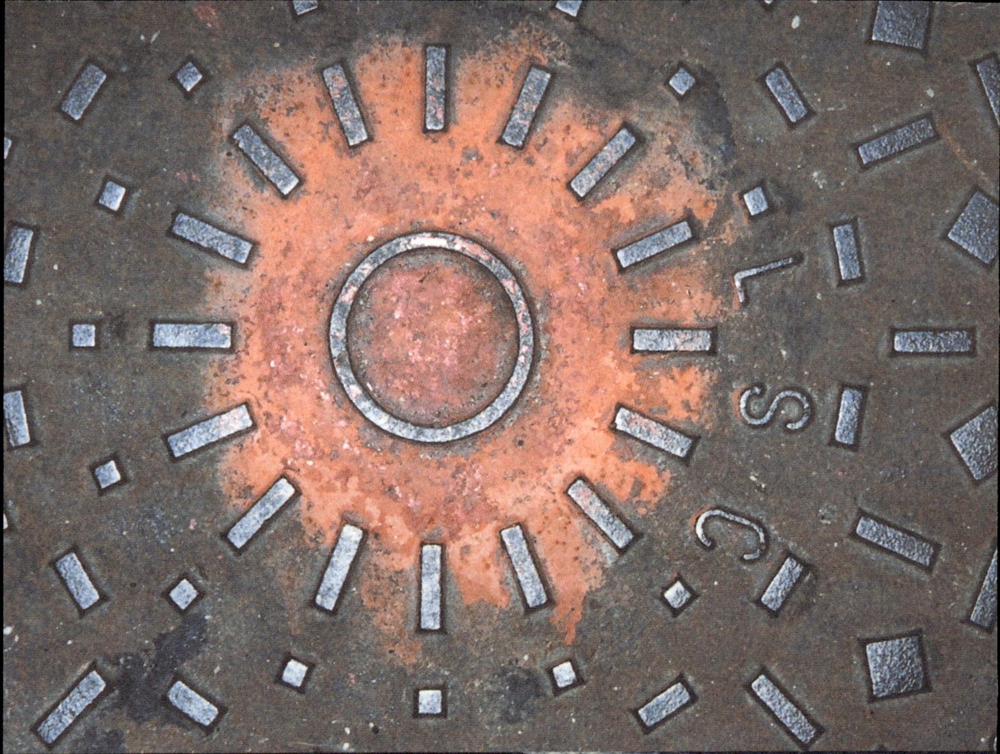
LSC
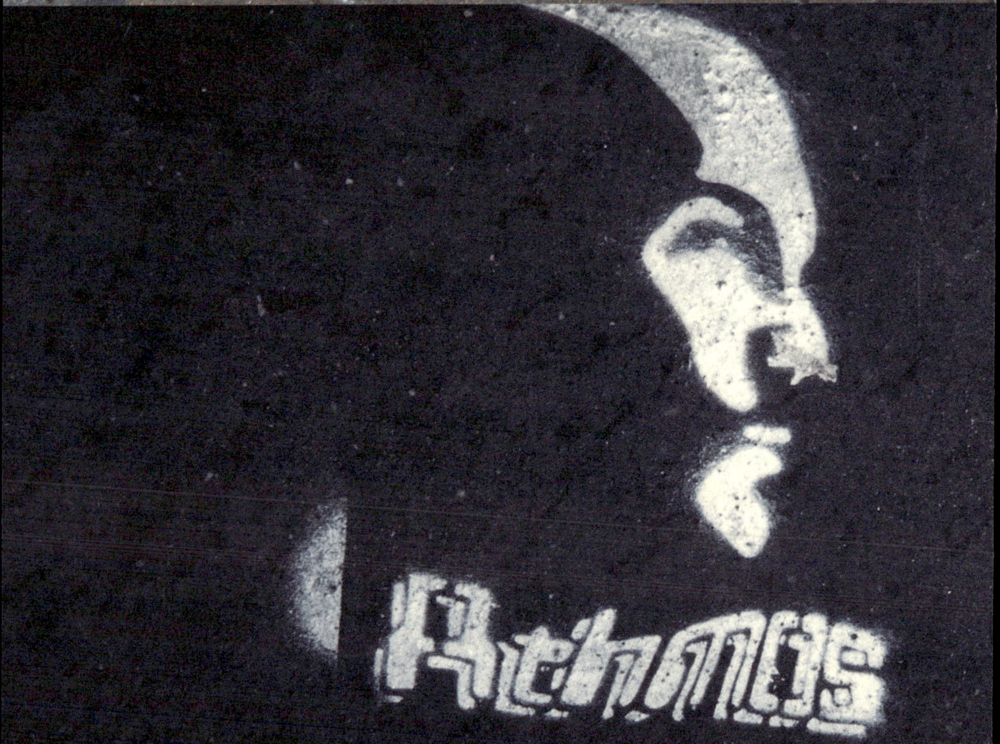

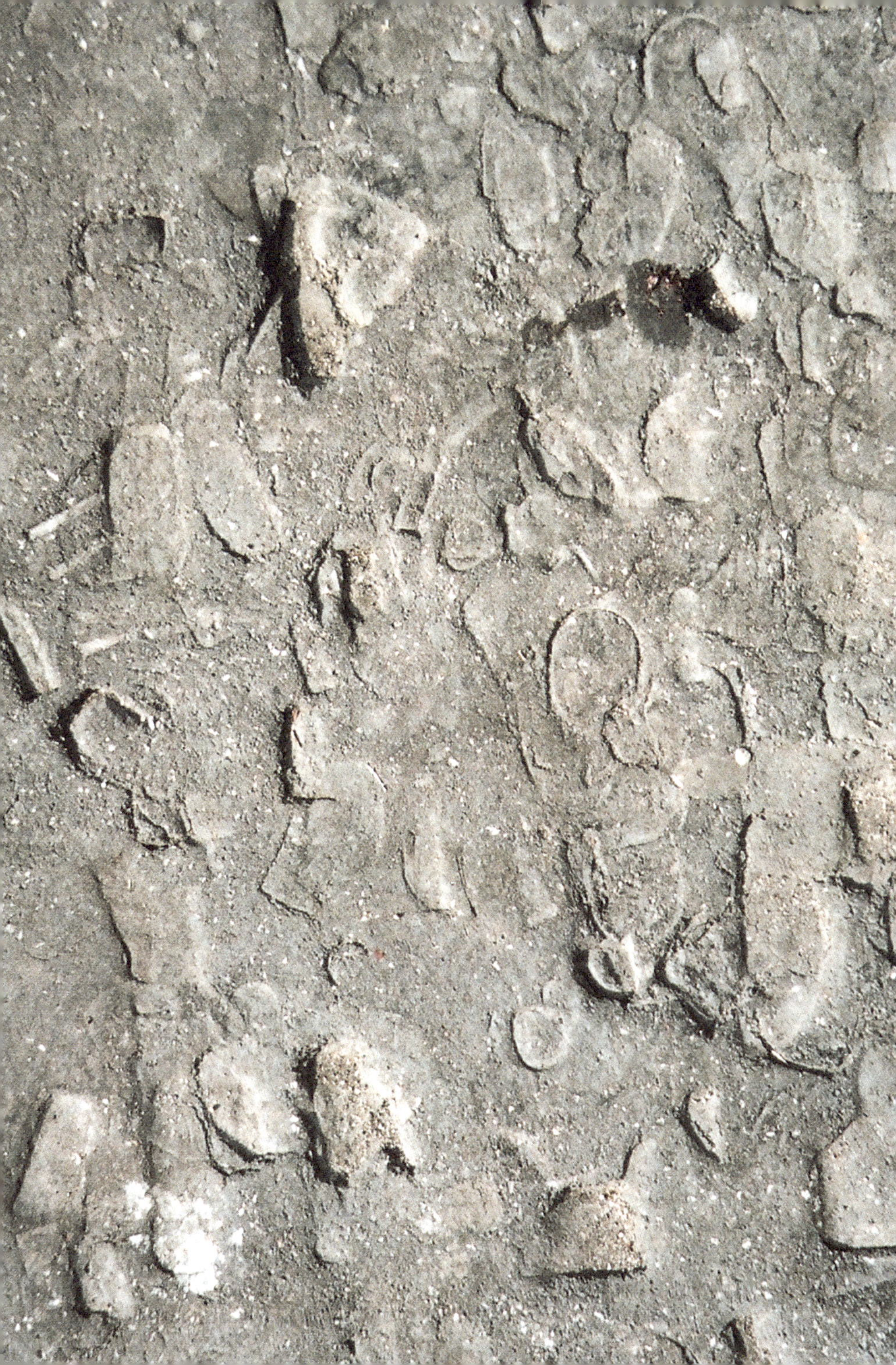

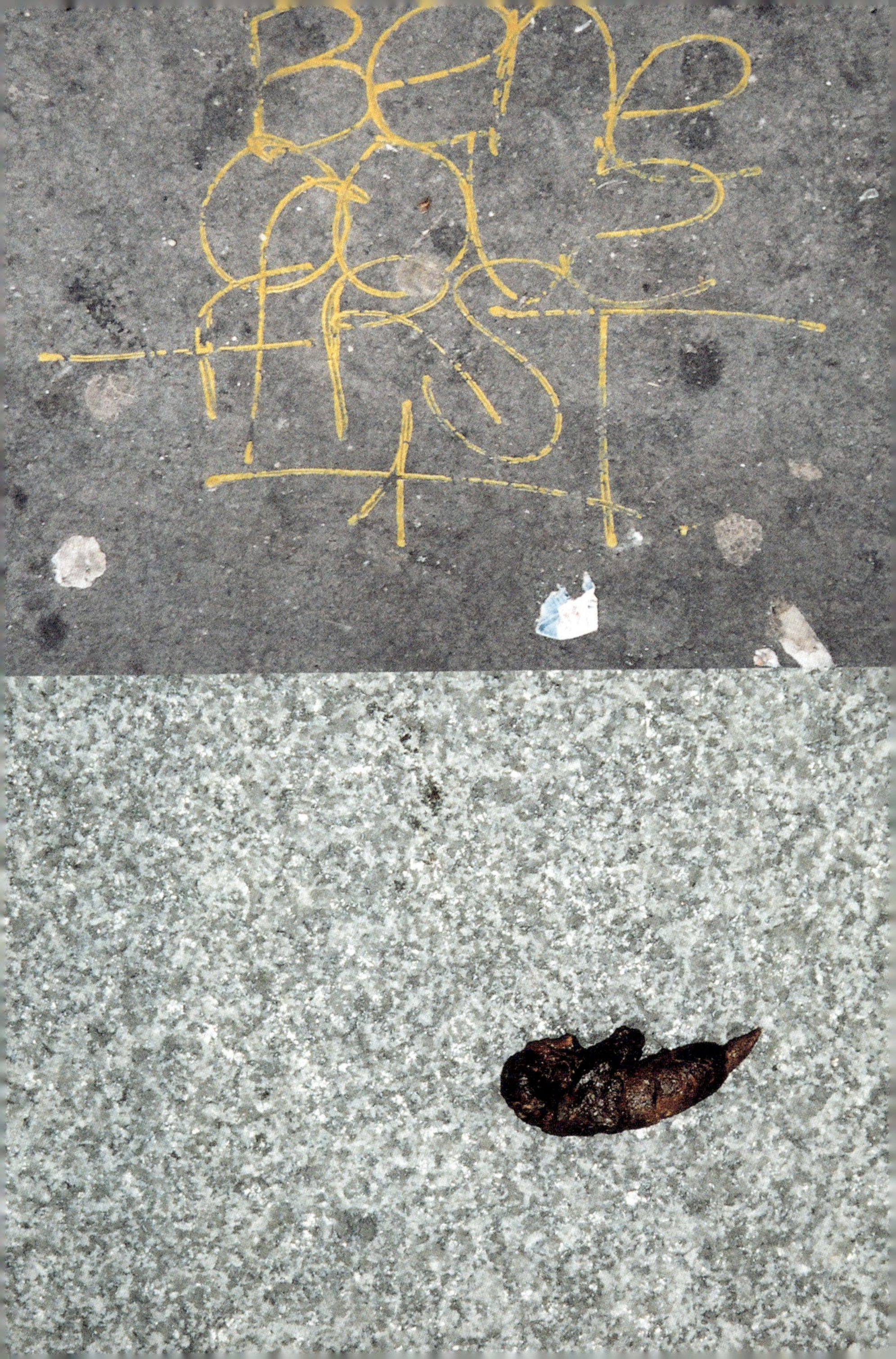

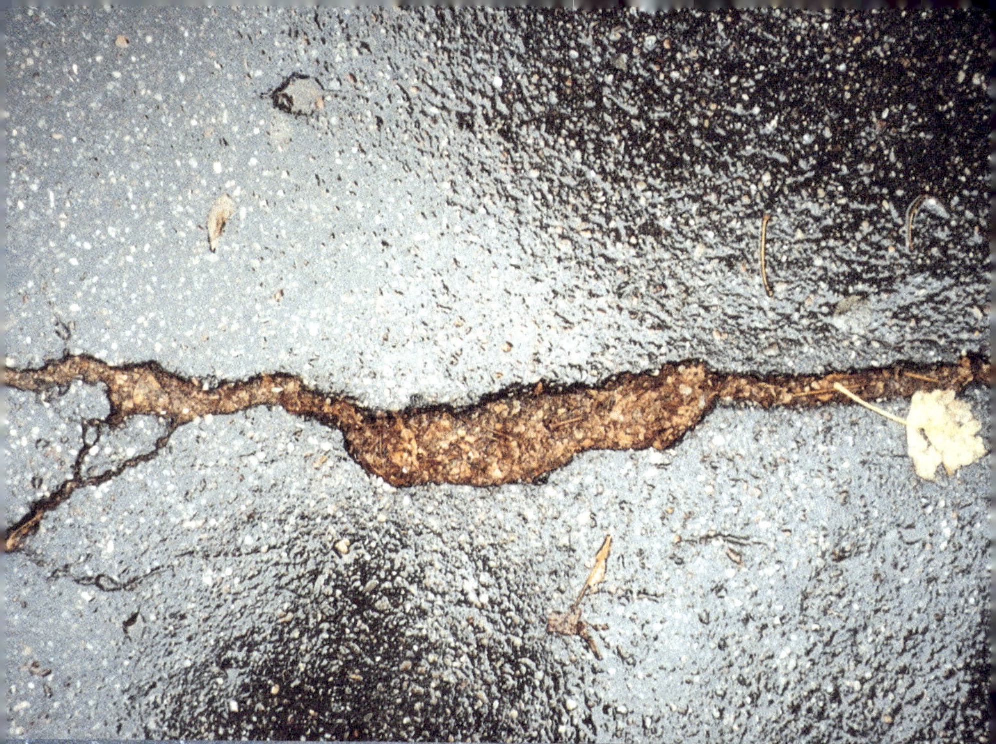

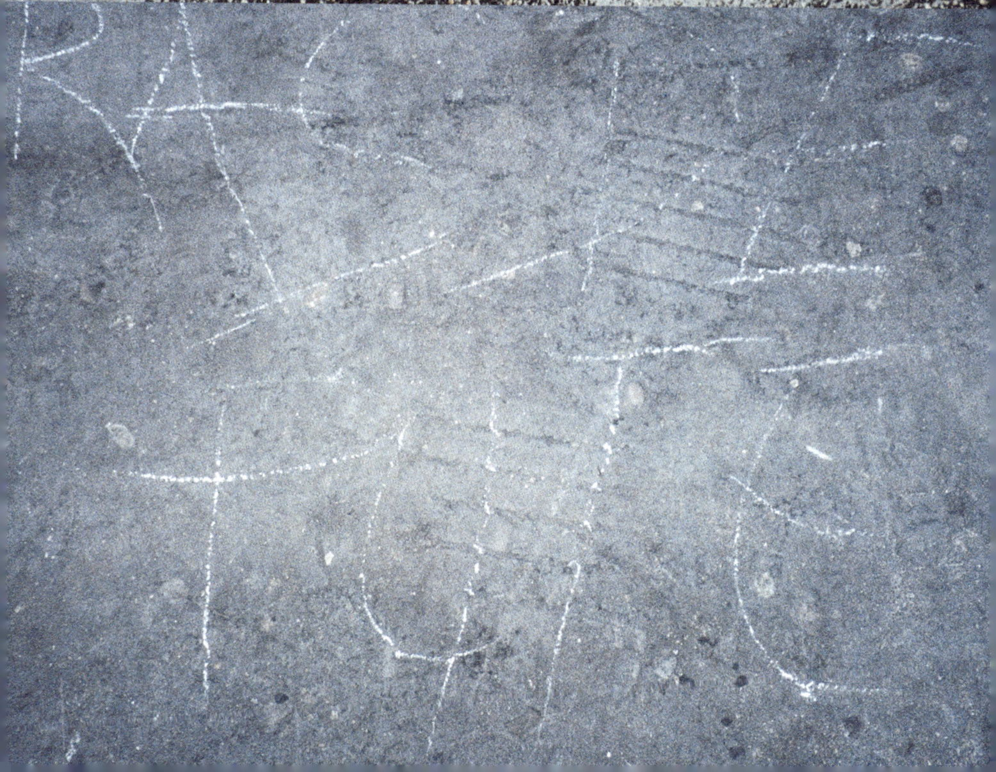

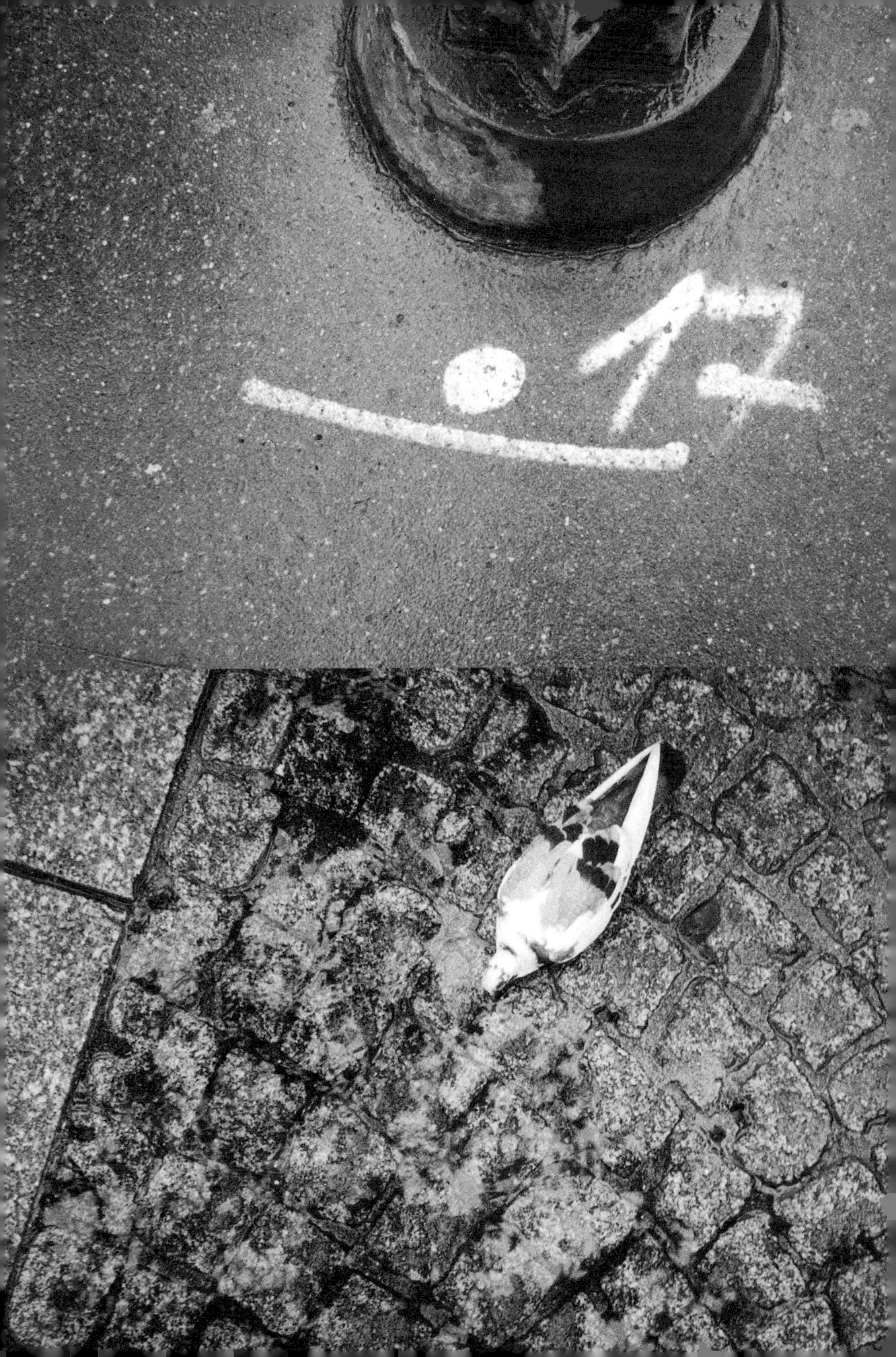
17

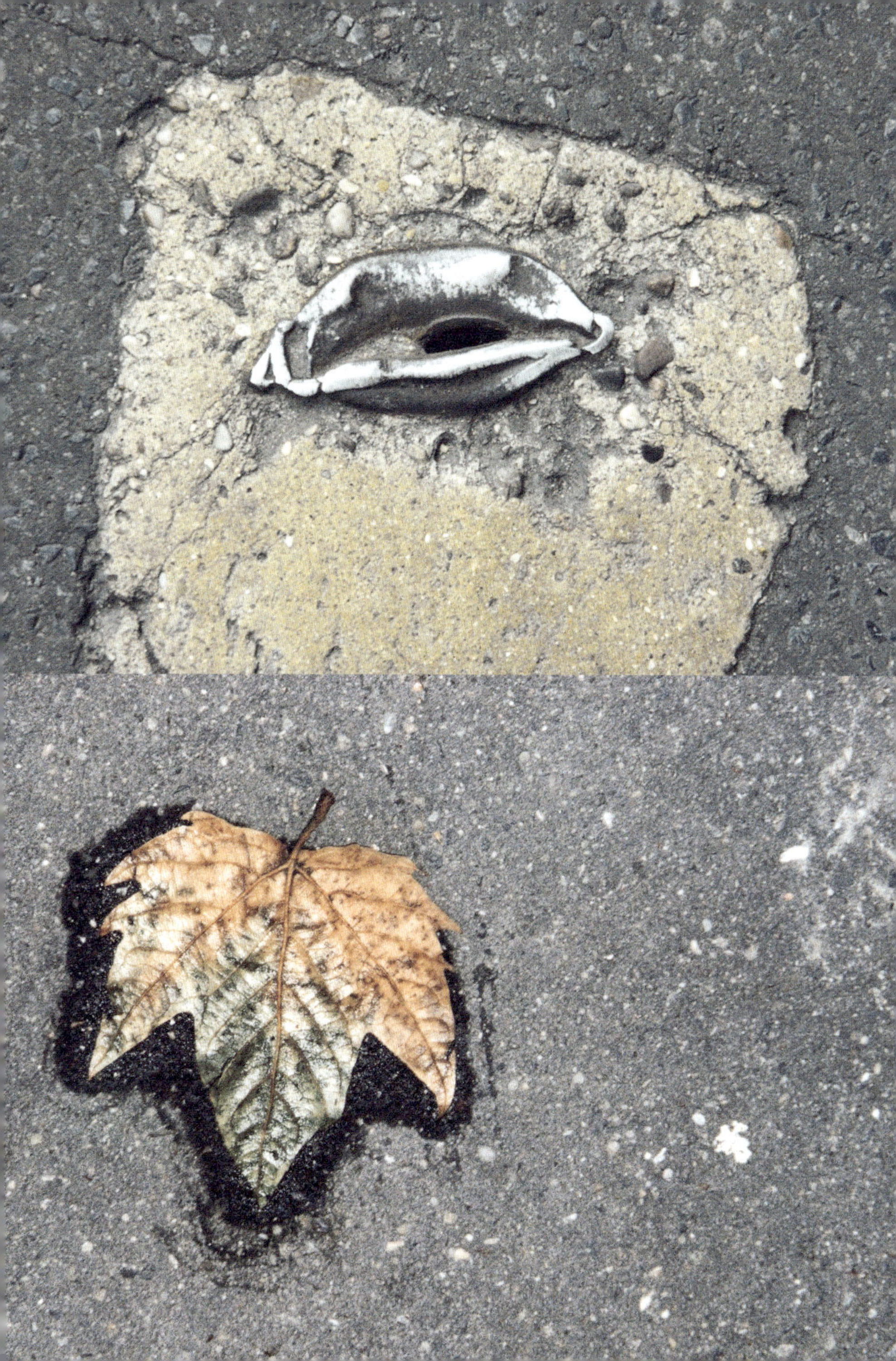

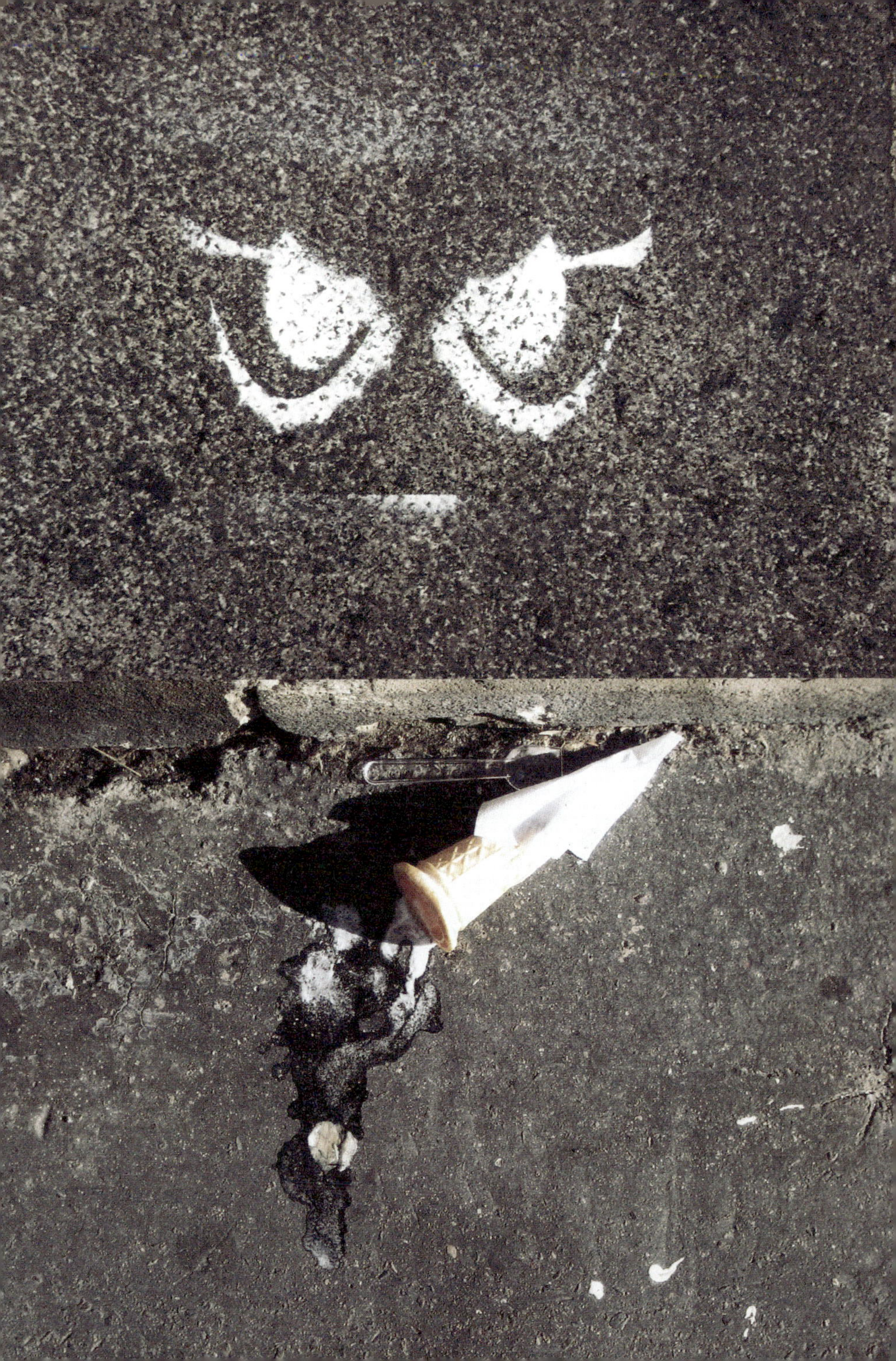

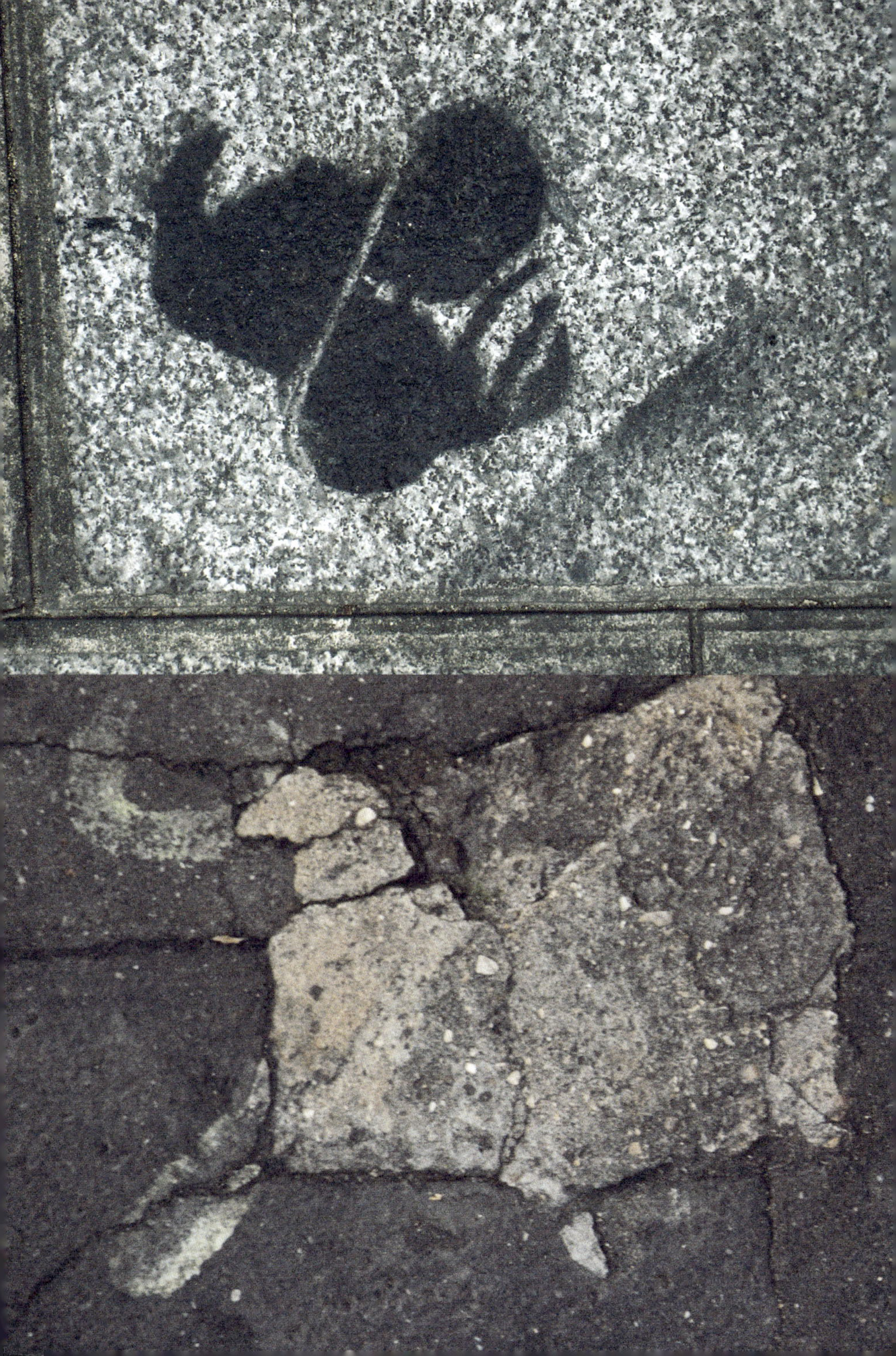

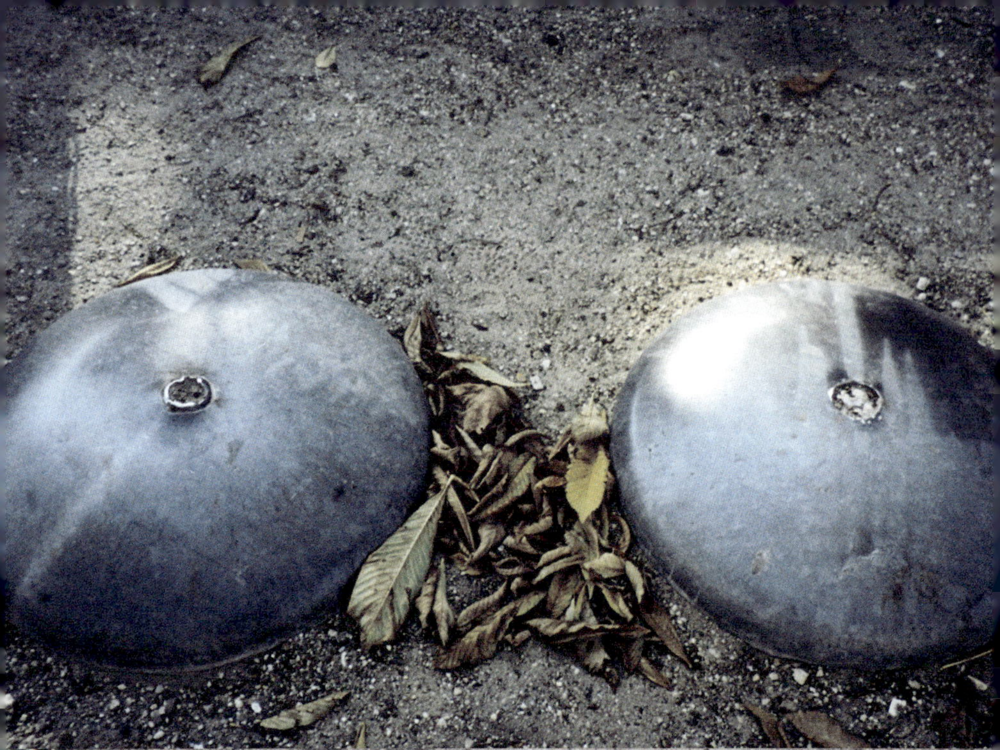

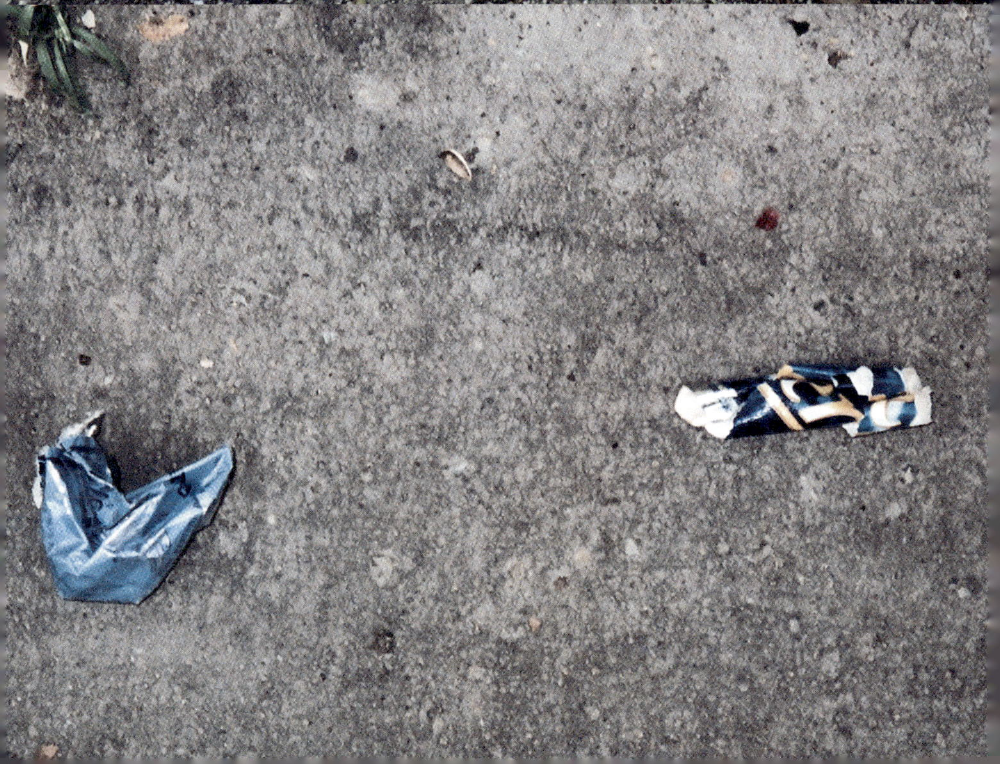

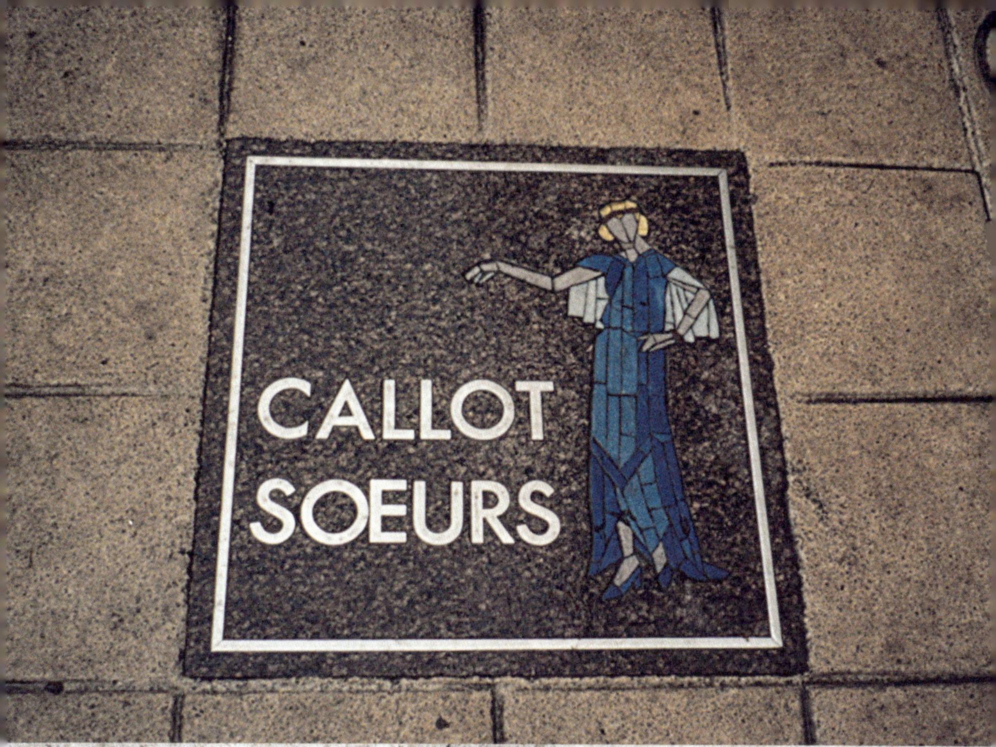
CALLOT
SOEURS

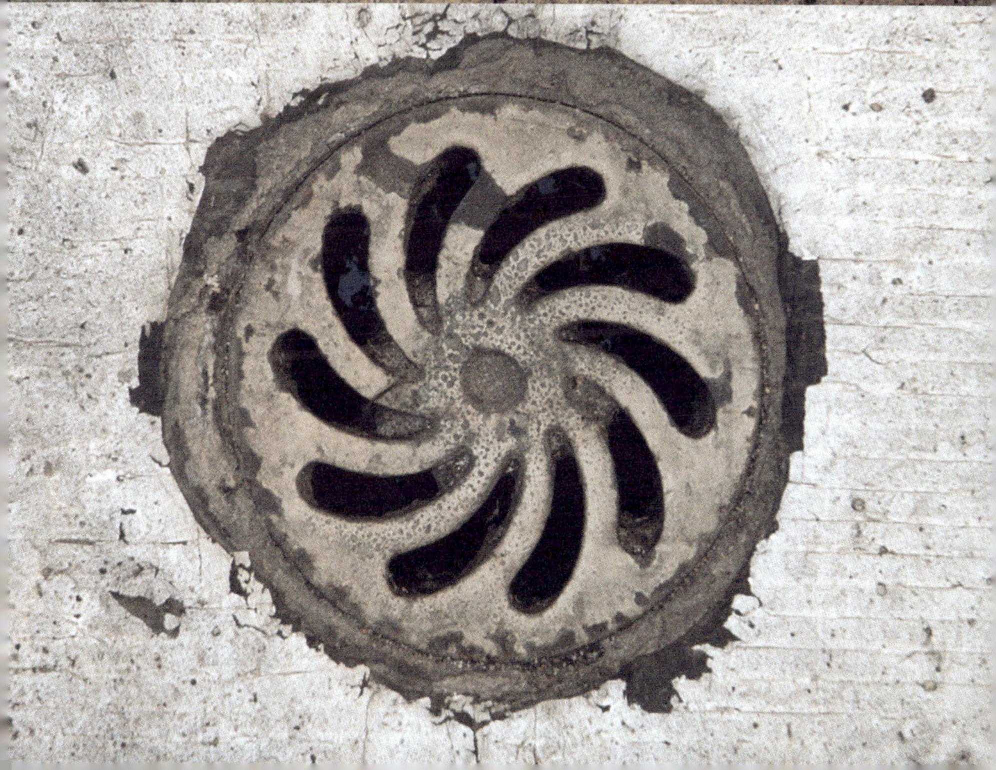

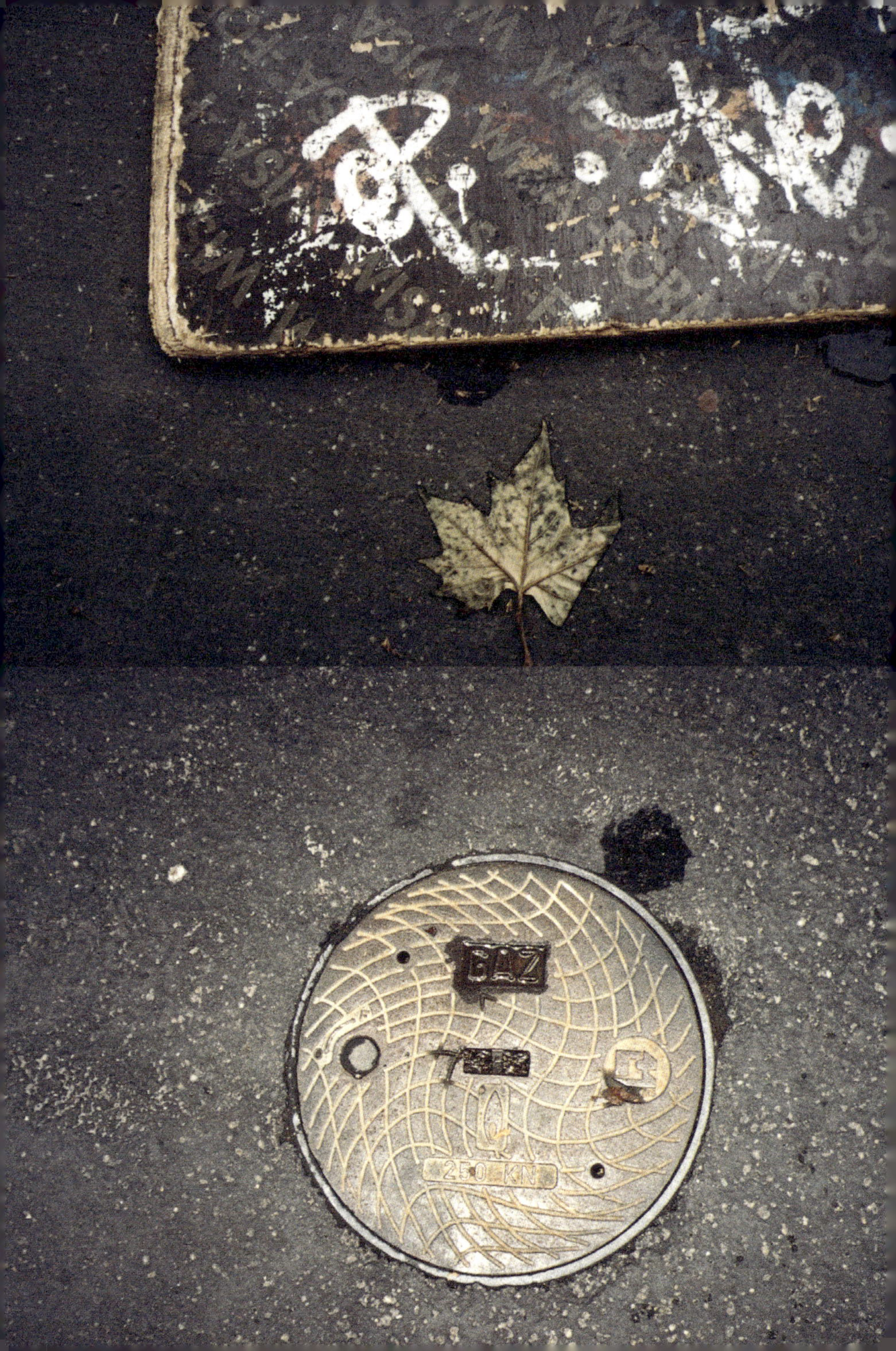
GAZ
250 KN

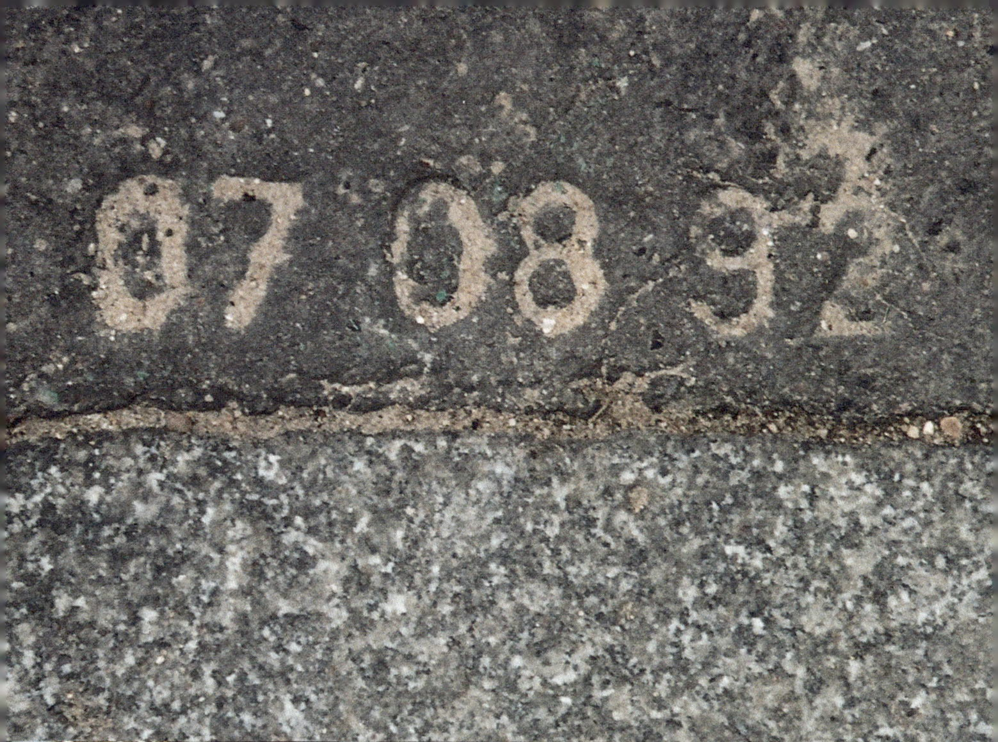
07 08 92

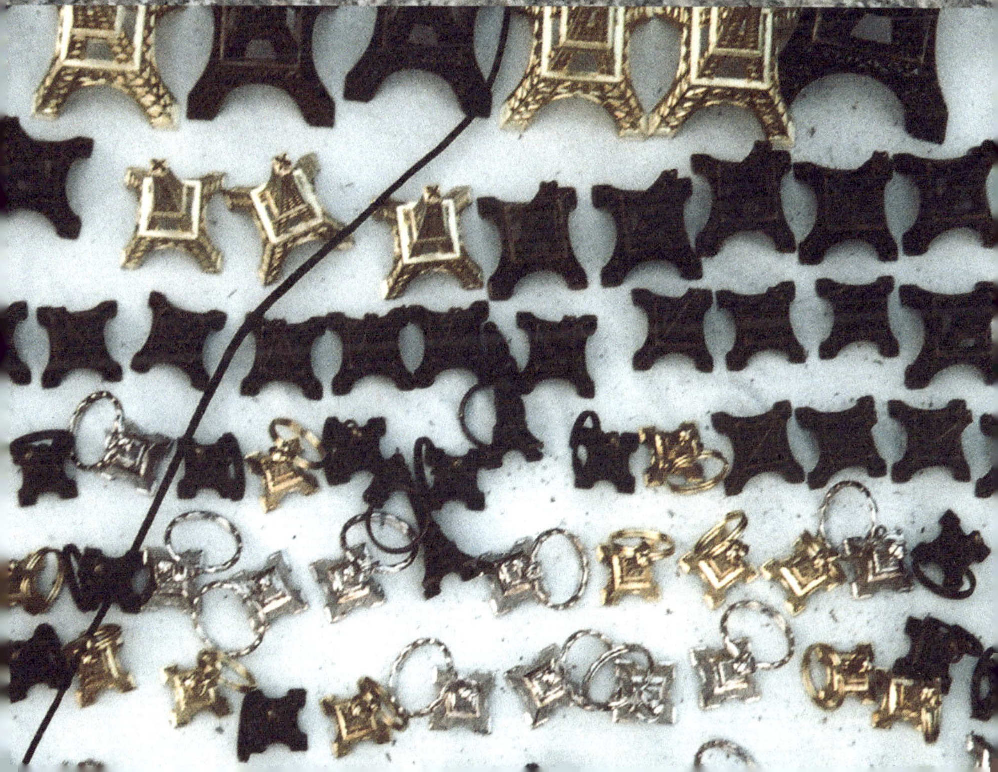

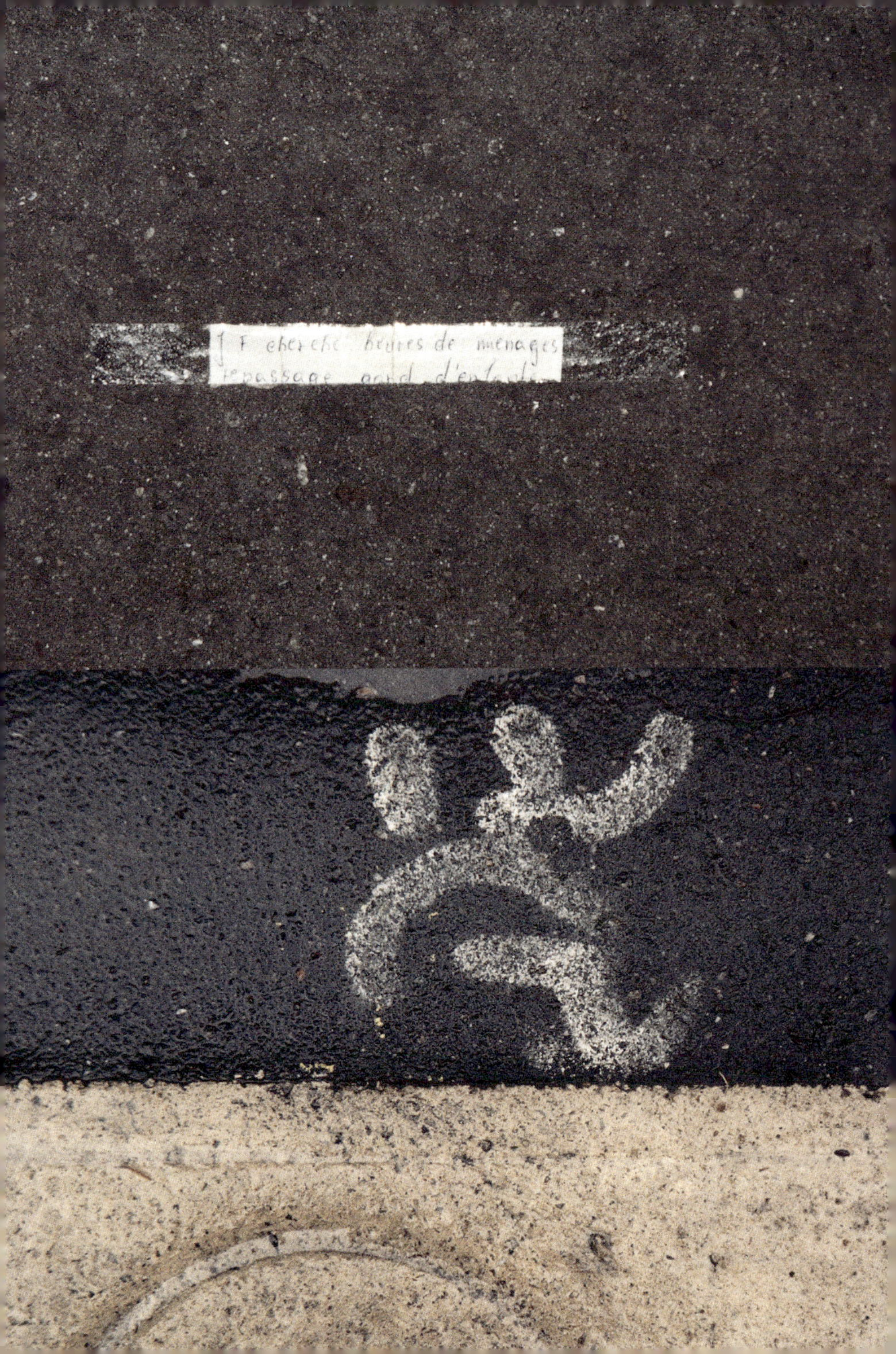
J F cherche heures de menages

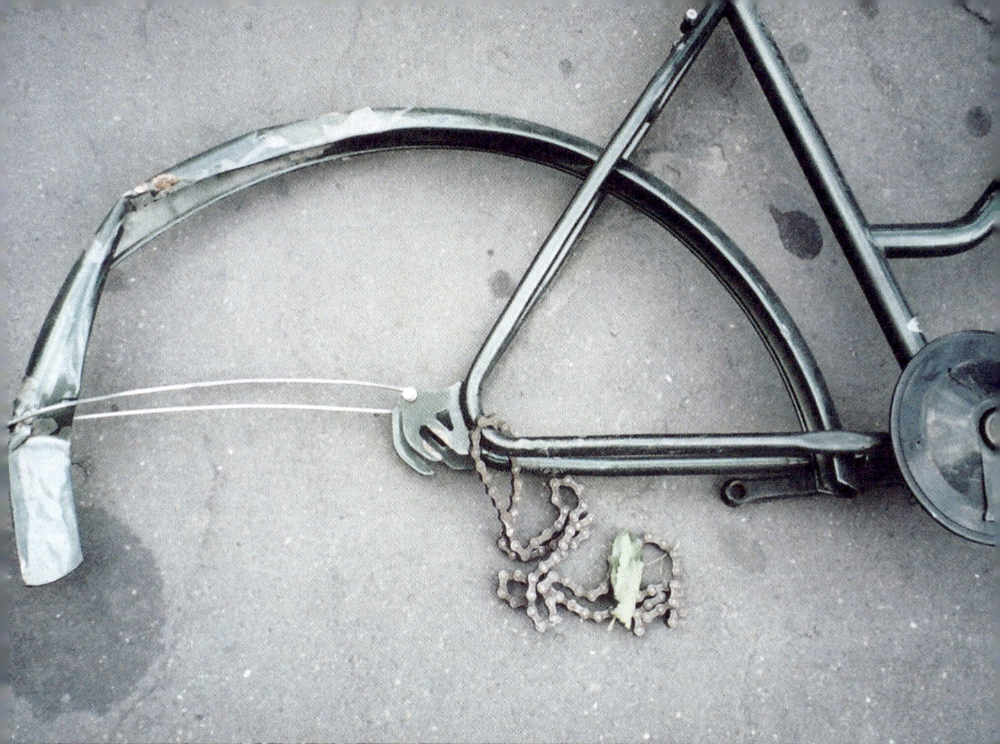

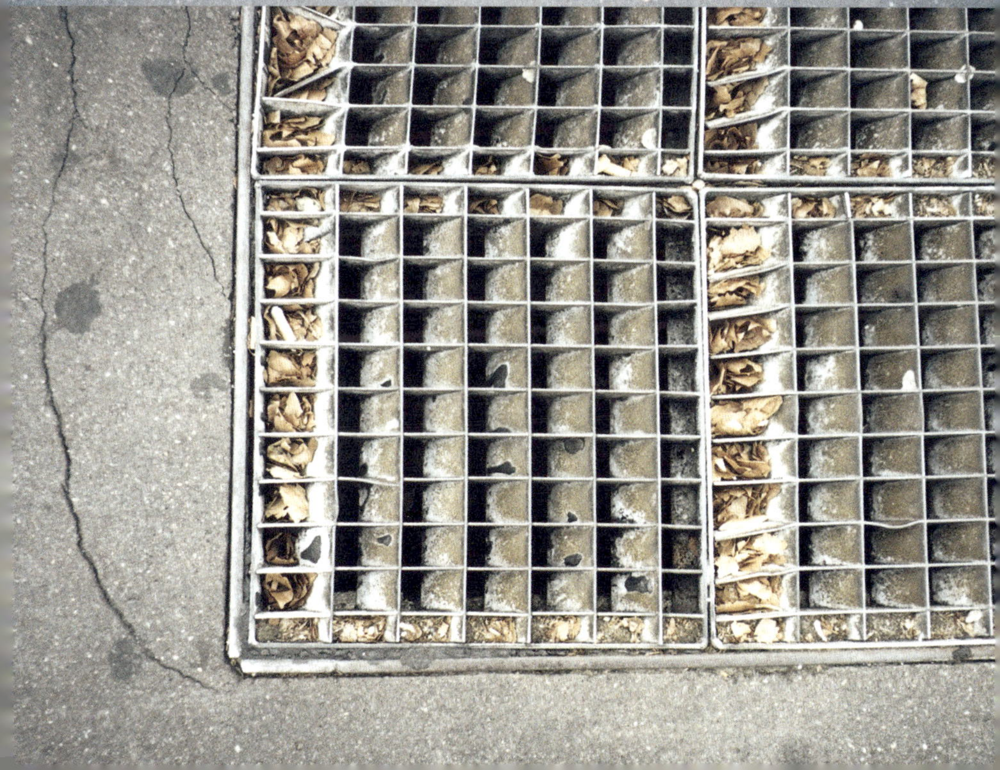

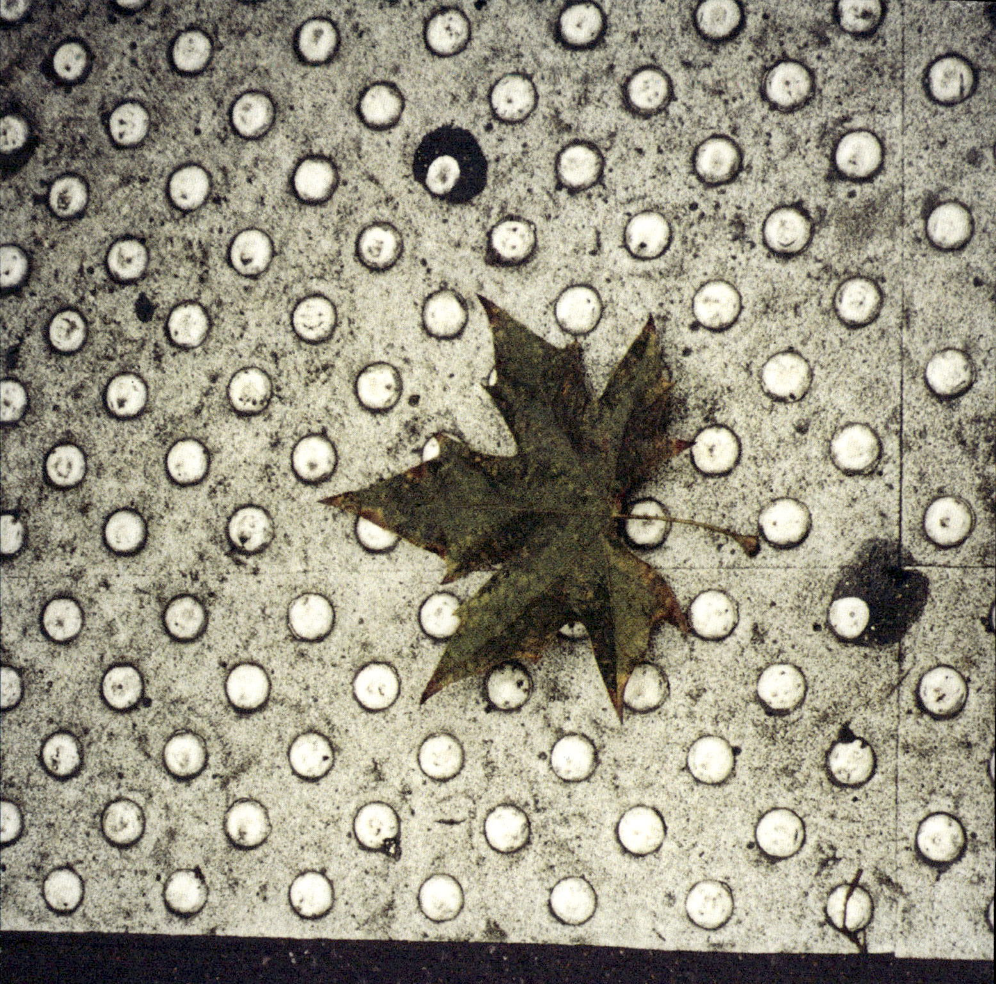

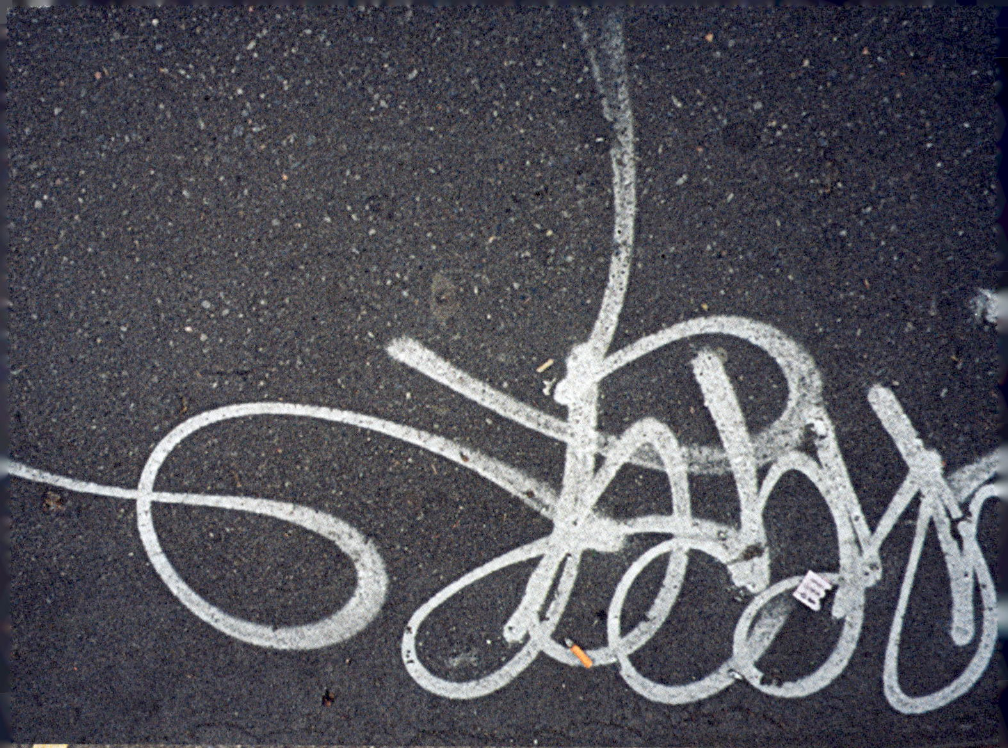
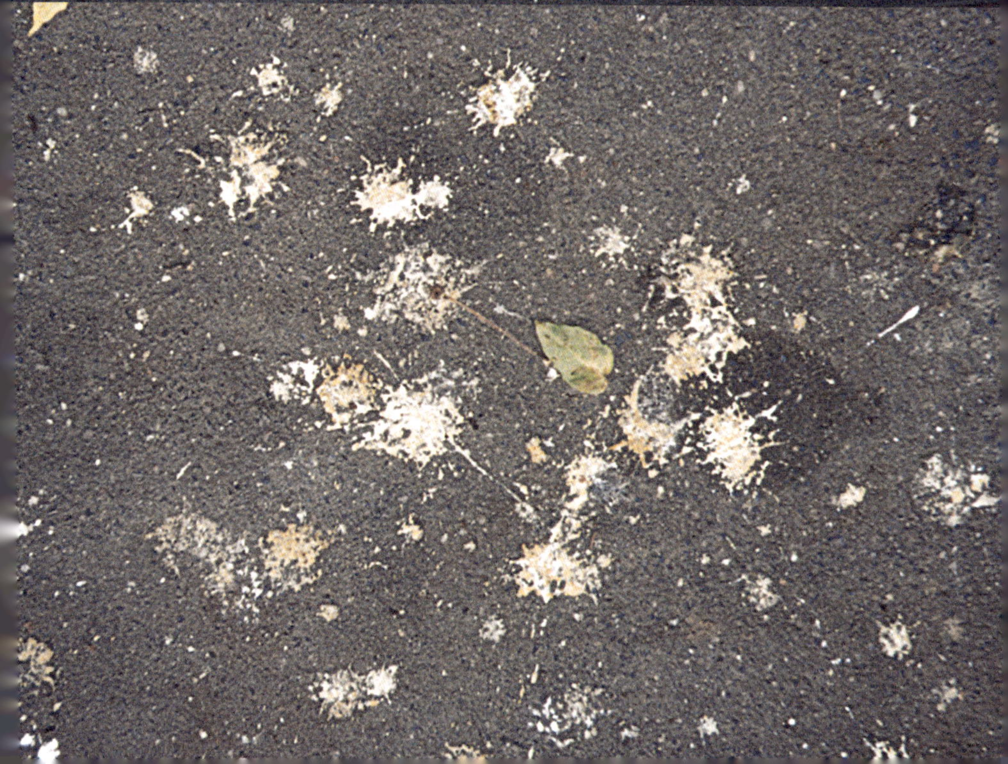

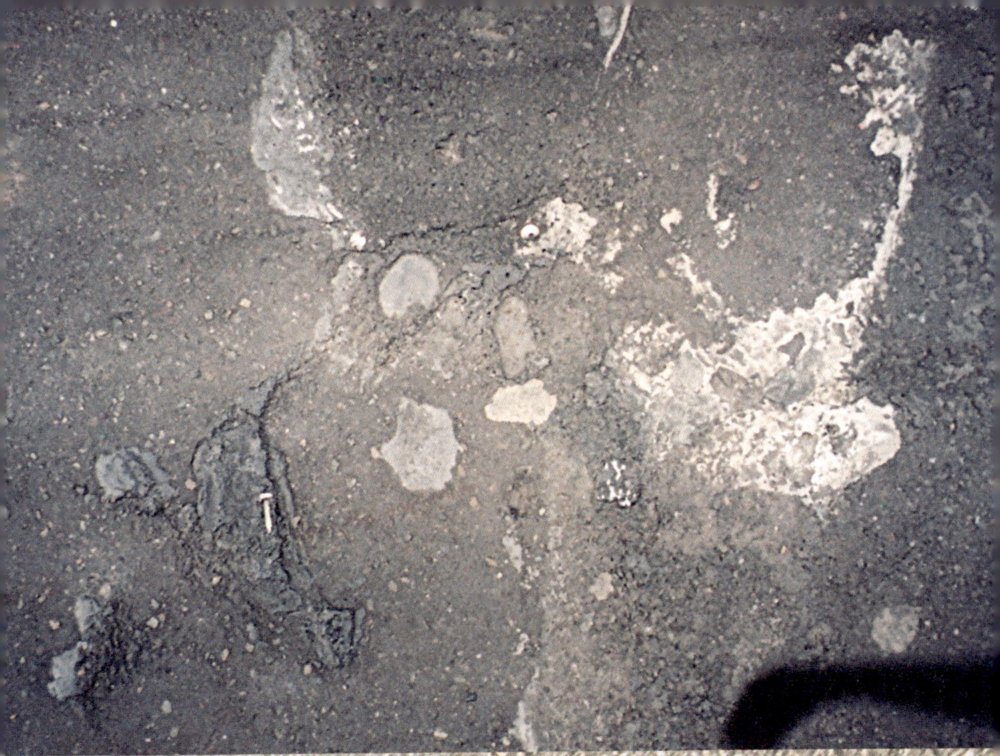

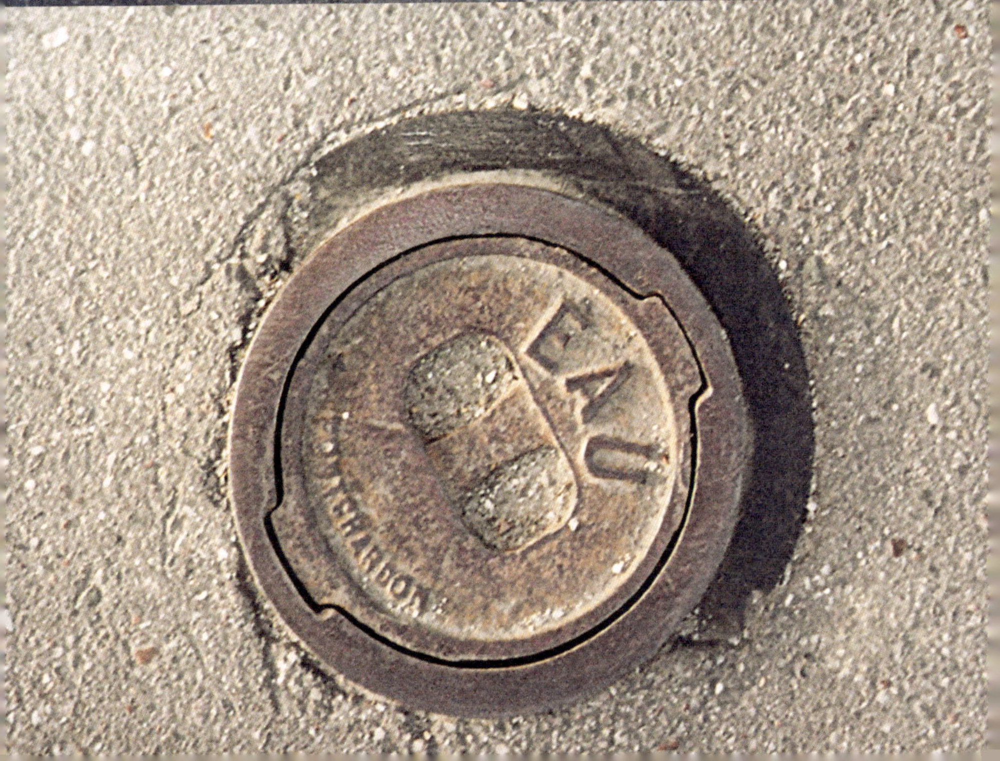
EAU

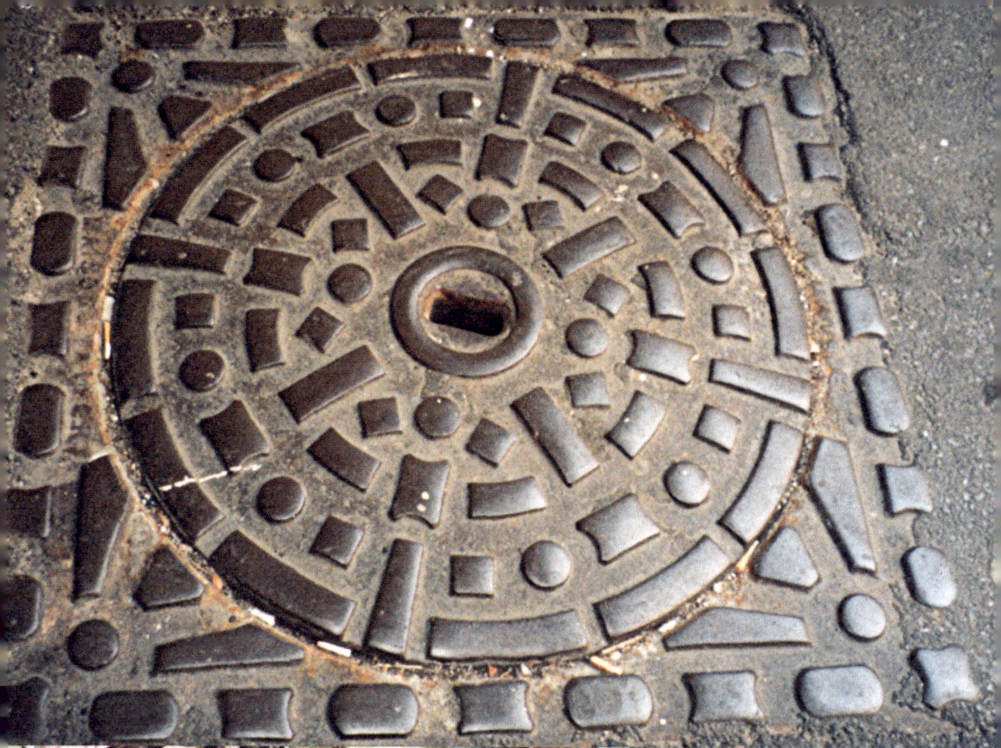

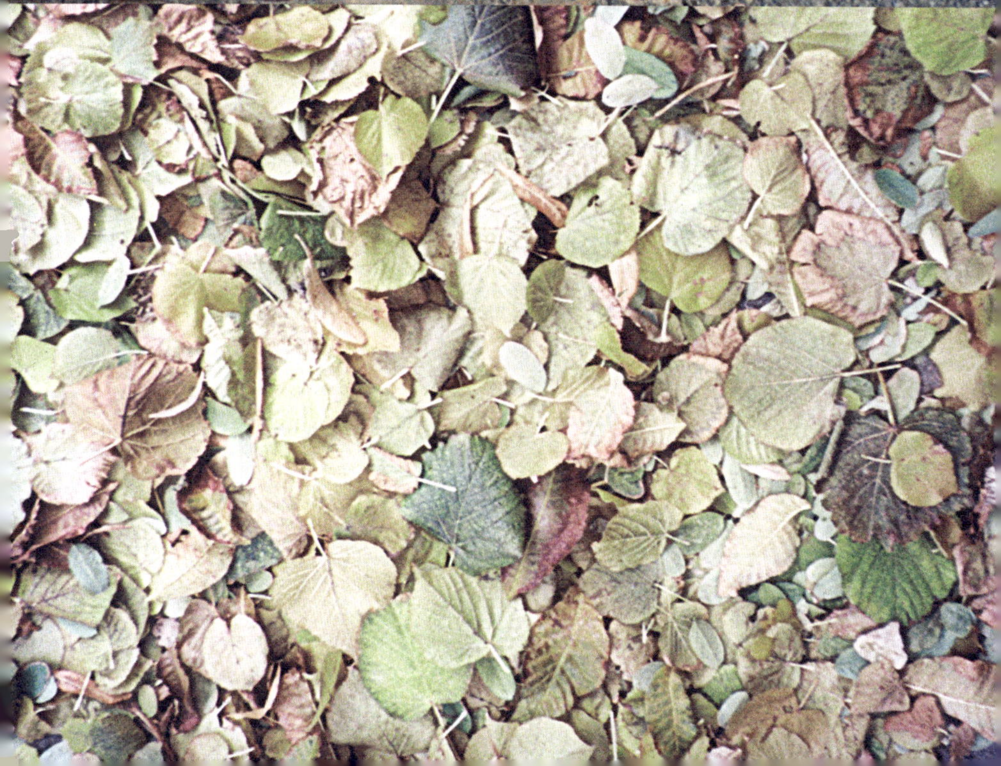

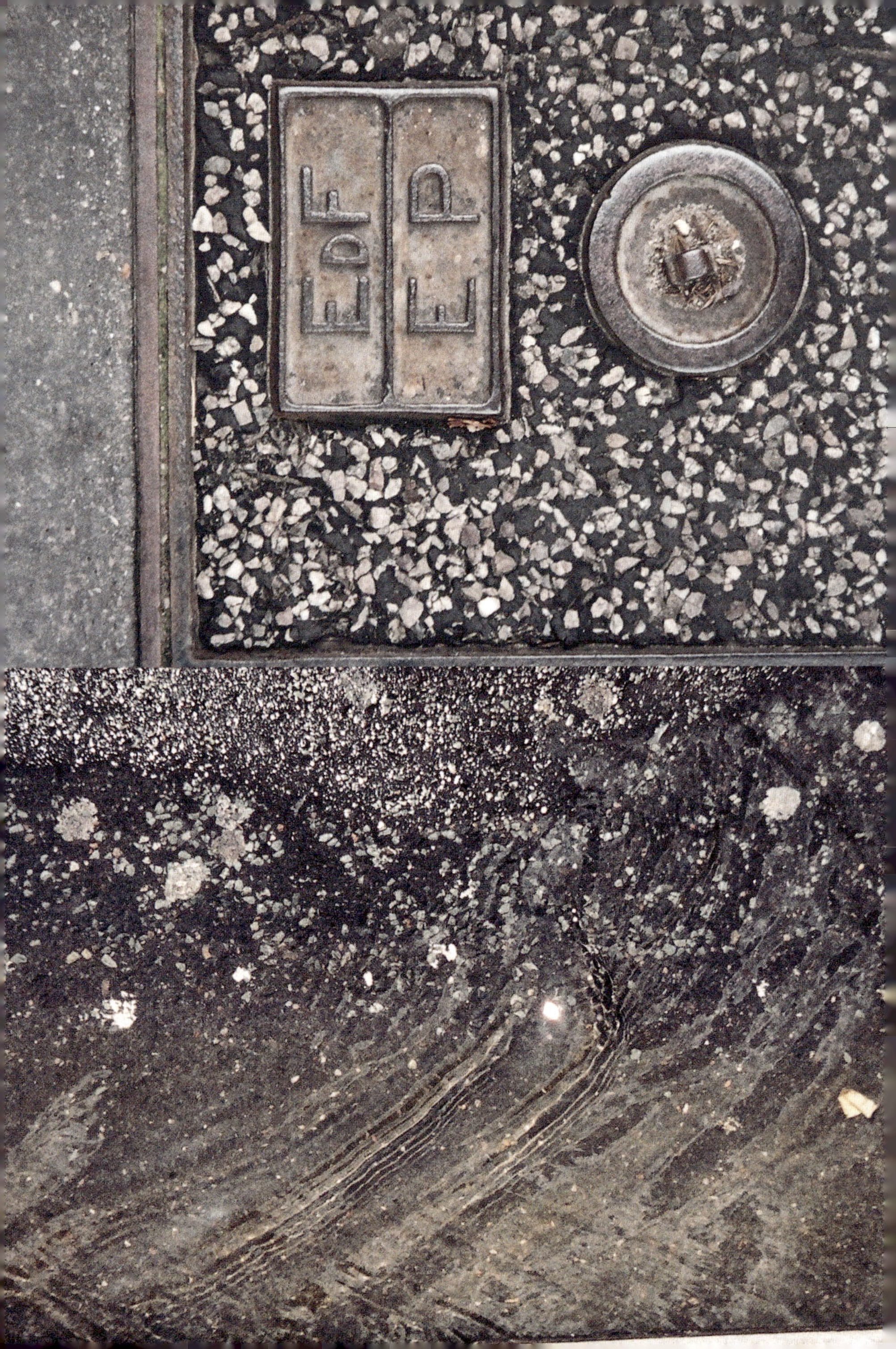
EDF

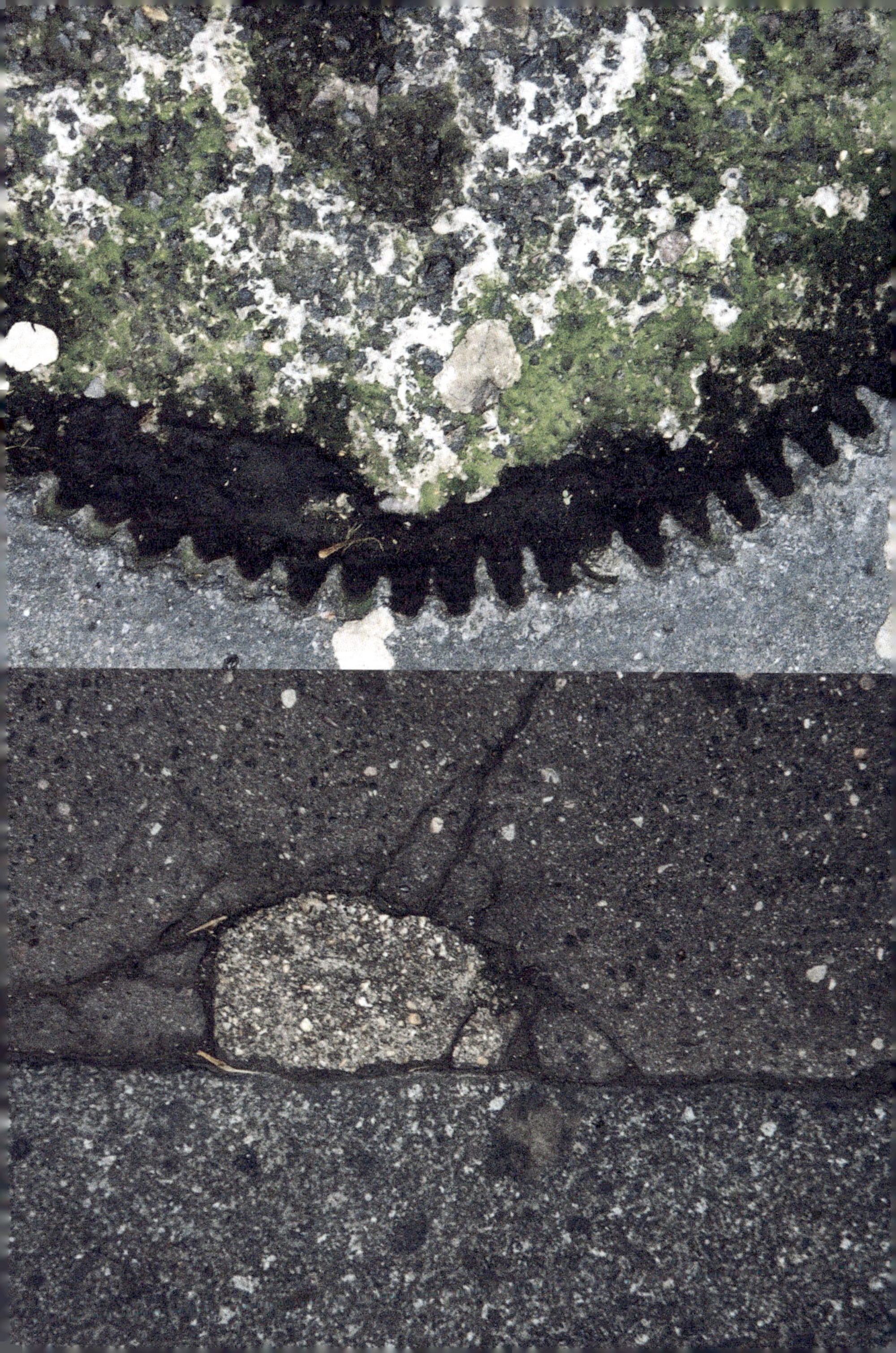

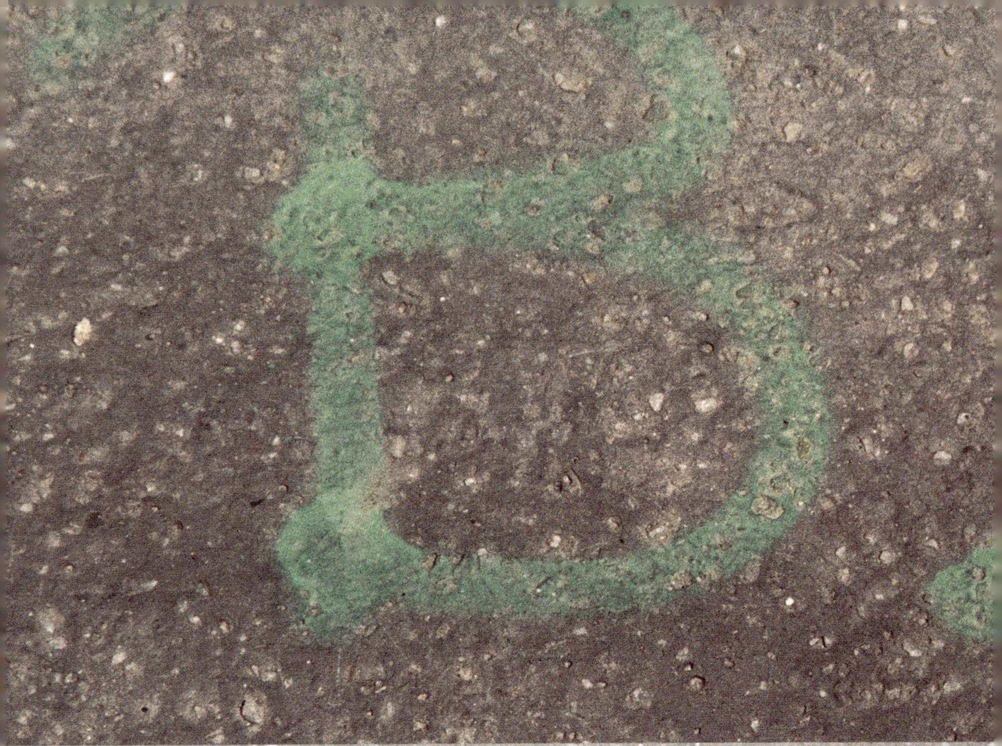

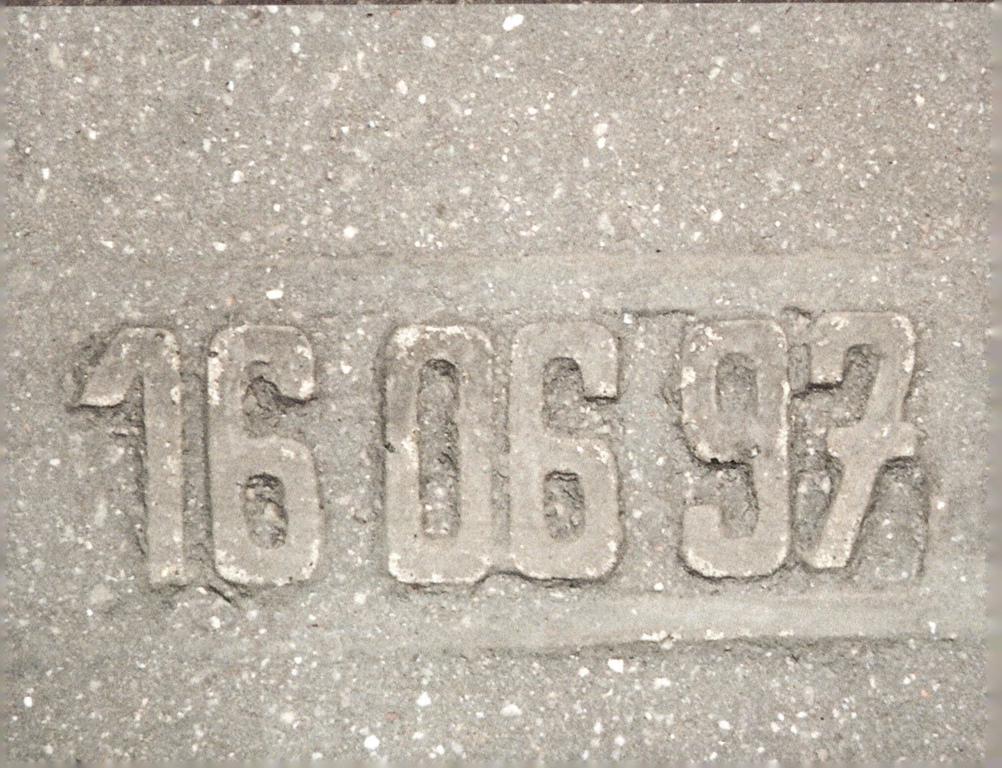
16 06 97

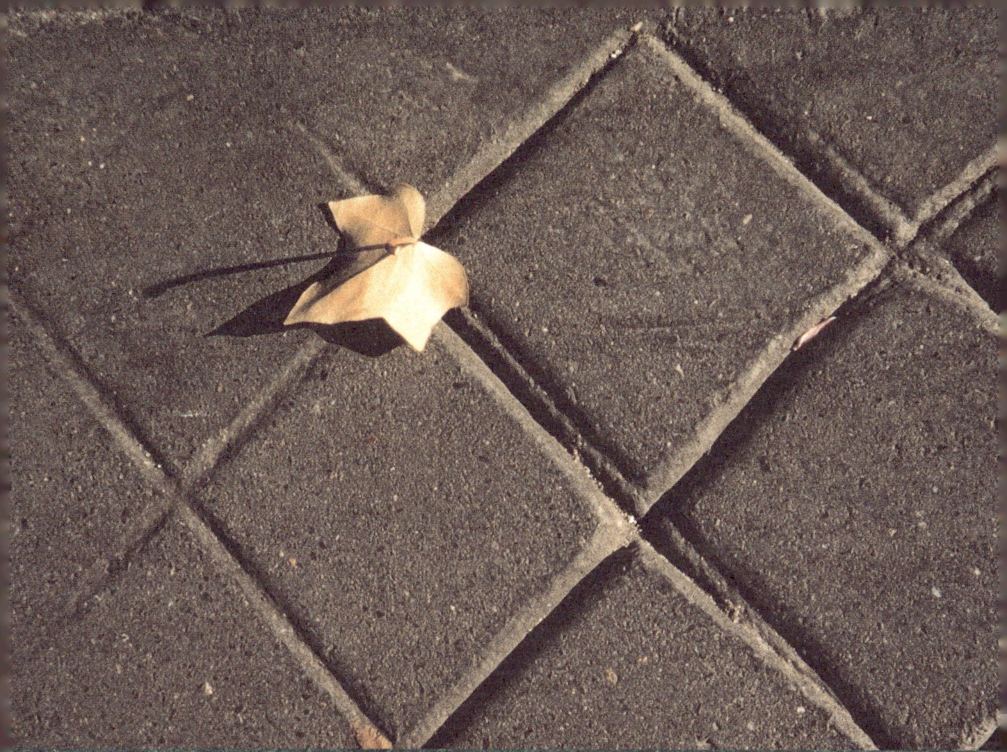

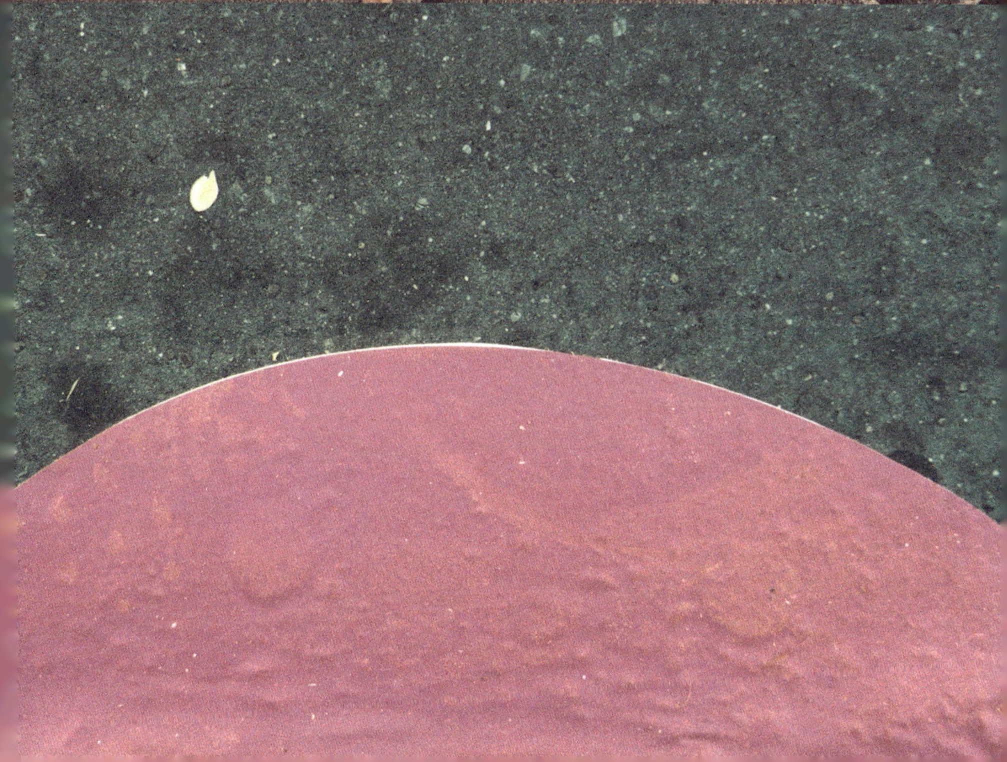

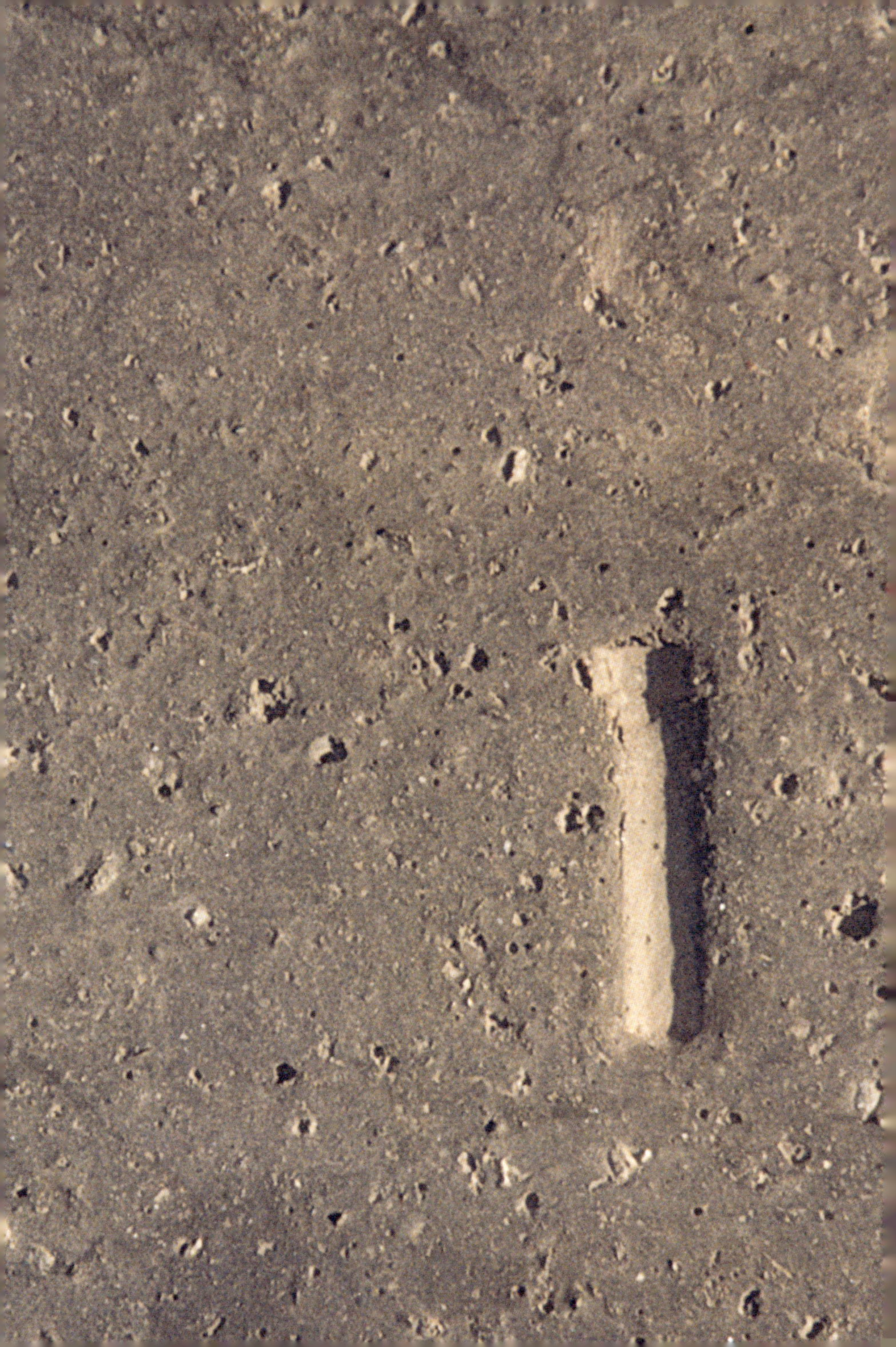

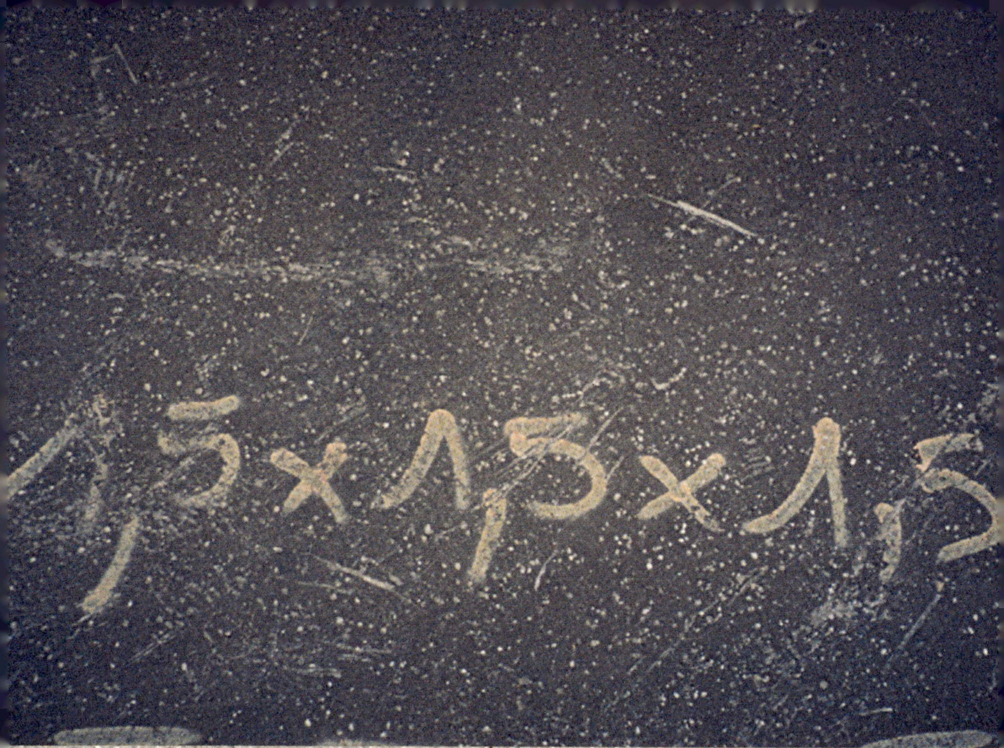
1,5 x 1,5 x 1,5

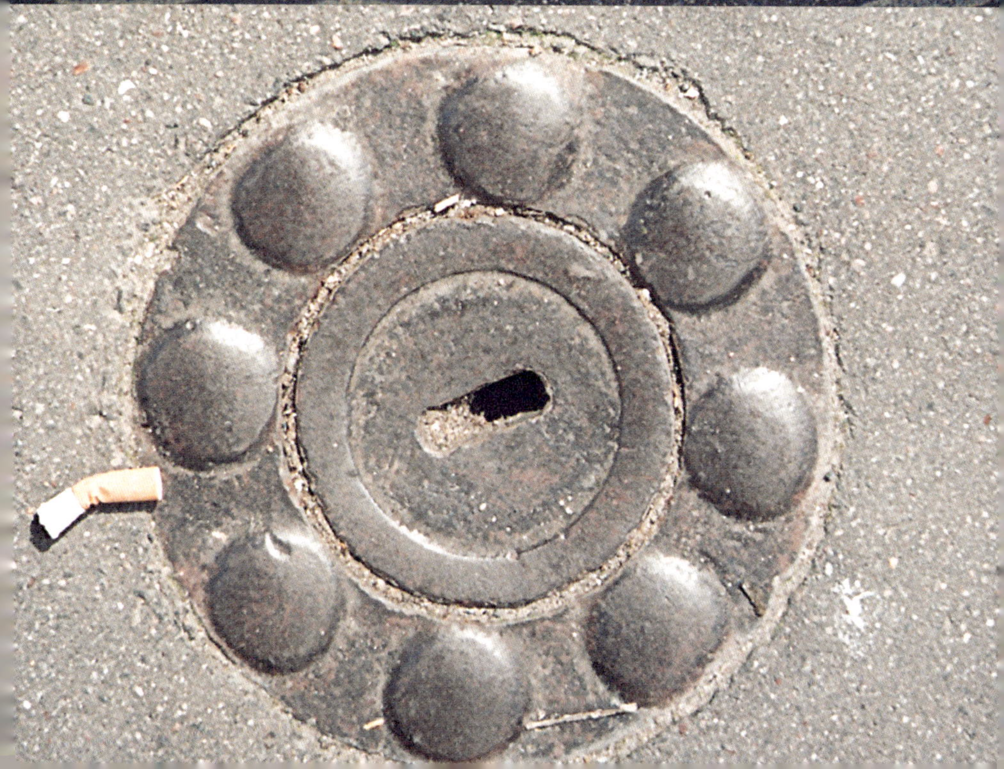

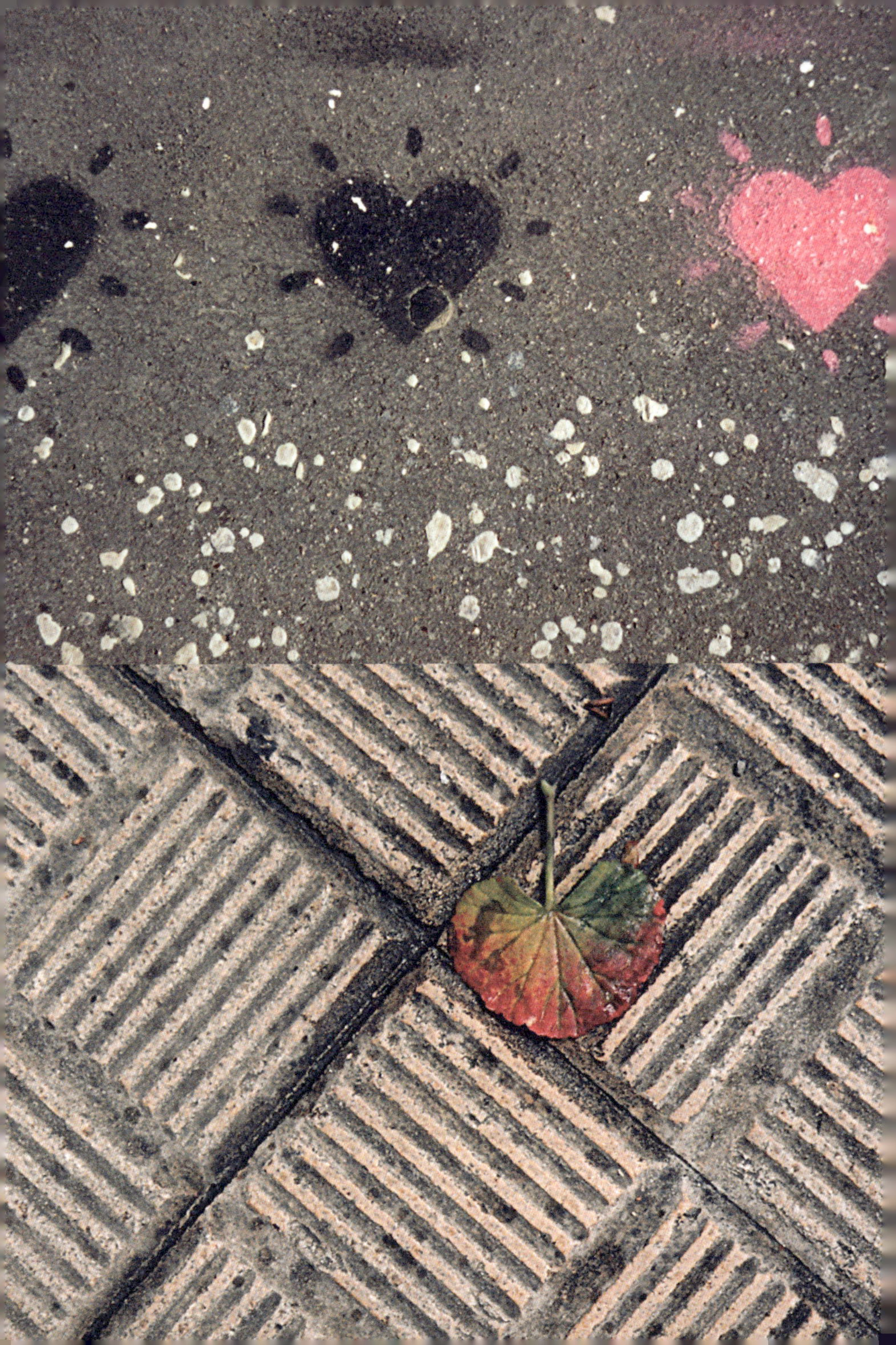

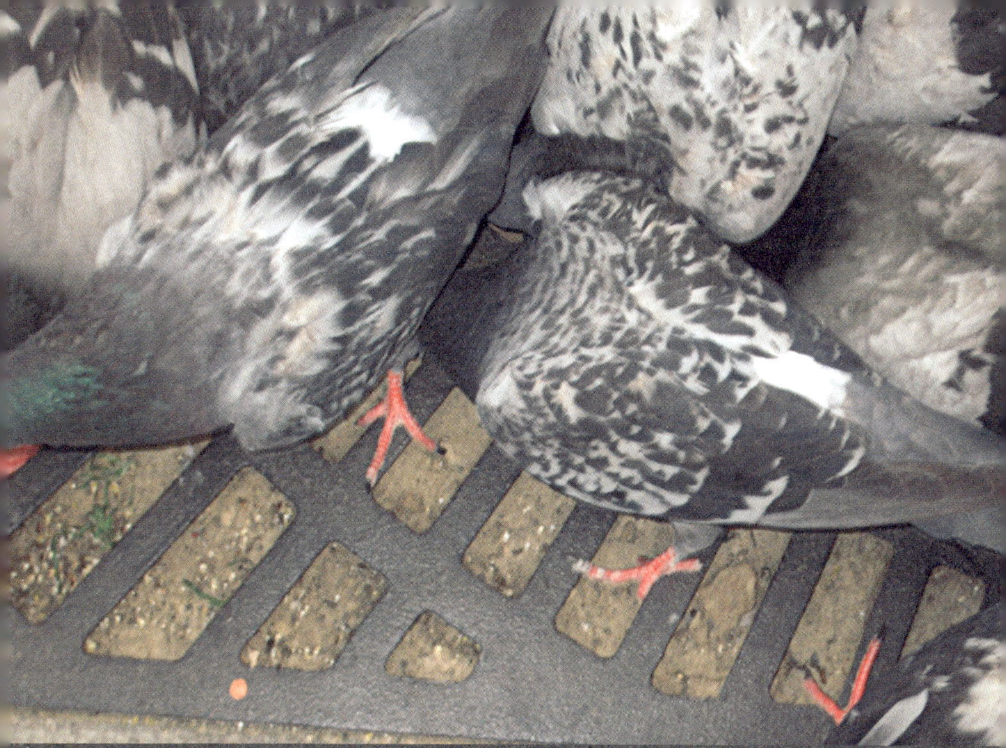
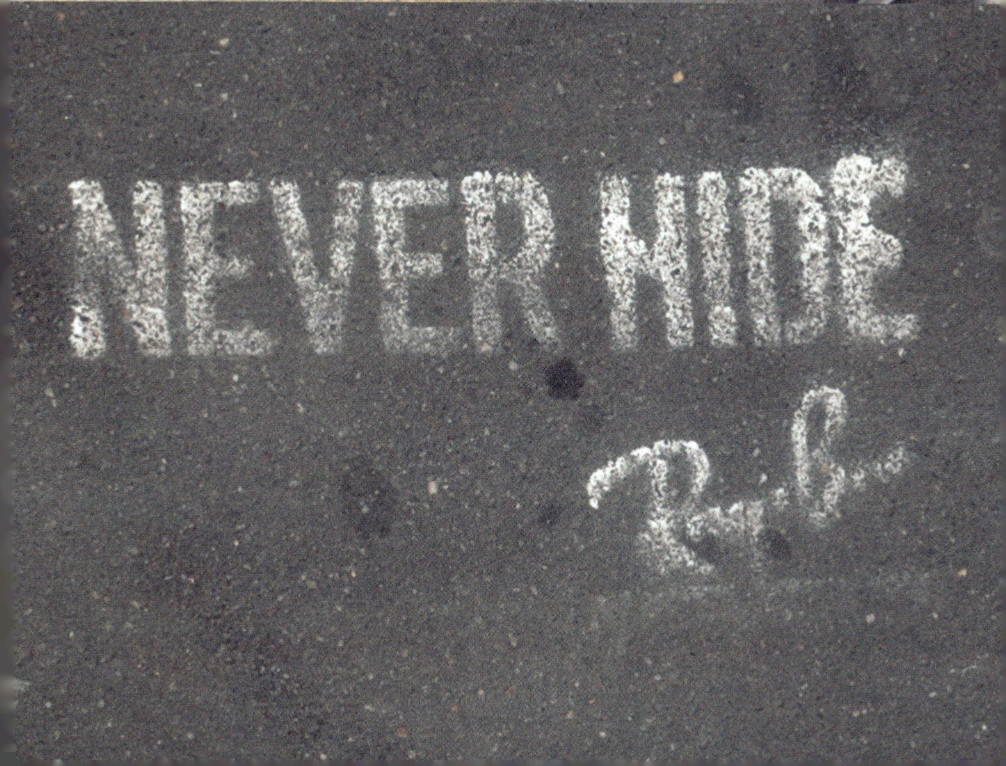
NEVER HIDE

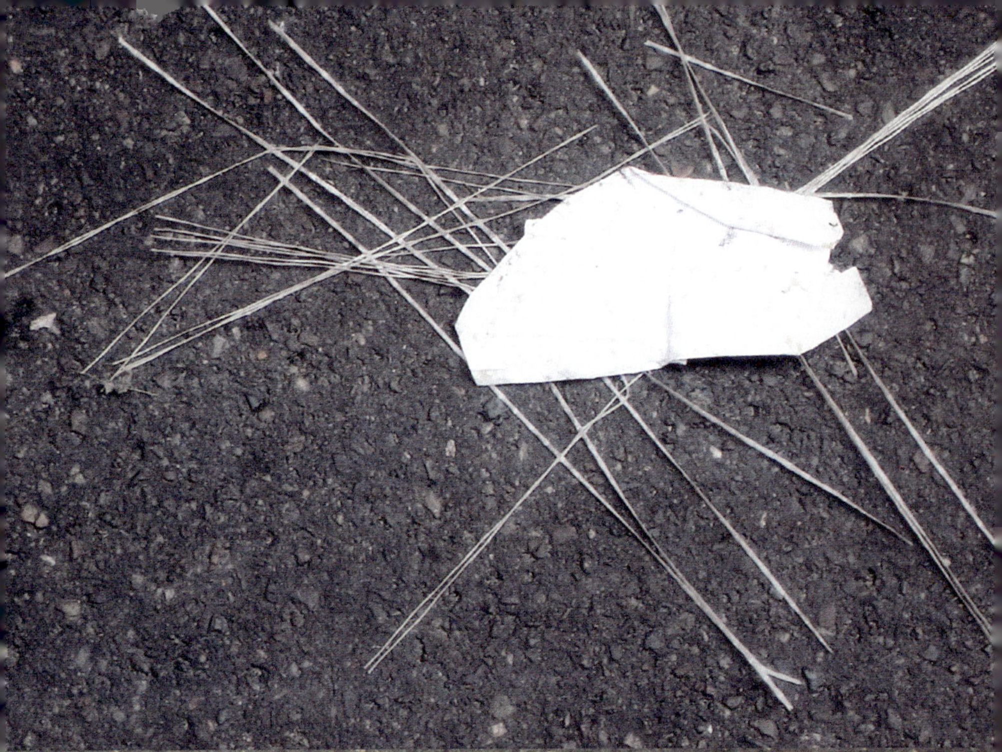
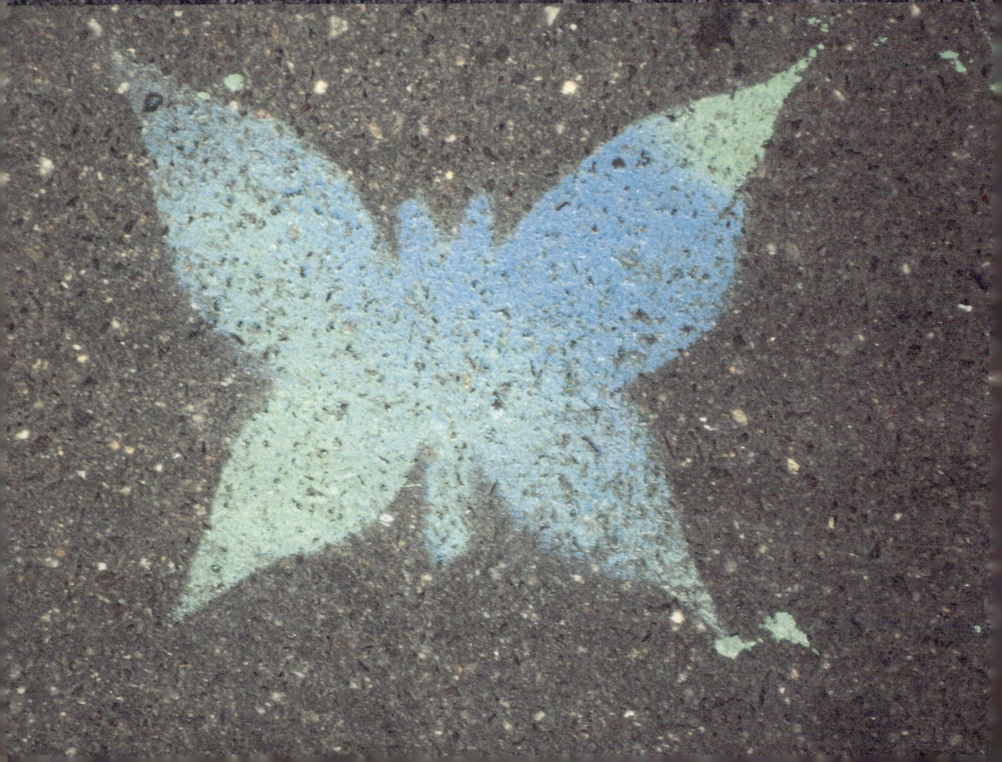

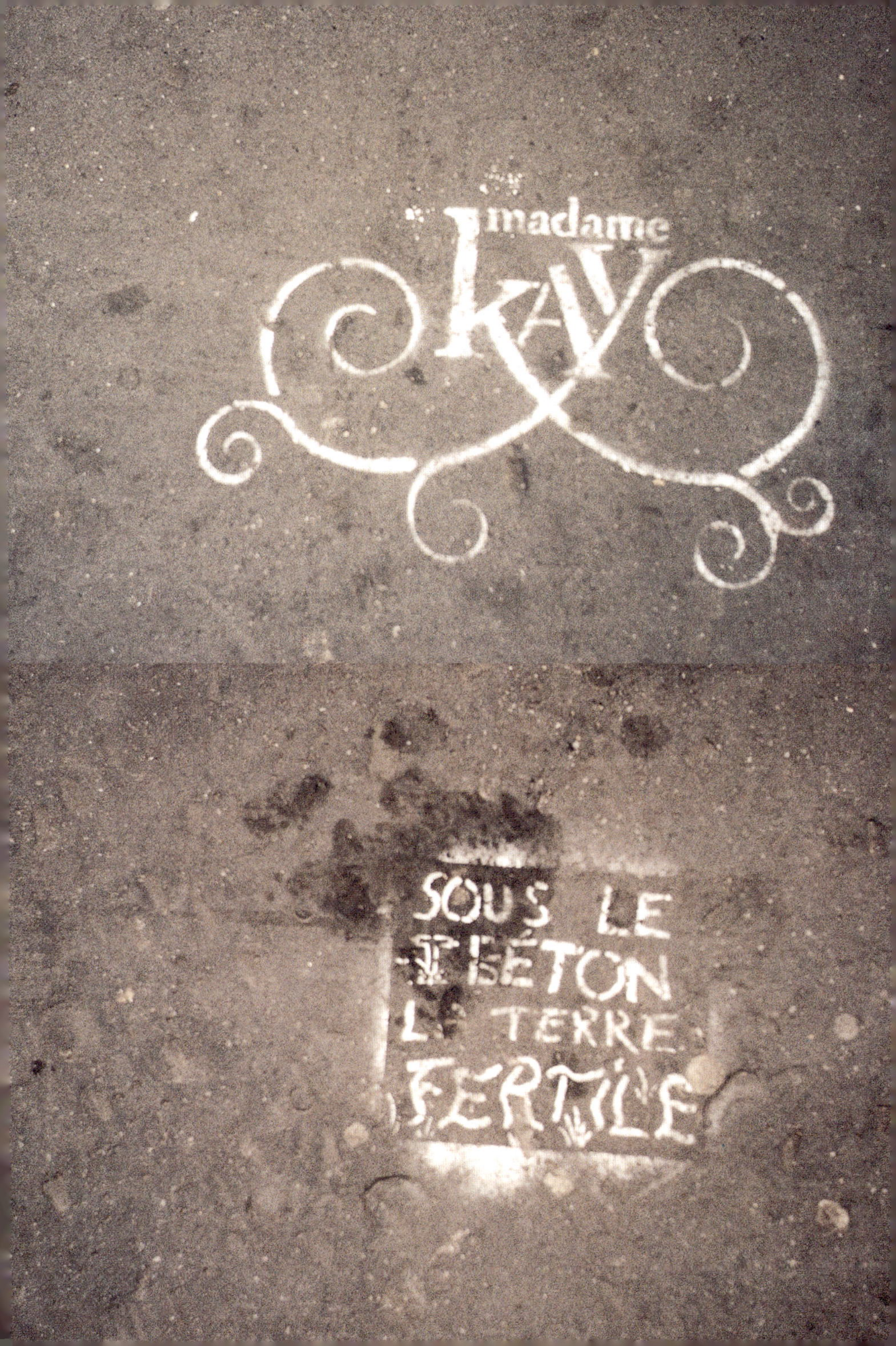
madame
KAY
SOUS LE
BÉTON
TERRE
FERTILE

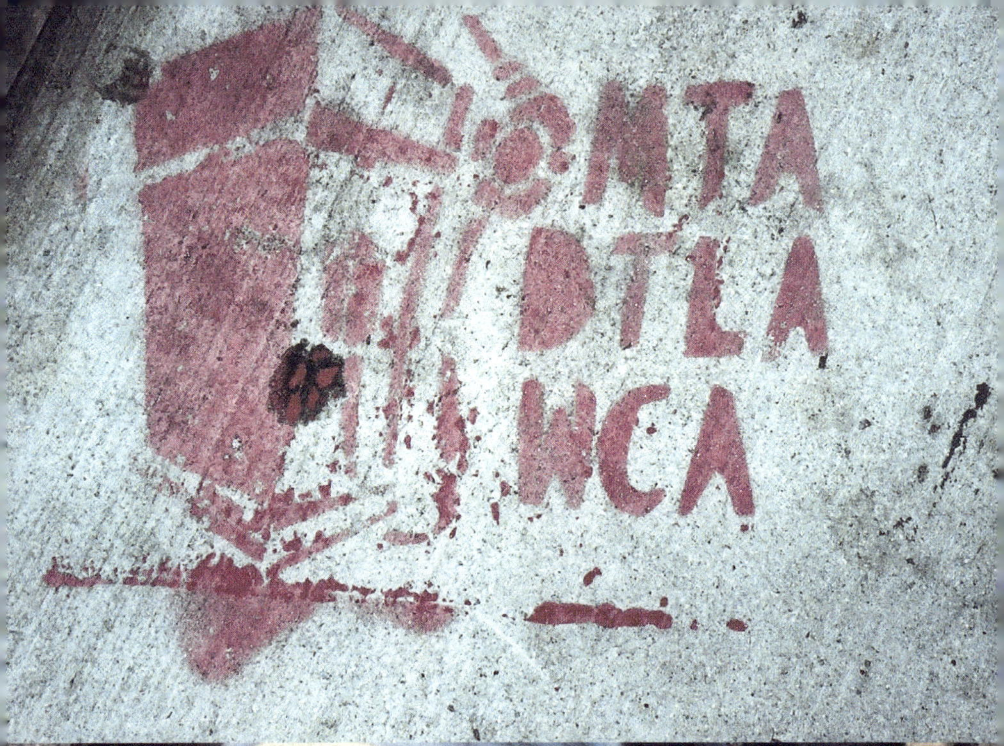
MTA
DTLA
WCA

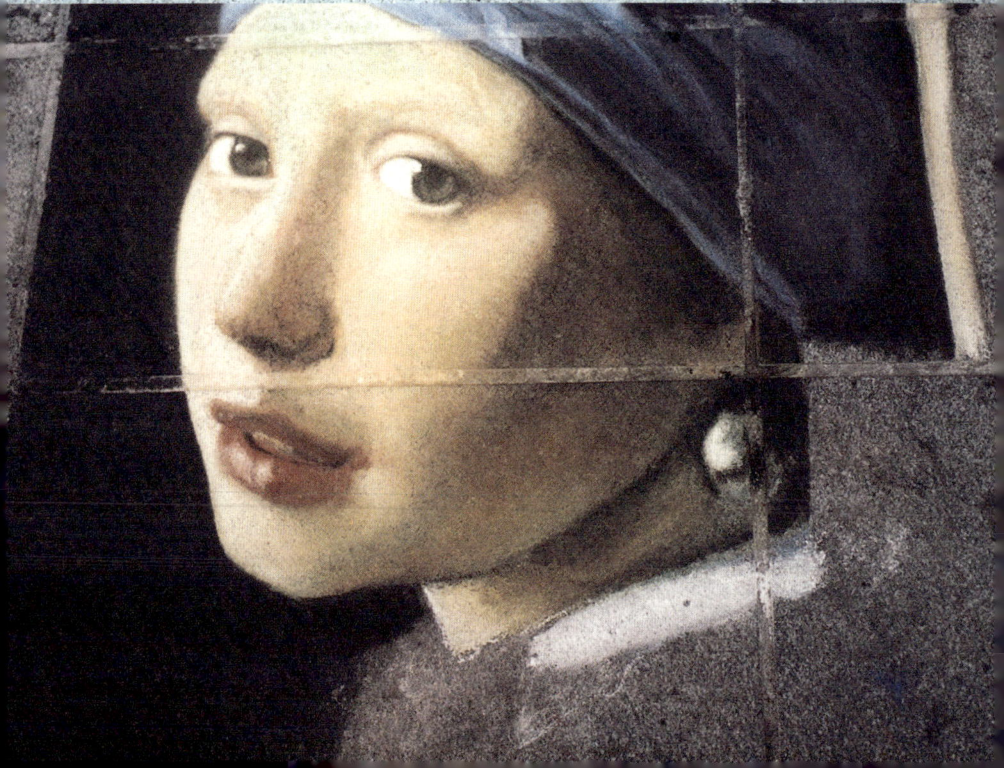

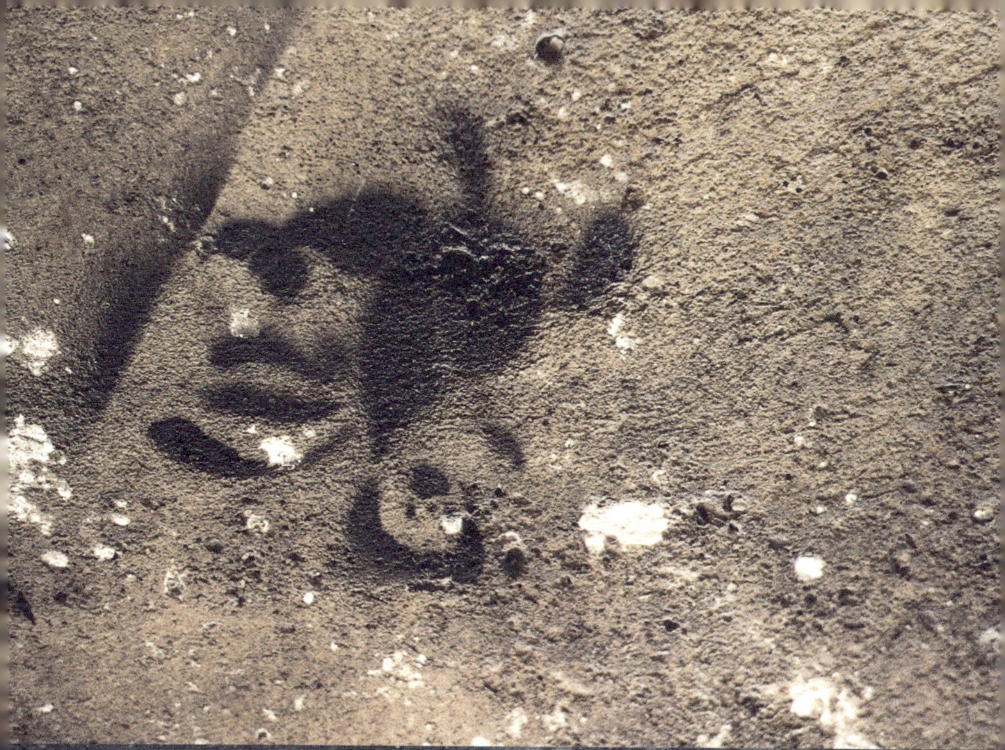
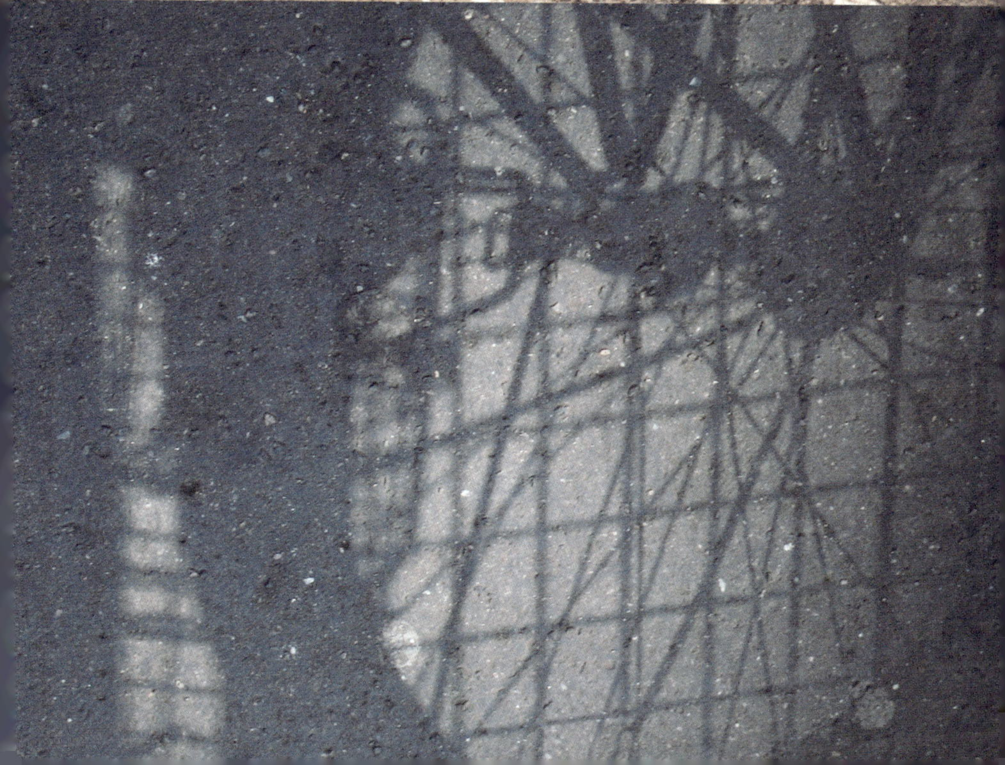

PAIX

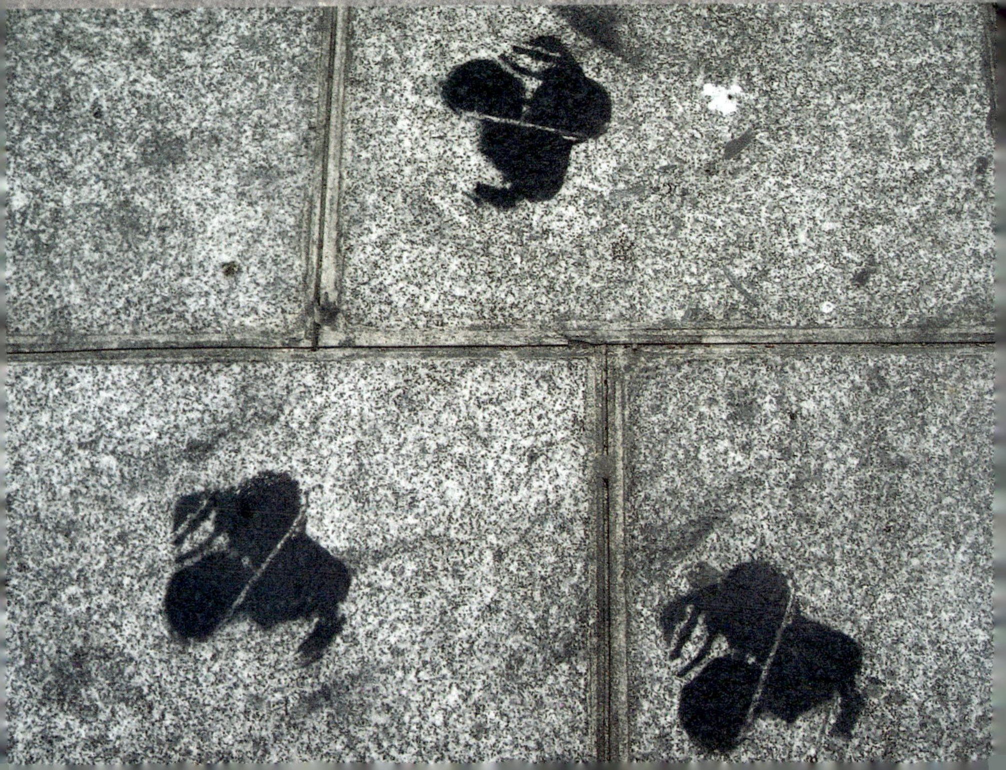

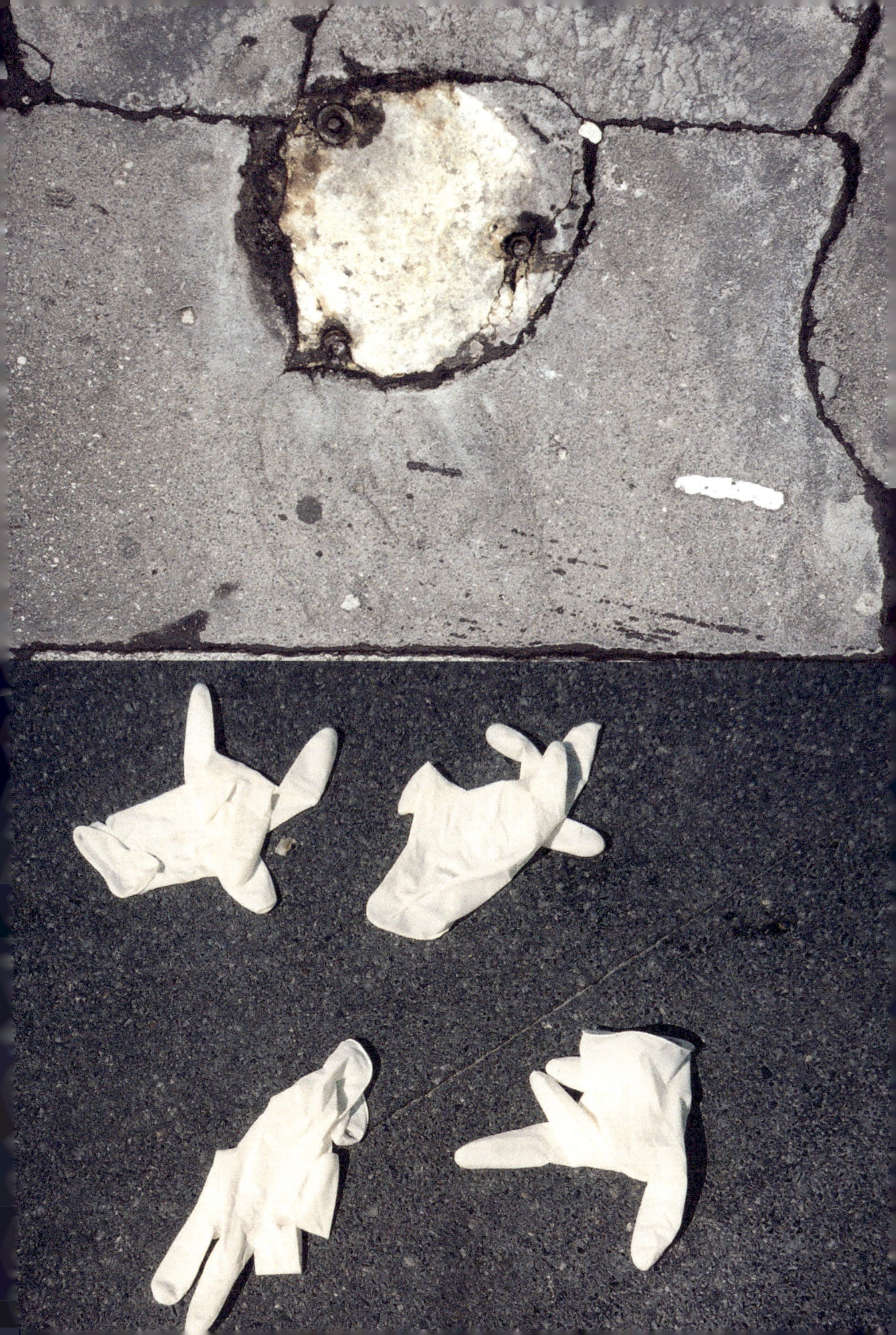

OÙ EST GUY-ANDRE
KIEFFER ?

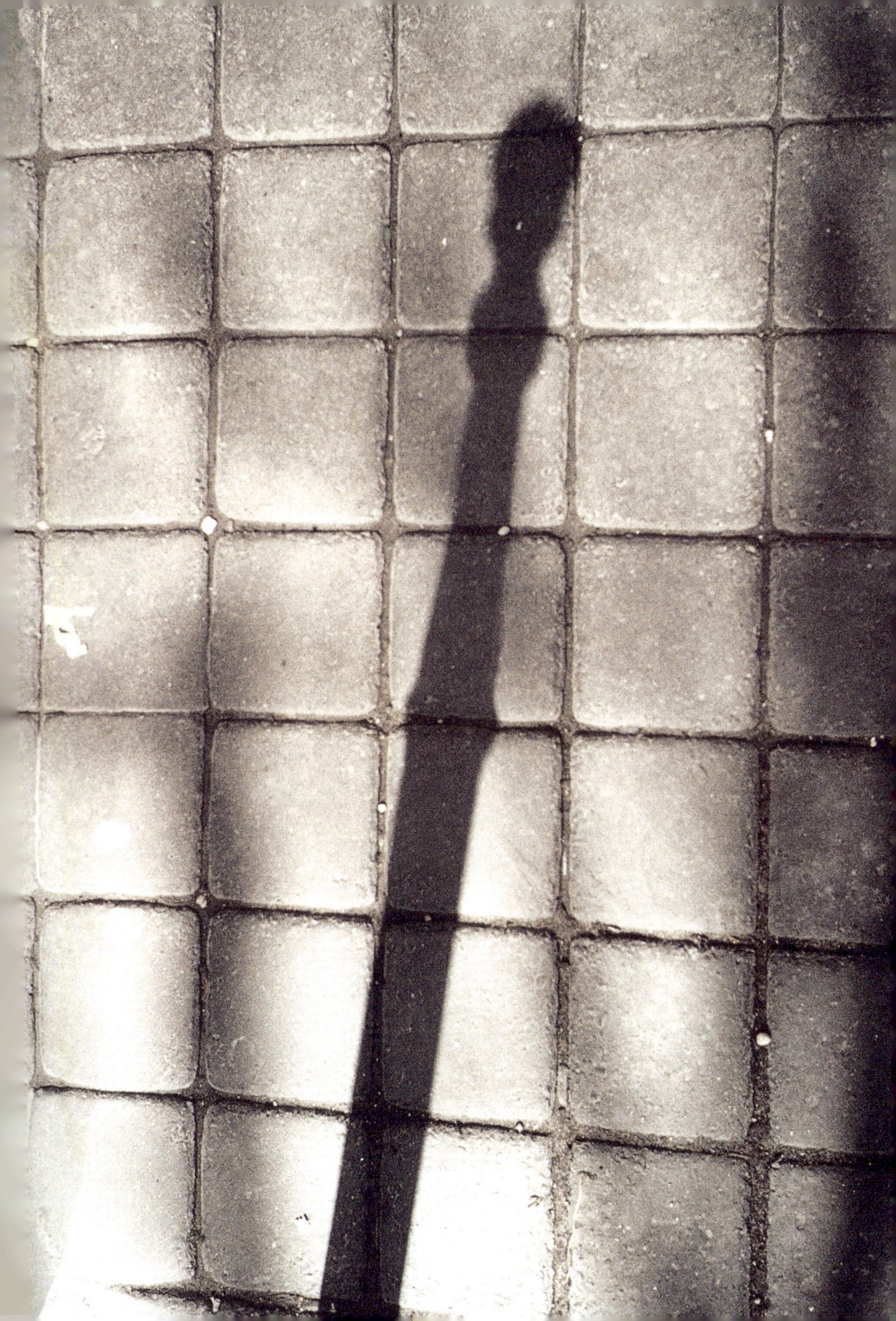

A Patricia

Presentación

He sido un caminante exhaustivo. Si bien el ejercicio metódico nunca me ha entusiasmado, el caminar y pasear por las calles de la ciudad en la que vivo y en las que he vivido se ha convertido en un hábito cotidiano. Interminables caminatas en atmósferas urbanas me han familiarizado con su señalización y nomenclatura, con sus múltiples grafitis y, desde luego, con sus banquetas.

Siempre me llamó la atención el diseño de estos largos y variados senderos de cemento. Por alguna razón extraña puedo reconocer los patrones cuadriculados, los escobillados y los experimentos con diversos colores y texturas y, desde luego, las huellas sobre el cemento fresco, algunas accidentales y las más frecuentes que buscan inmortalizar un nombre, un corazón con iniciales, una efeméride, un insulto o una simple marca que haga perdurar nuestra presencia. Alguna vez vi el "avión" que brincábamos del uno al diez perpetuado en una banqueta.

Por mi parte confieso haber mancillado en varias ocasiones el cemento que estaba fraguado y, en un ejercicio gozoso, regresar años después a verificar si estaba aún aquella marca.

Como se puede apreciar, para mí las banquetas no sólo no han pasado inadvertidas, sino que he aprendido de su insospechado papel como medio de expresión. Veo en ellas un reflejo de la sociedad. En París me sorprendieron tanto que comencé a fotografiarlas. Ahí, en la Ciudad Luz, convertido en un *flâneur*, me di a la tarea de capturar su belleza sorprendente e inusitada, y de ahí surgió esta colección que espero pueda arrancar alguna sonrisa en quienes la vean.

Cuando comenté con mi socia, Marta Mejía, la posibilidad de publicar y entregar a nuestros clientes y amigos este libro, ella lo aceptó de inmediato. Así llega este ejemplar a tus manos, como una exploración creativa de lo cotidiano que le da una dimensión distinta a nuestro entorno. Esperamos lo disfrutes.

Bruno Newman

El banquete de las banquetas

Bruno Newman

ZIMAT
CONSULTORES

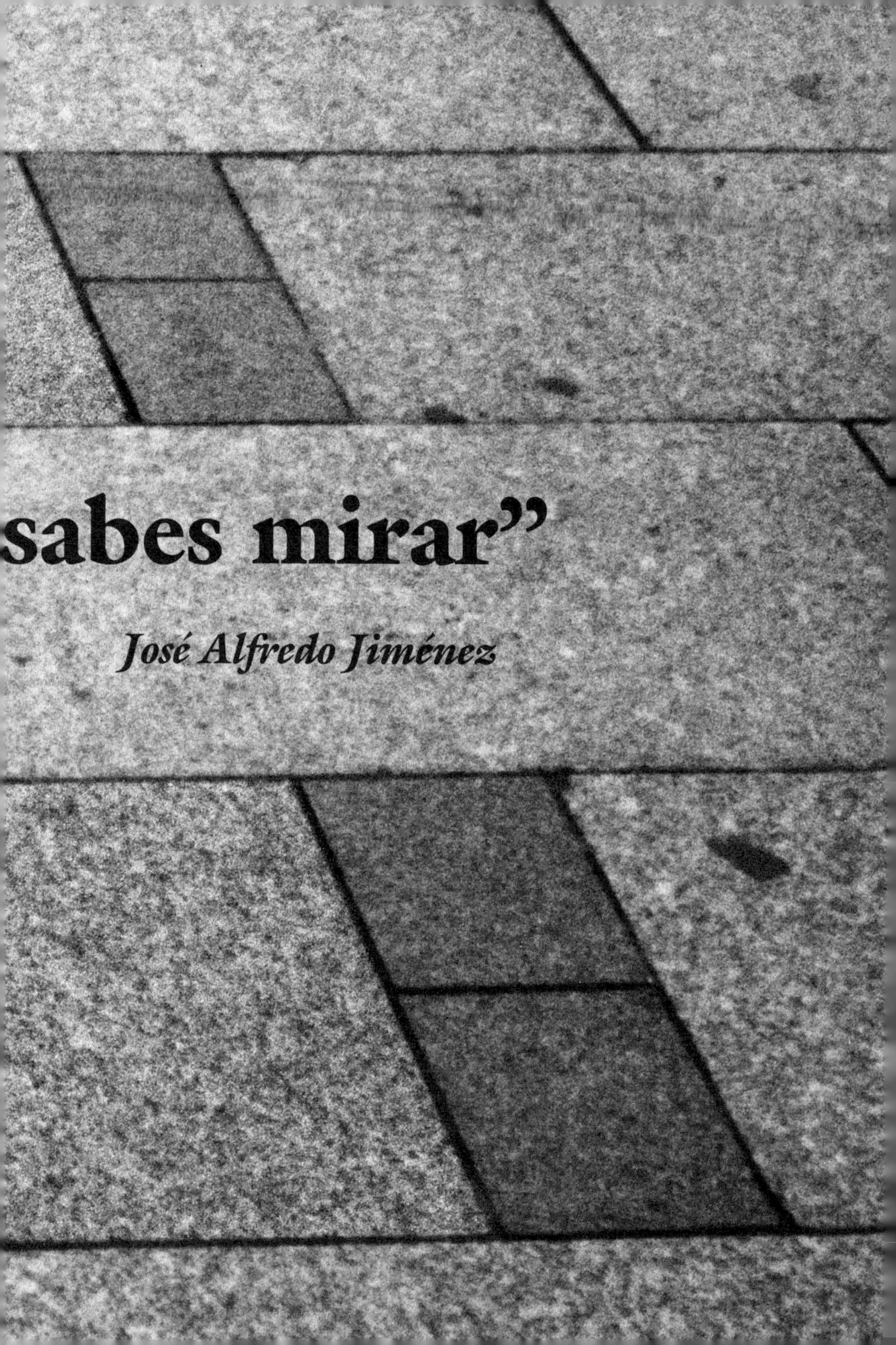

sabes mirar”

José Alfredo Jiménez

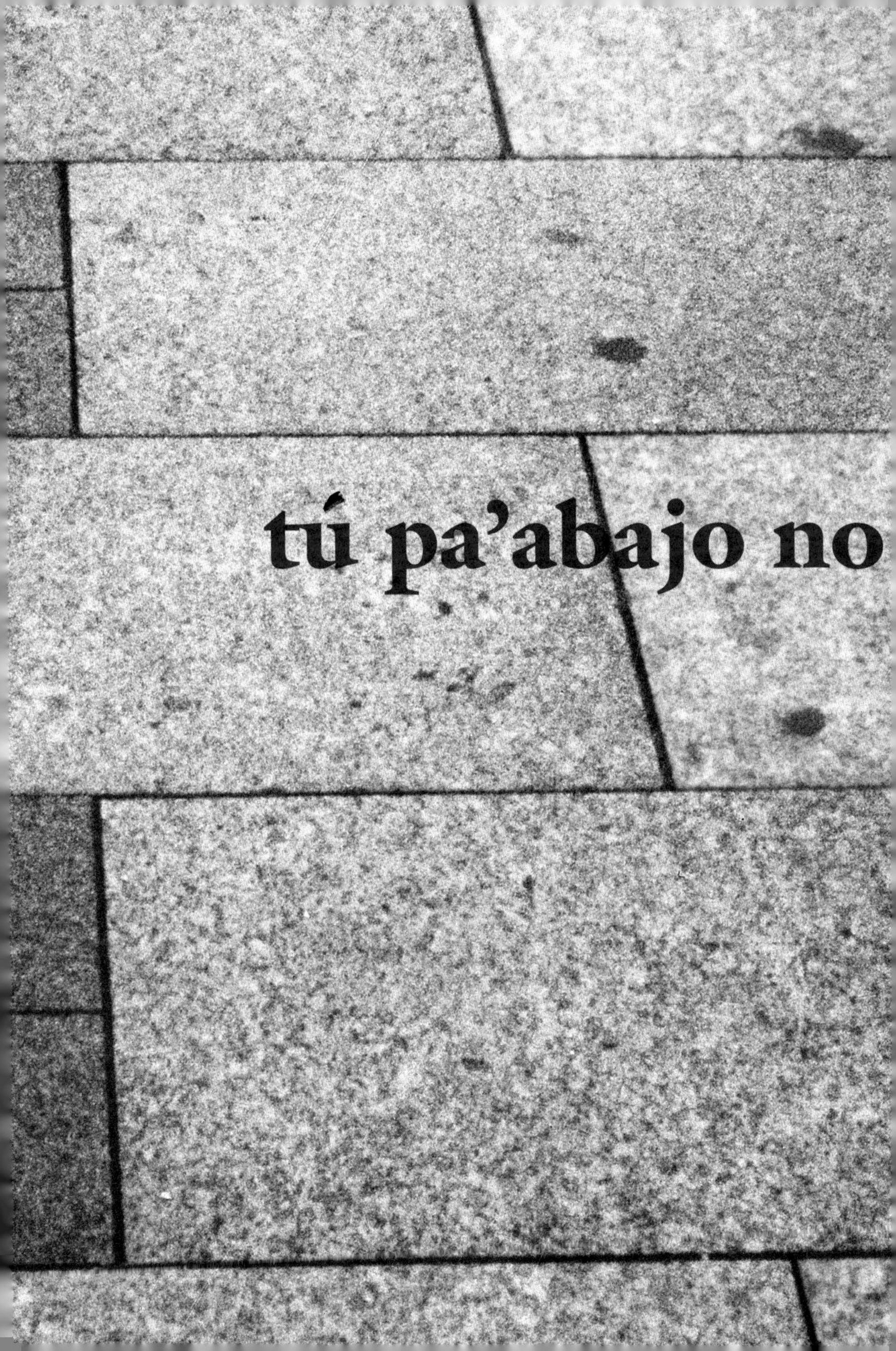
tú pa'abajo no

Desde hace siglos, el hombre cree que la felicidad es una enorme piedra preciosa imposible de encontrar, que se busca sin esperanza. Para nada. La felicidad es un mosaico compuesto por miles de piedritas que en sí mismas tienen poco valor, pero reunidas con arte forman un dibujo maravilloso. ¿Por qué siempre mirar a lo lejos cuando existen cosas tan bellas a nuestro alcance?

Lo que impide descubrir la felicidad, quizá sea el buscarla. ¿Es ésta una verdad de París? ¿Su verdad? Es la que Bruno Newman nos revela, en todo caso.

"Cuando vemos París desde lo alto,
Uno piensa que no hay nada más bello".

¿Quién cantaba esto y en qué opereta célebre de su época? No sé si Bruno Newman se acordó de estas palabras, pero en vez de subir al cerro de Montmartre, a la Torre Eiffel, a la punta de Notre-Dame o hacia un improbable "otro lado" para buscar ahí la enorme piedra preciosa, supo contentarse con su modesto punto de vista humano. Esto le bastó para cosechar sus mil piedritas de amante de París. Esto bastó a Artes de México para componer un esplendoroso mosaico. El que juntos nos ofrecen en *El banquete,* un título que el francés, platónico y amante de la ópera que soy, tiene ganas de traducir (¡que mis amigos los traductores perdonen esta incursión salvaje en su arte!) por *El banquete de las banquetas:* un libro que es a la vez un festín de esteta, la Verdad oculta sobre las cosas refulgentes de este mundo y un nuevo avatar del gran arte perdido del mosaico: el placer sensual, la sabiduría y la felicidad todos juntos.

fea por definición; seguramente el hombre haya sido el que introdujo la belleza en el mundo; por él y para él es que la belleza ocurre. Pero ésta, sostiene Newman, no se da alejándose lo más posible de la realidad. Mirándola con su ojo de poeta, eligiéndola y recreándola con su lente de fotógrafo, así es como revela la piel de París, esa piel de mujer —aquel bello animal sin pelo cuya piel es tan buscada.

Este libro es un remolino; al hojearlo, uno piensa en el vals llevándose *Las hojas de otoño* de Victor Hugo:

"Si nunca ha visto con ojo iracundo
El vals impuro, de vuelo lascivo y redondo
Deshojando al correr mujeres y flores".

Al considerar las inmensas pequeñas alegrías de este libro, uno piensa en la confesión desgarradora de Germaine de Stael, quien reveló en un suspiro su nostalgia por París, "el lugar del mundo donde mejor se podía prescindir de la felicidad".

La felicidad es una secuencia de pequeñas alegrías, de satisfacciones bobas, de placeres tontos. Para éste será un ramo de espino blanco sobre el empedrado; para aquélla, un signo de turquesas sobre el asfalto; una estrellita lechosa para algunos, una alfombra de hojas doradas para otros; un *collage* de páginas impresas, rayadas y quemadas por la rabia de un artista, un caballo fogoso brotando de alguna prehistoria, unos dibujos chinos, un broche de cordón dorado, una tapa de alcantarilla martillada, asfaltos salpicados de oro y plata, la aparición de una playa de arena fina bajo el adoquín...

ver, que l'on cherche mais sans espoir. Pas du tout. Le bonheur est une mosaïque composée de mille petites pierres qui, par elles-mêmes, ont peu de valeur, mais qui, réunies avec art, forment un dessin merveilleux. Pourquoi toujours regarder au loin quand il y a de si belles choses à nos pieds ?

Ce qui empêche de trouver le bonheur, c'est peut-être de le chercher. Est-ce là une vérité de Paris ? Sa vérité ? C'est celle que Bruno Newman nous révèle, en tous cas.

"Quand on voit Paris d'en haut,"
"On se dit qu'il n'est rien de plus beau..."

Qui chantait cela, dans quelle opérette célèbre en son temps ? Je ne sais si Bruno Newman s'en est souvenu ; mais au lieu de monter sur la butte Montmartre, sur la Tour Eiffel, au sommet de Notre-Dame ou vers un improbable "ailleurs" pour y chercher la grosse pierre précieuse, il a su se contenter de sa modeste hauteur d'homme. Cela lui a suffit pour récolter ses mille – ses *mil e tres*? – petites pierres d'amant de Paris. Cela a suffit à Artes de México pour composer une somptueuse mosaïque. Celle qu'ils nous offrent ensemble dans *El banquete de las banquetas*, un titre que le Français, platonicien et amateur d'opéra que je suis, a envie de traduire (que mes amis les traducteurs pardonnent cette incursion sauvage dans leur art !) par "Le Banquet de pierres" : un livre qui est à la fois un festin d'esthète, la Vérité cachée des choses miroitantes de ce monde et un nouvel avatar du grand art perdu de la mosaïque : le plaisir sensuel, la sagesse et le bonheur à la fois.

monde ; c'est par lui et pour lui que le beau advient. Mais ce n'est pas en s'écartant le plus possible de la réalité, soutient Newman. C'est en la regardant de son œil de poète, en la choisissant et en la recréant avec son objectif de photographe qu'il révèle de Paris sa peau, cette peau de femme - ce bel animal sans fourrure dont la peau est si recherchée.

Ce livre, c'est un tourbillon ; on songe, en le feuilletant, à la valse emportant *Les Feuilles d'Automne* de Victor Hugo :

"Si vous n'avez jamais vu d'un œil de colère"
"La valse impure, au vol lascif et circulaire,"
"Effeuiller en courant les femmes et les fleurs..."

En considérant les immenses petits bonheurs de ce livre, on songe à l'aveu poignant de Germaine de Stael, qui confessait dans un soupir sa nostalgie de Paris, "le lieu du monde où l'on pouvait le mieux se passer de bonheur."

Le bonheur, c'est une suite de petites joies, de niais contentements, de satisfactions imbéciles. Une branche d'aubépines sur les pavés pour celui-ci, un signe de turquoises sur le macadam pour celle-là ; une petite étoile laiteuse pour les uns, une jonchée de feuilles dorées pour d'autres ; un collage de pages imprimées, hachurées et brûlées par la rage d'un artiste, un cheval fringant surgissant de quelque Préhistoire, des dessins chinois, une agrafe de ficelle dorée, une plaque d'égout martelée, des bitumes cloutés d'or et d'argent, l'apparition d'une plage de sable fin sous le pavé...

Depuis des siècles, l'homme croit que le bonheur est une grosse pierre précieuse qu'il est impossible de trou-

llena de sorpresas, de neoarqueología urbana, de manifiestos de arte efímero, de basura, de huellas, lo mismo del clima y de la estación, que de los habitantes de la ciudad, de personas y de animales de diversos tipos y especies.

Las banquetas de París son tan inagotables como la ciudad en sí misma, y los hallazgos en ellas son tan inusitados como el resto de la metrópoli. Me divertí mucho encontrando y fotografiando sus innumerables sorpresas, desde lo más efímero hasta lo que pretende estar ahí para siempre: los accidentes, los productos del azar y los hallazgos fortuitos; las texturas, los colores, los contrastes, los cuidados puestos por unos y los descuidos involuntarios de otros, los olvidos y las intenciones; los colores y los variados materiales; las temperaturas y los elementos diversos; el humor y el amor. El manifiesto expreso y el producto de la negligencia o el olvido. El arte efímero y el grafiti en esténcil que busca la permanencia.

Todas estas huellas de los parisinos, y de los que alguna vez hemos vivido ahí, me hacen amar más a esta ciudad. Este libro pretende presentar lúcidamente estos espacios de París tan poco apreciados y reconocidos y, sin embargo, tan necesarios para el disfrute de sus innumerables encantos.

El tributo que le rendimos a sus banquetas es una forma de agradecer a París lo mucho que nos ha dado. Alguien me decía que, por ver las banquetas, seguramente dejaba de disfrutar el resto, y yo puedo asegurar que no es así; simplemente se le agrega un encanto más a todo lo maravilloso que ofrece esta espléndida y única ciudad que es el París de mis amores.

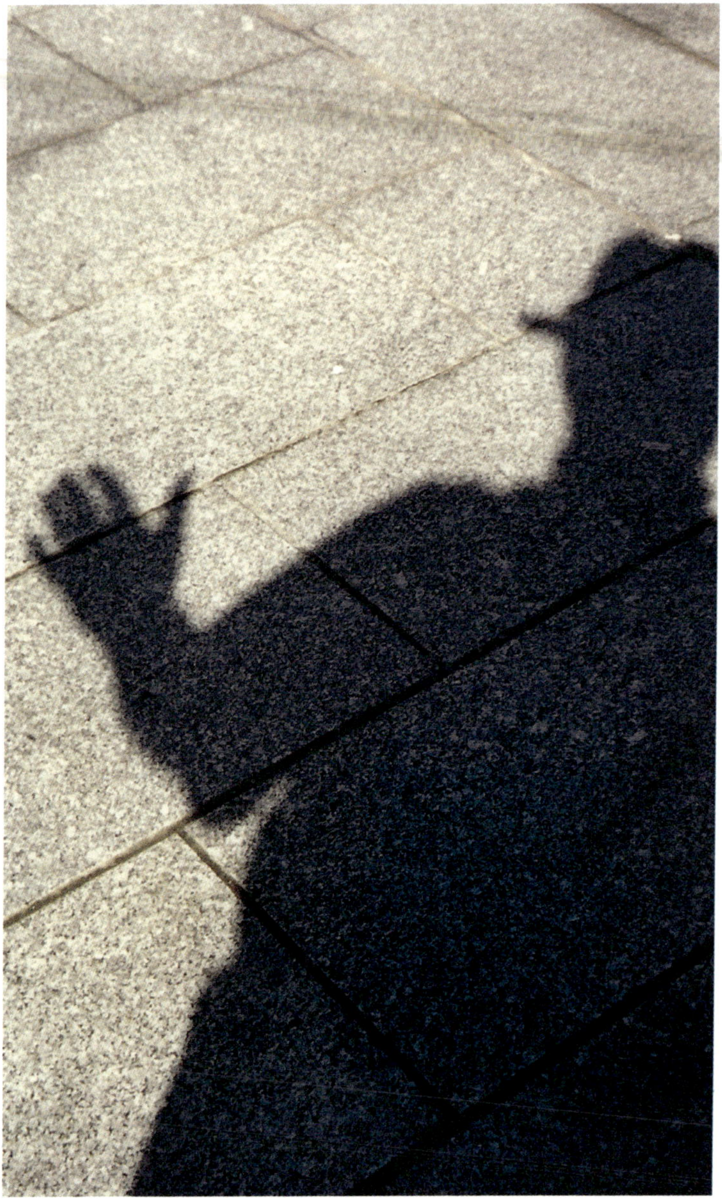

Ce livre rassemble les visions d'un Paris vu d'une hauteur d'un mètre soixante-dix, pleines de surprises, combinant néo-archéologie urbaine, manifestes, art éphémère, ordures, traces, et encore atmosphère, saisons, habitants de la ville, humains et animaux de divers types et espèces. Les trottoirs de Paris sont aussi inépuisables que la ville elle-même et les trouvailles que l'on y fait aussi insolites que le reste de la métropole. Je me suis beaucoup amusé à découvrir et à photographier les innombrables surprises qu'ils réservent, des plus éphémères à celles qui prétendent durer toujours ; les accidents, les rencontres dues au hasard et les découvertes fortuites, les textures, les couleurs, les contrastes, les soins pris pas les uns, les négligences involontaires des autres, les objets perdus, ceux abandonnés intentionnellement, les matériaux divers ; les températures et les intempéries, l'humour, l'intervention délibérée et l'effet de la négligence ou de l'oubli. L'art éphémère et le graffiti au pochoir à la recherche de la permanence.

Toutes ces traces des Parisiens et de ceux qui ont un jour vécu dans cette ville me font l'aimer davantage et ce livre voudrait présenter ces aspects de Paris si peu appréciés, si peu connus et pourtant si nécessaires pour qui veut en savourer les innombrables charmes. L'hommage que nous rendons à ses trottoirs est une manière de remercier Paris pour tout ce qu'il nous a donné.

Quelqu'un m'a dit qu'à si bien regarder les trottoirs on devait sans doute cesser de profiter du reste, et j'ai pu lui assurer qu'il n'en allait pas ainsi, que l'on ajoutait simplement un charme de plus à tout le merveilleux qu'offre cette ville splendide et unique qu'est le Paris de mes amours.

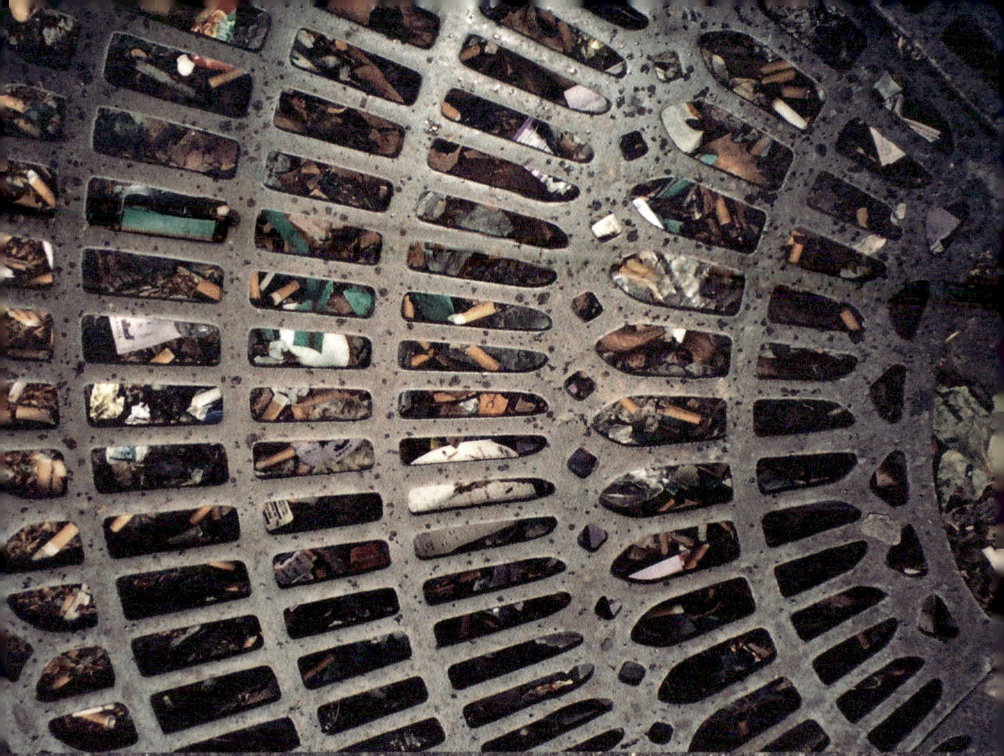
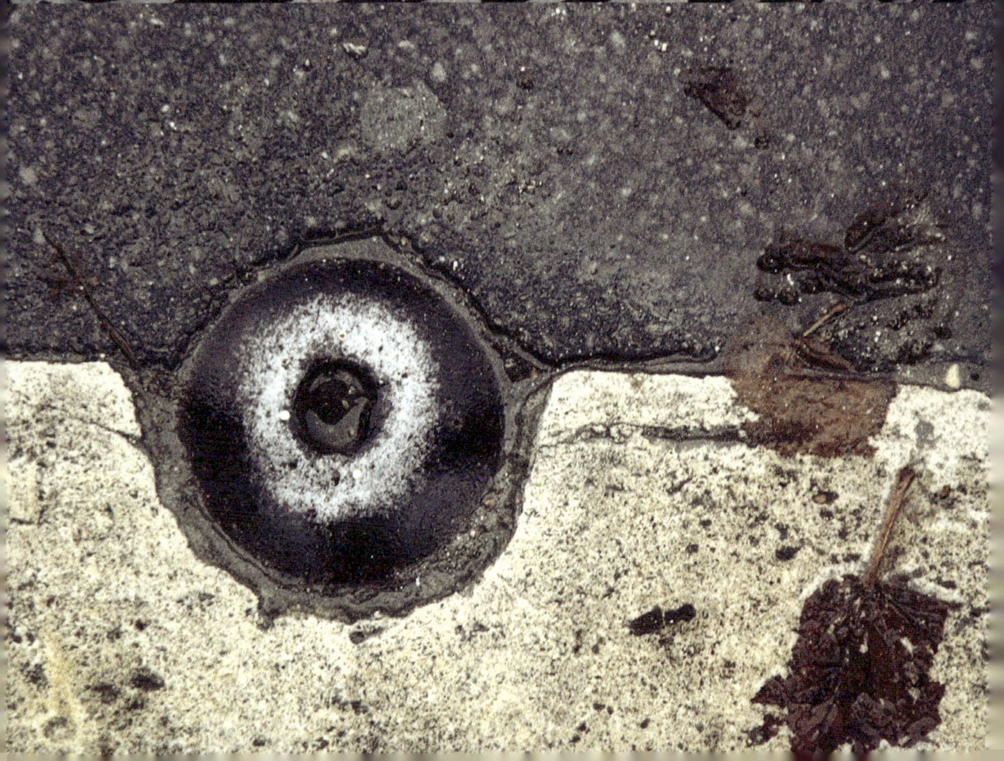

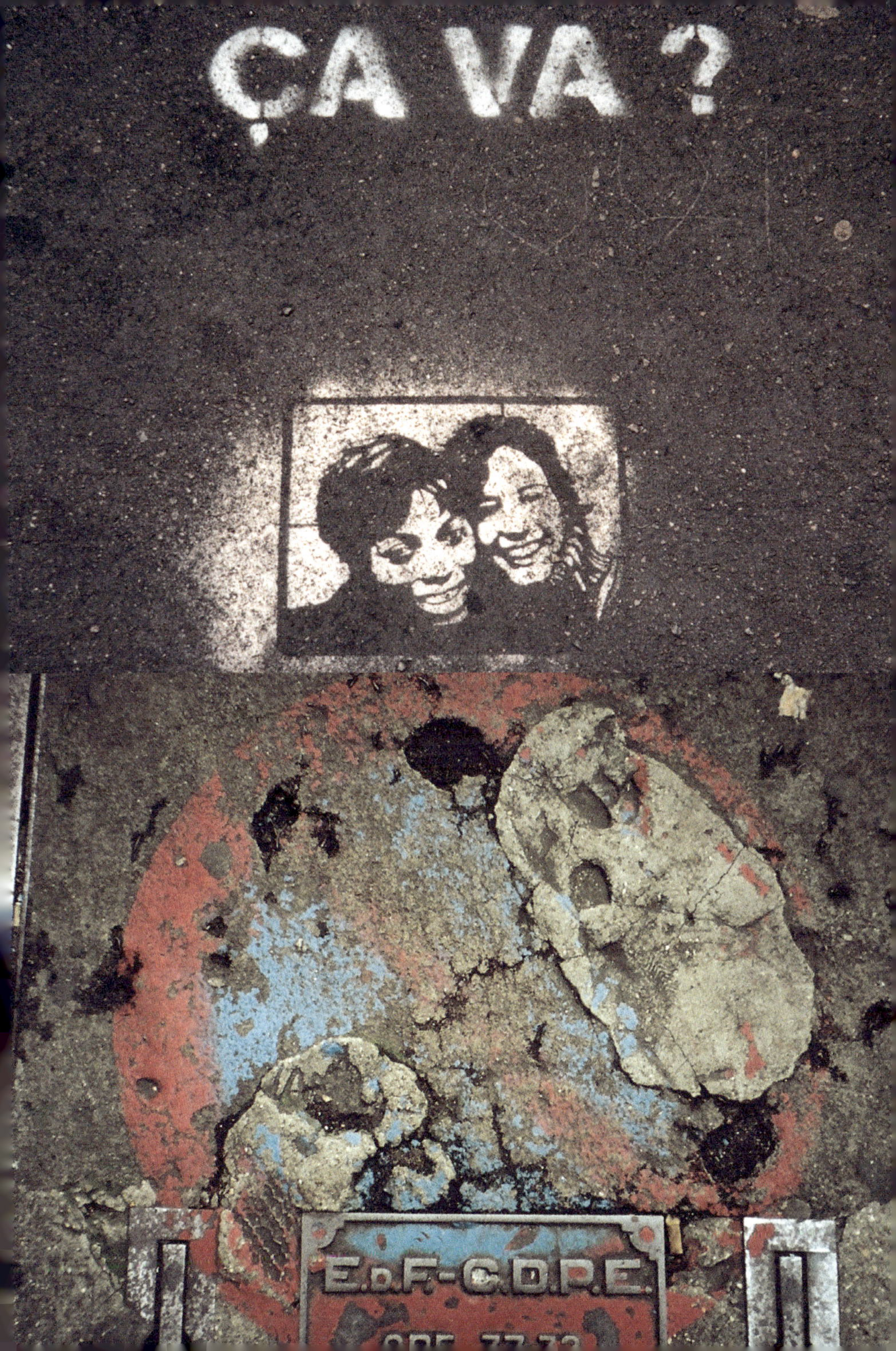
ÇA VA ?
E.D.F.-C.D.P.E.

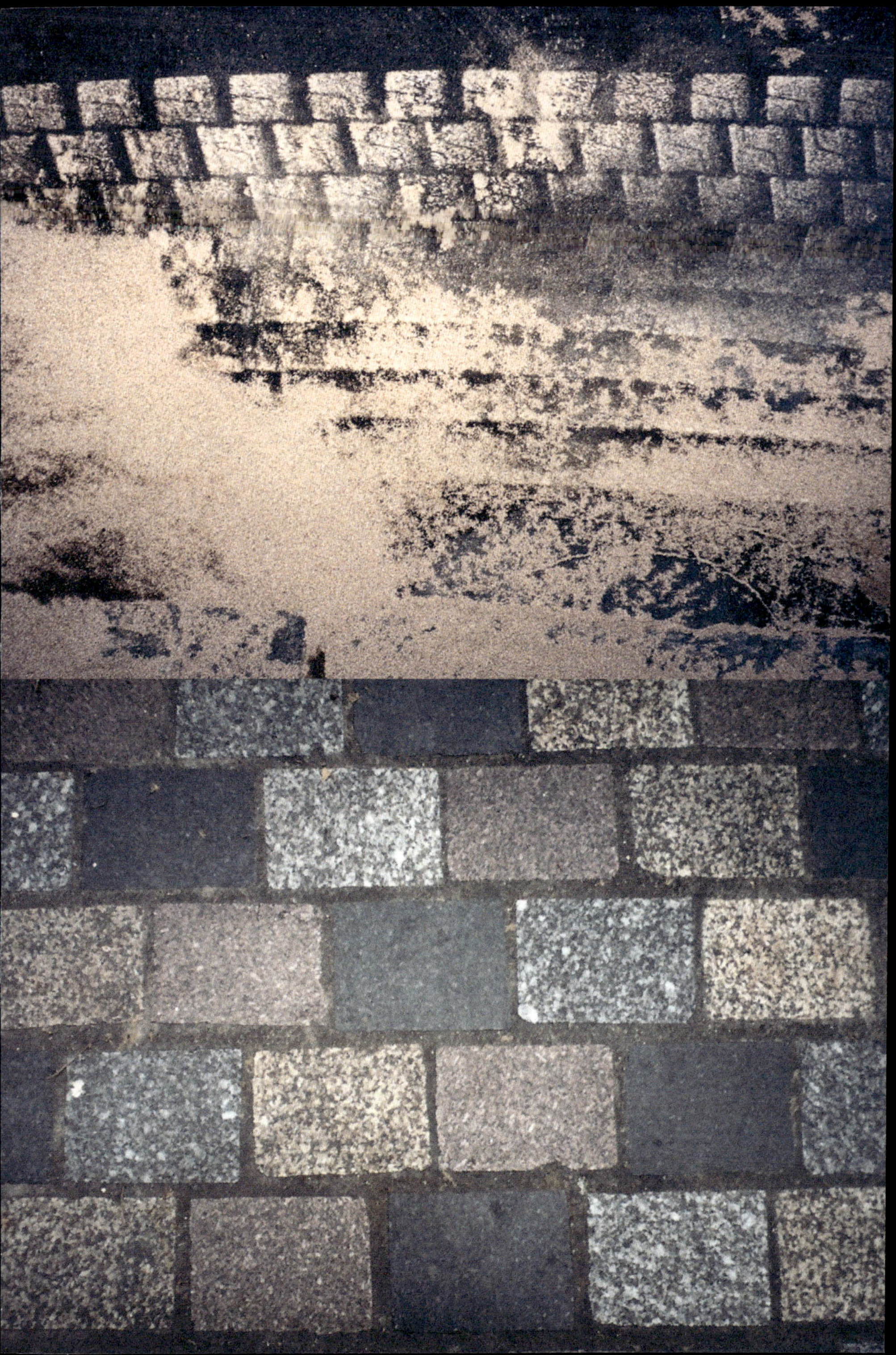

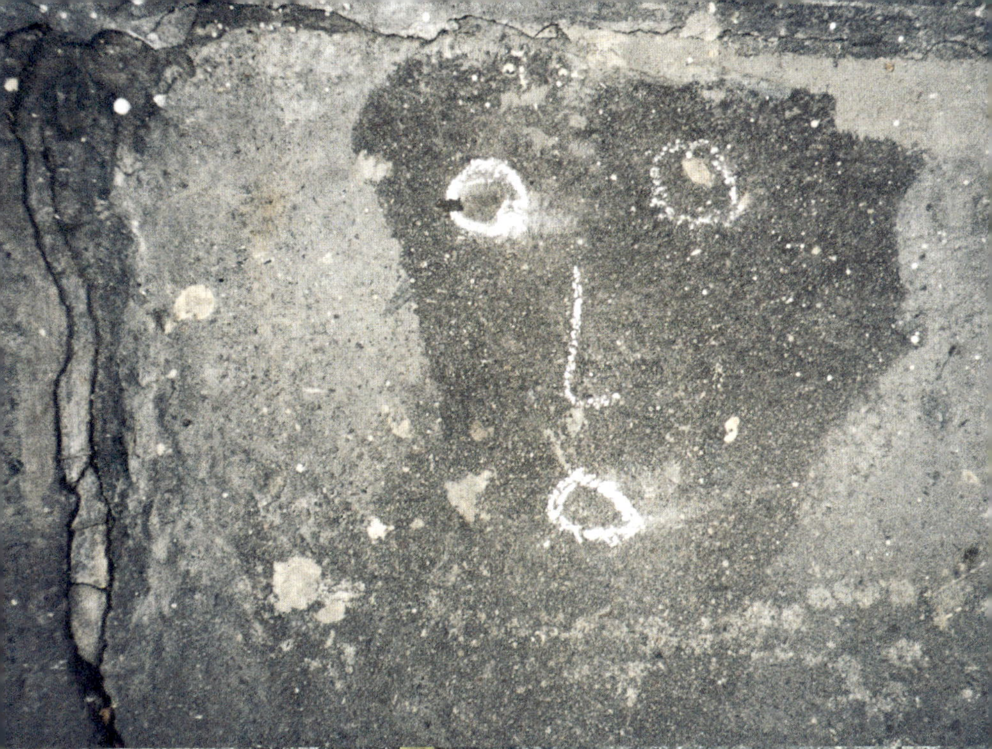

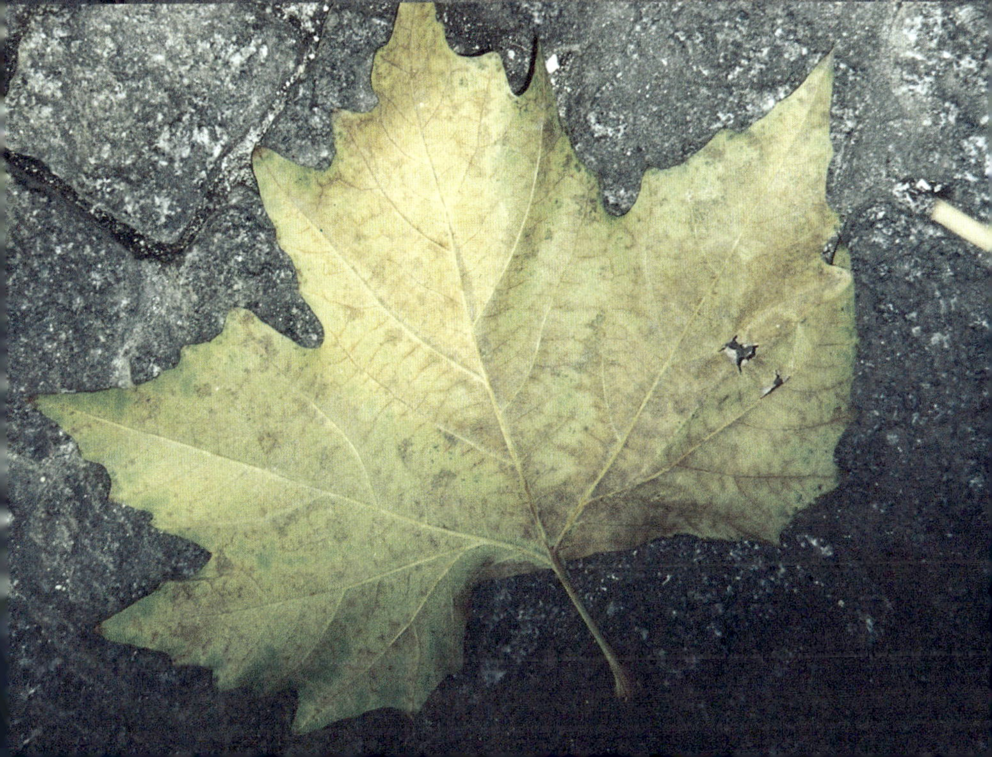

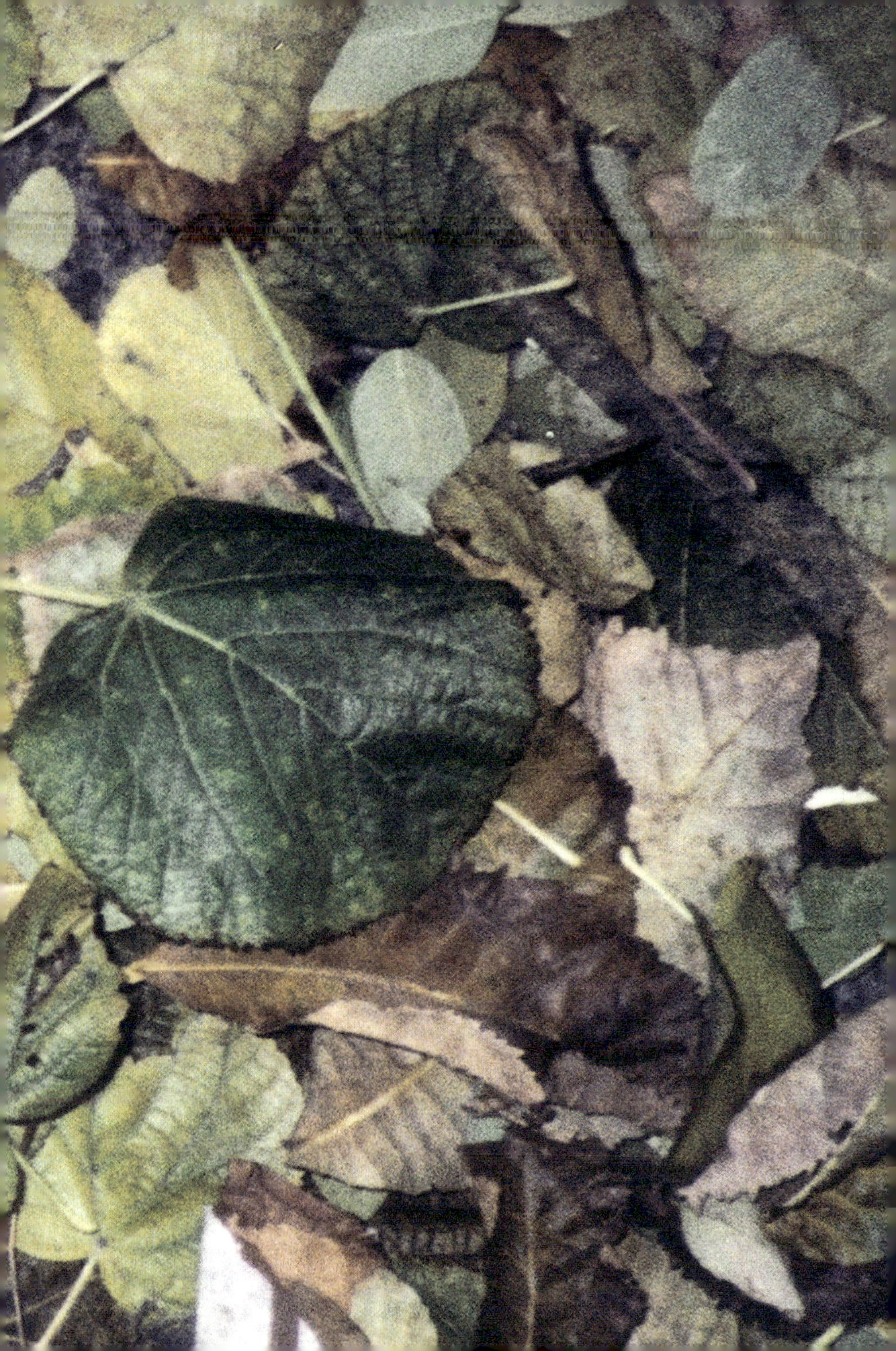

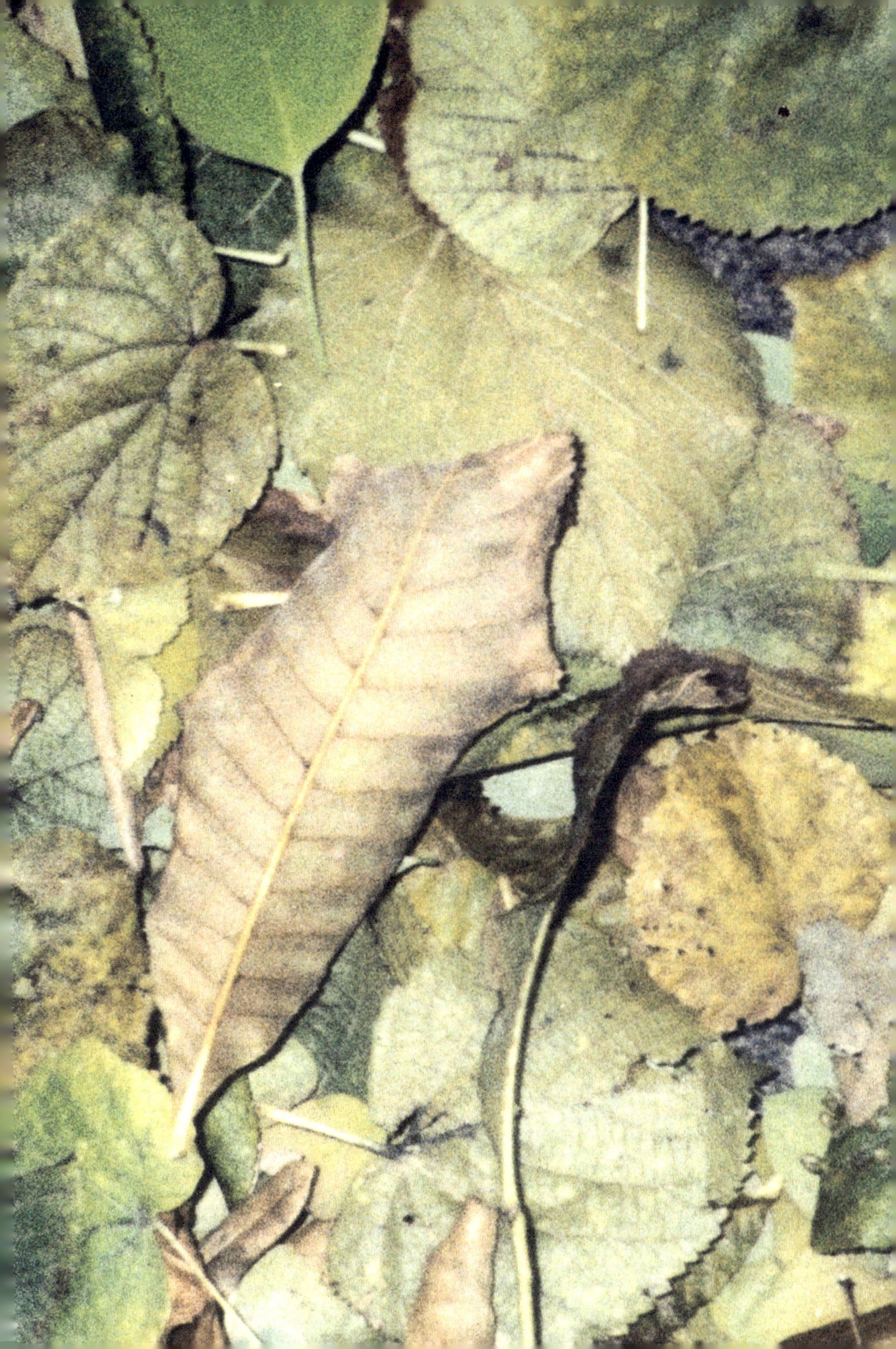

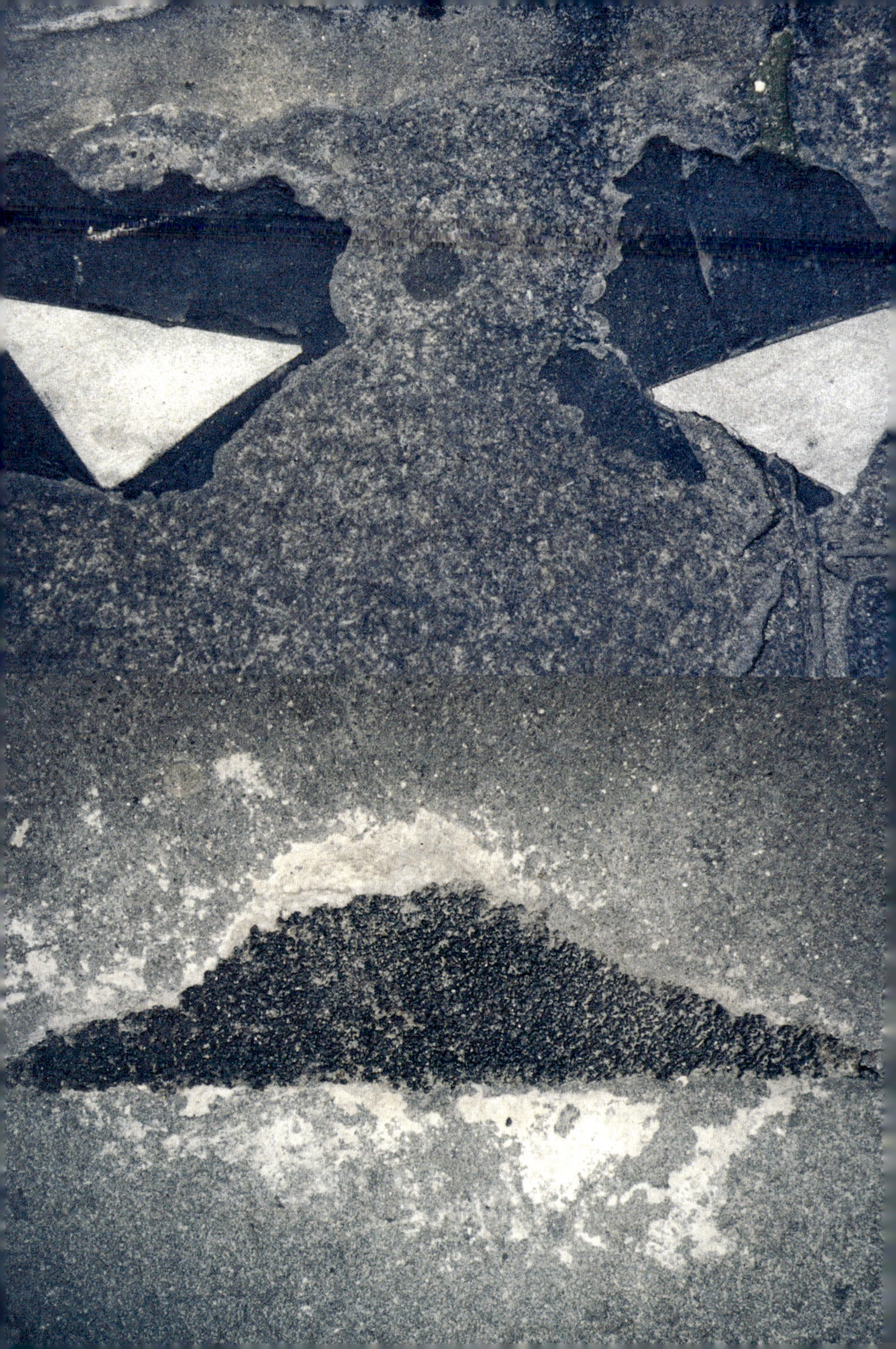

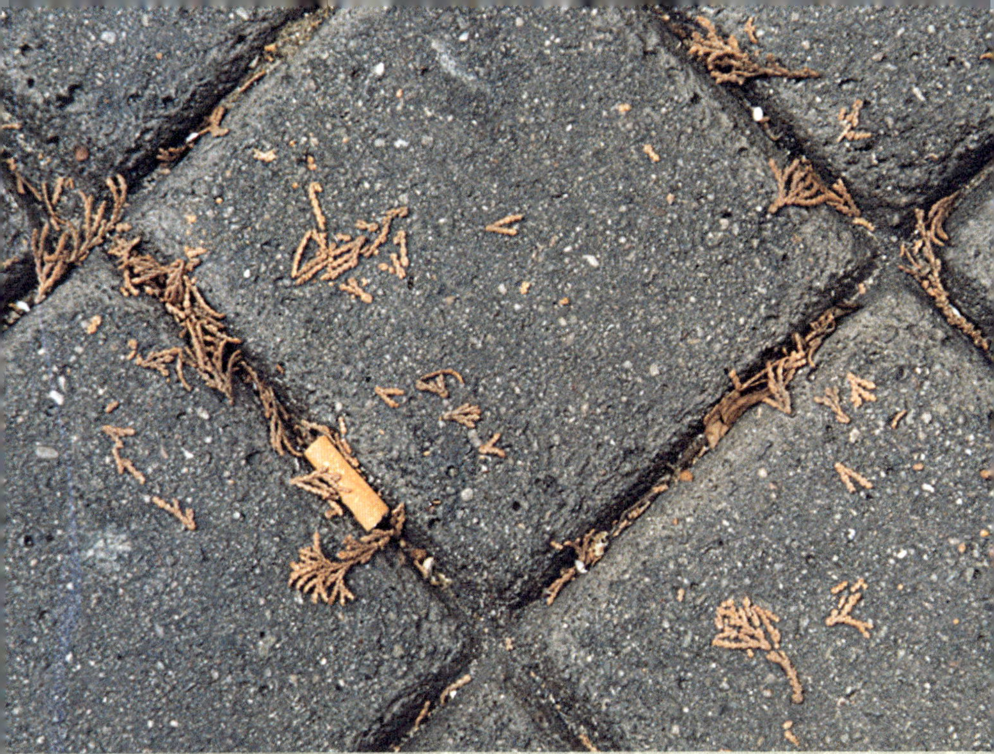

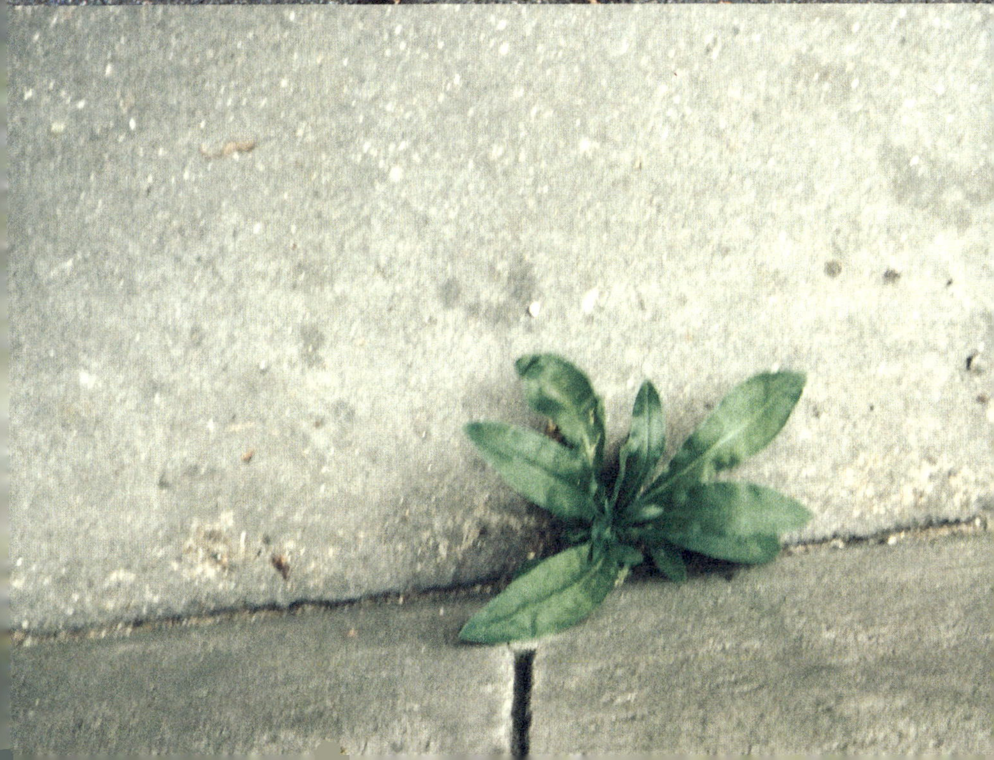

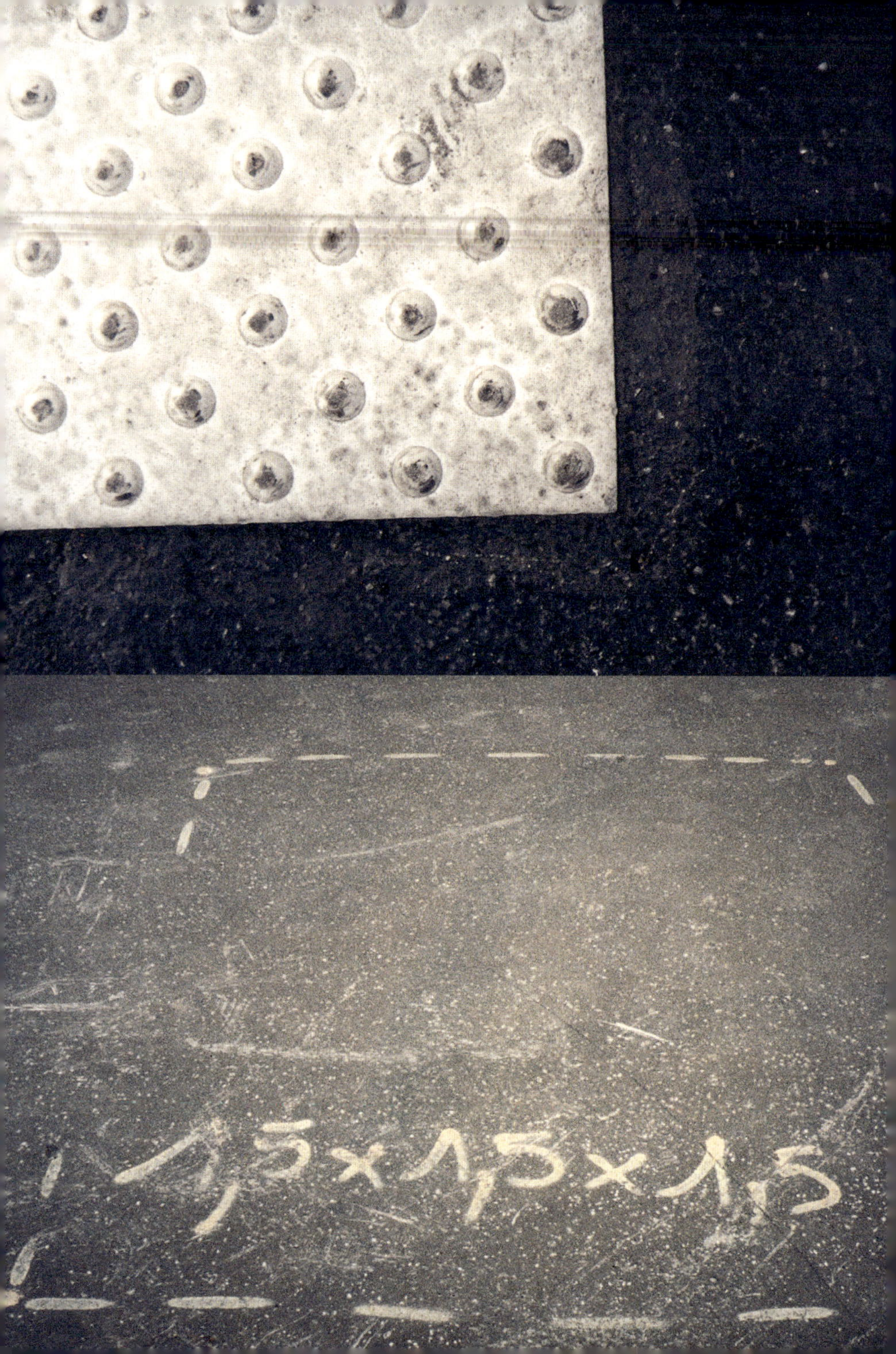
1,5 x 1,5 x 1,5

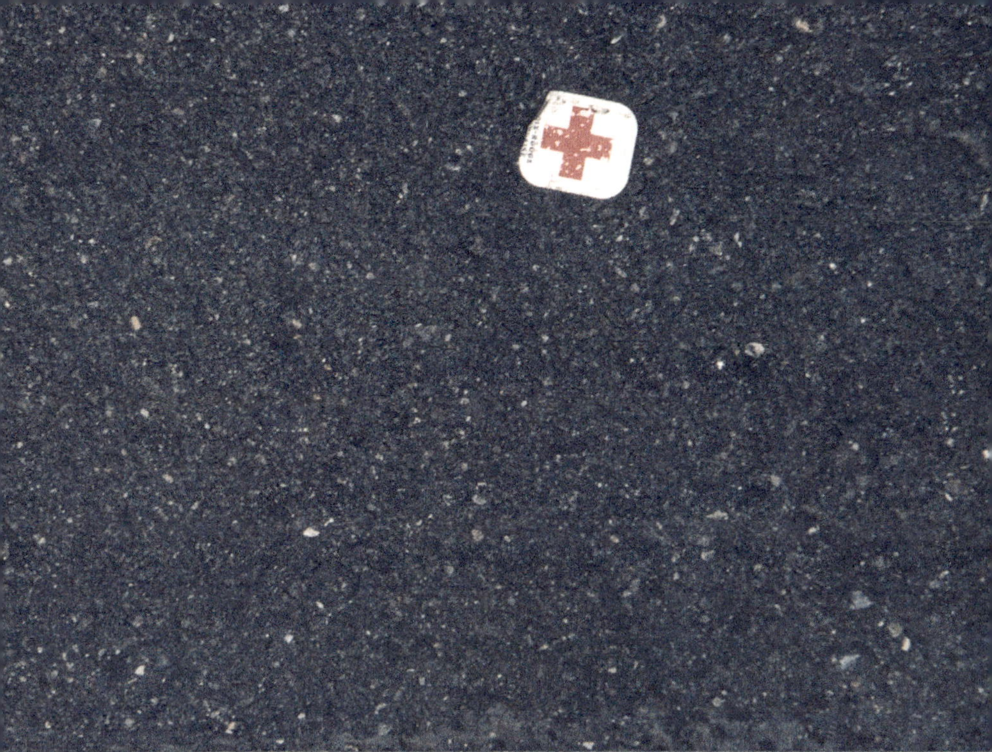

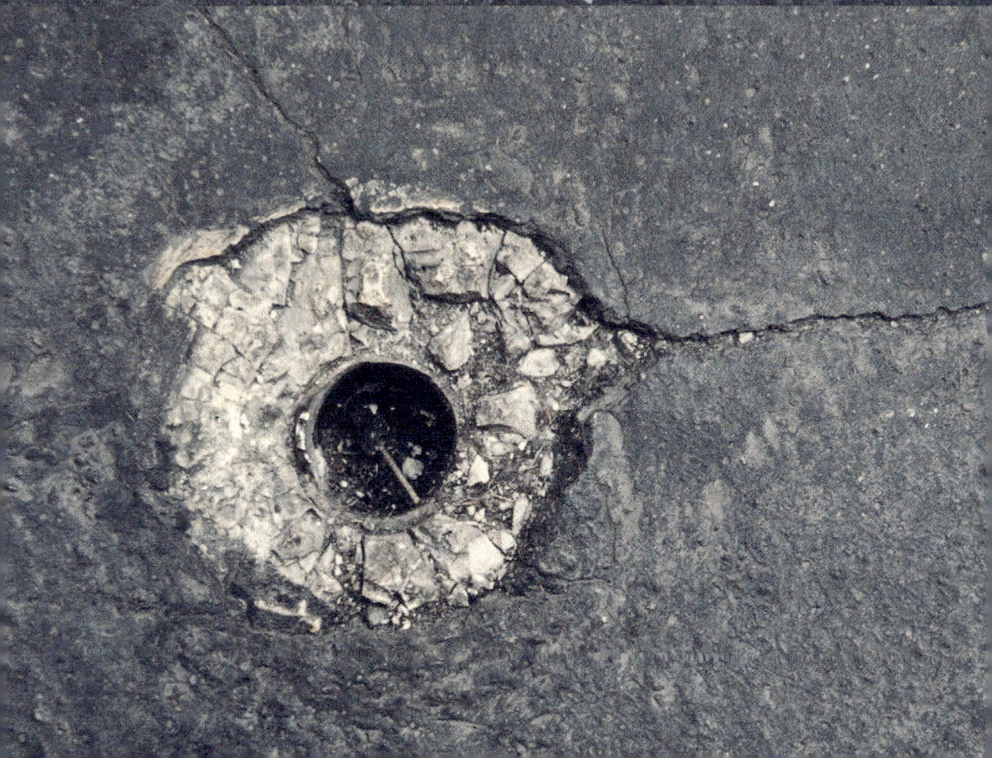

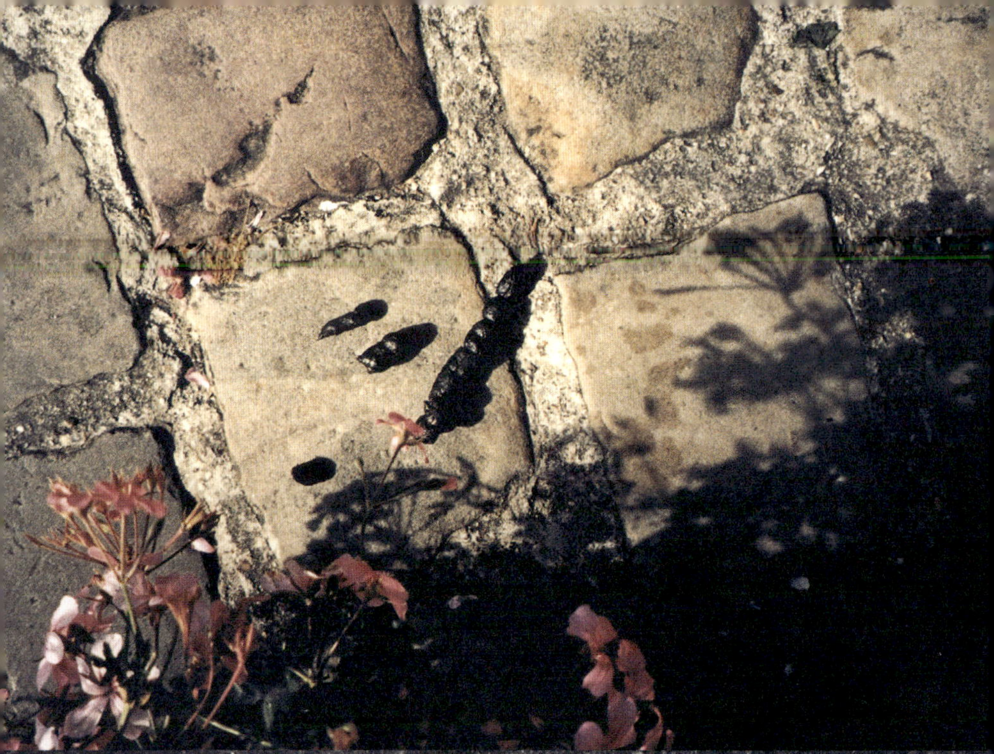

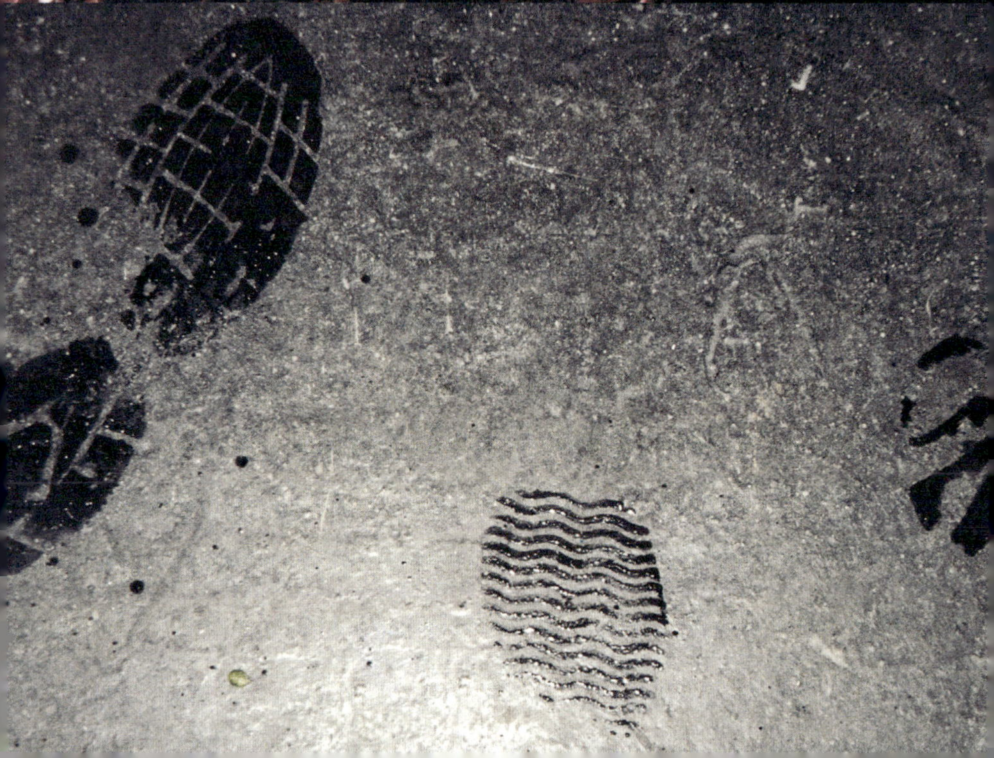

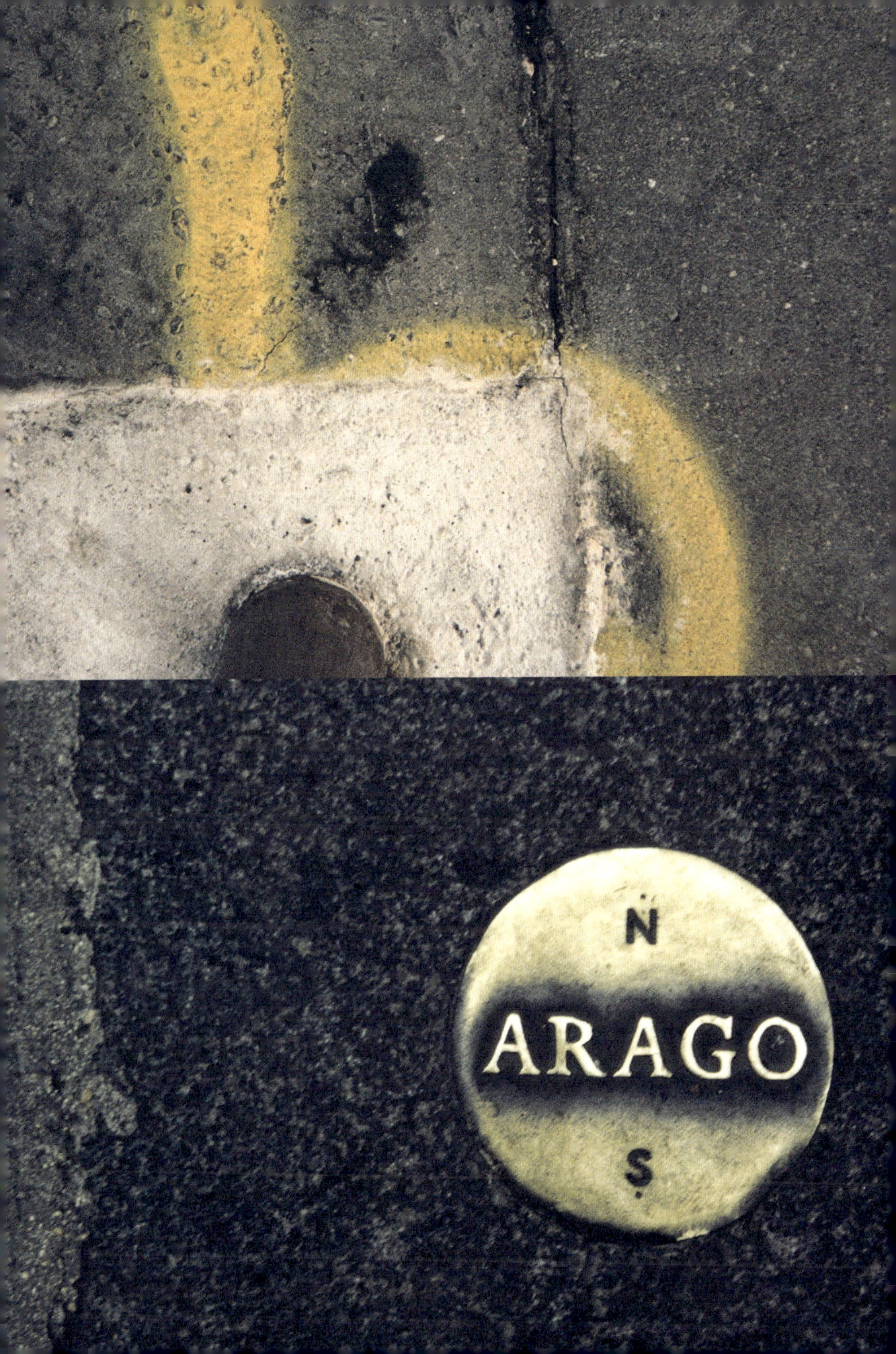
N
ARAGO
S

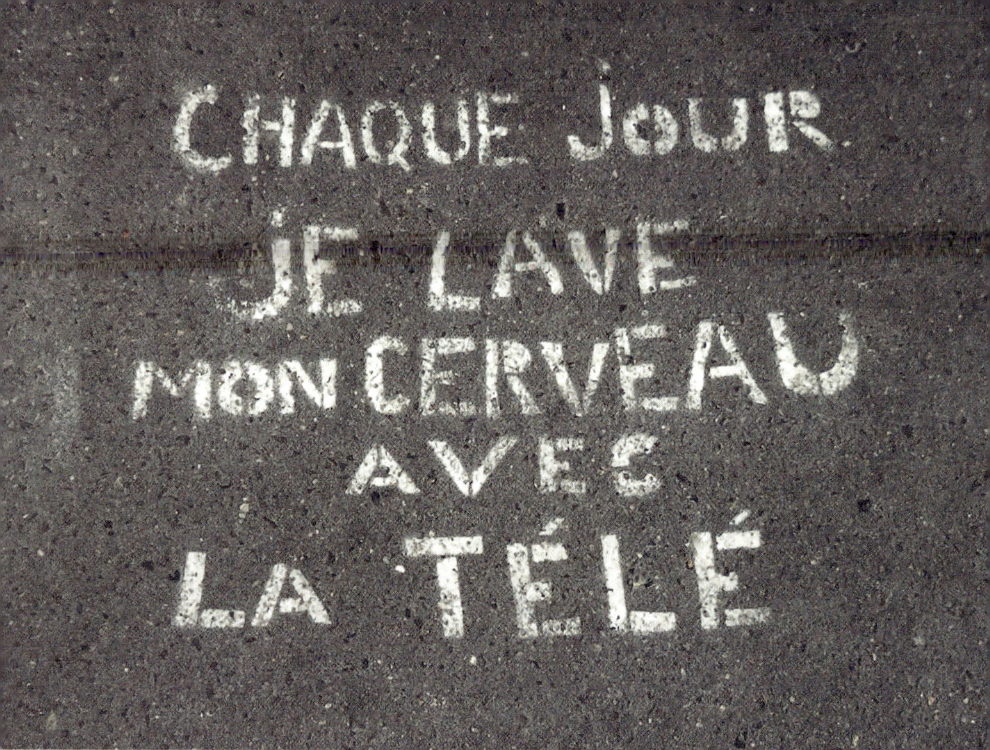
CHAQUE JOUR
JE LAVE
MON CERVEAU
AVEC
LA TÉLÉ
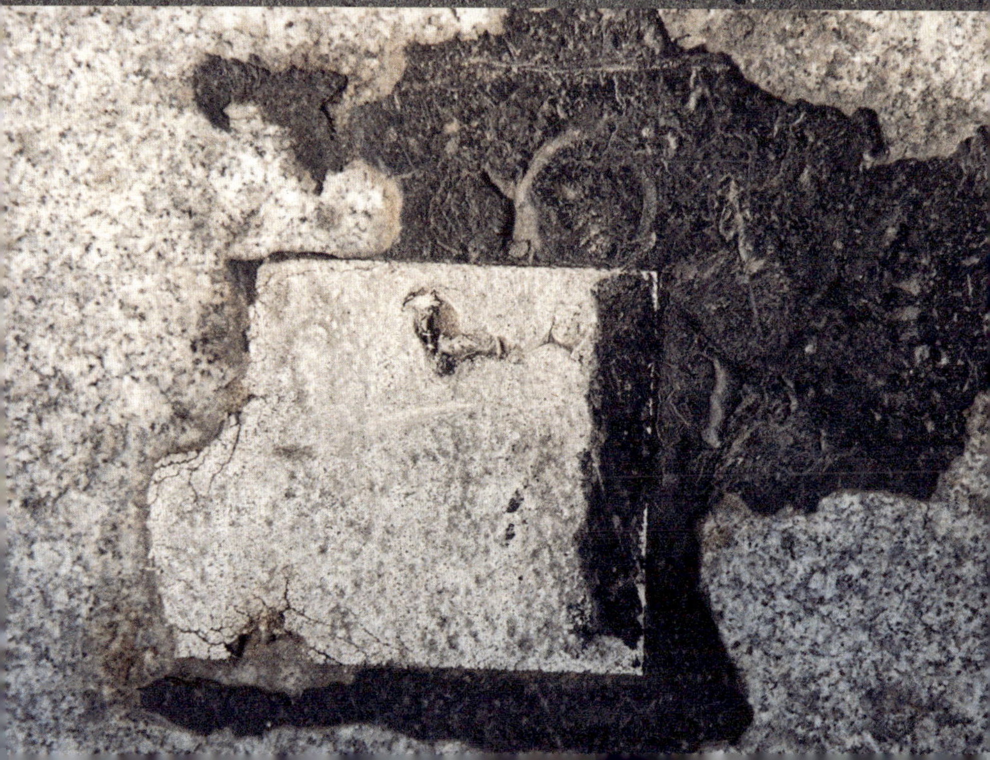

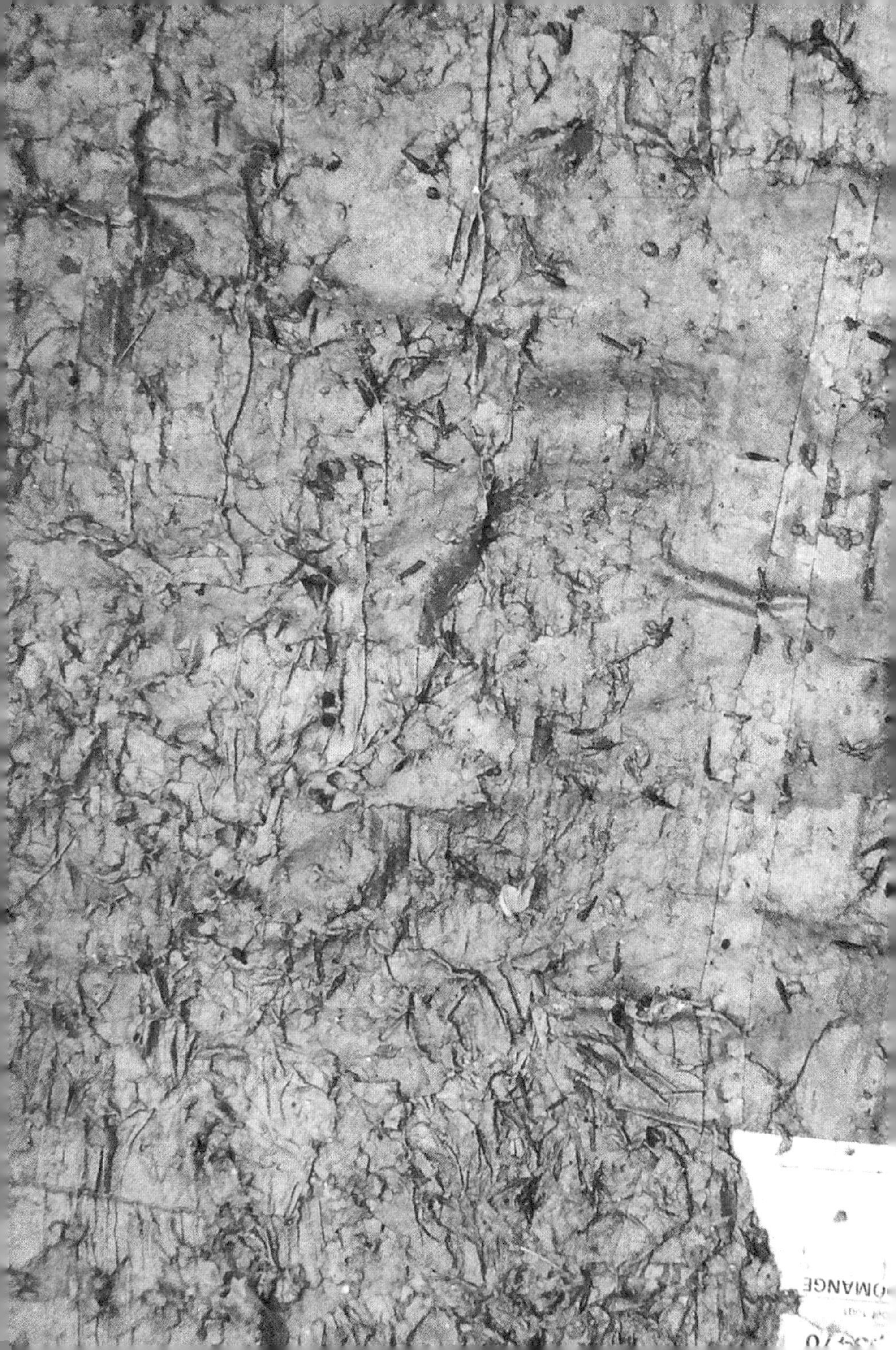

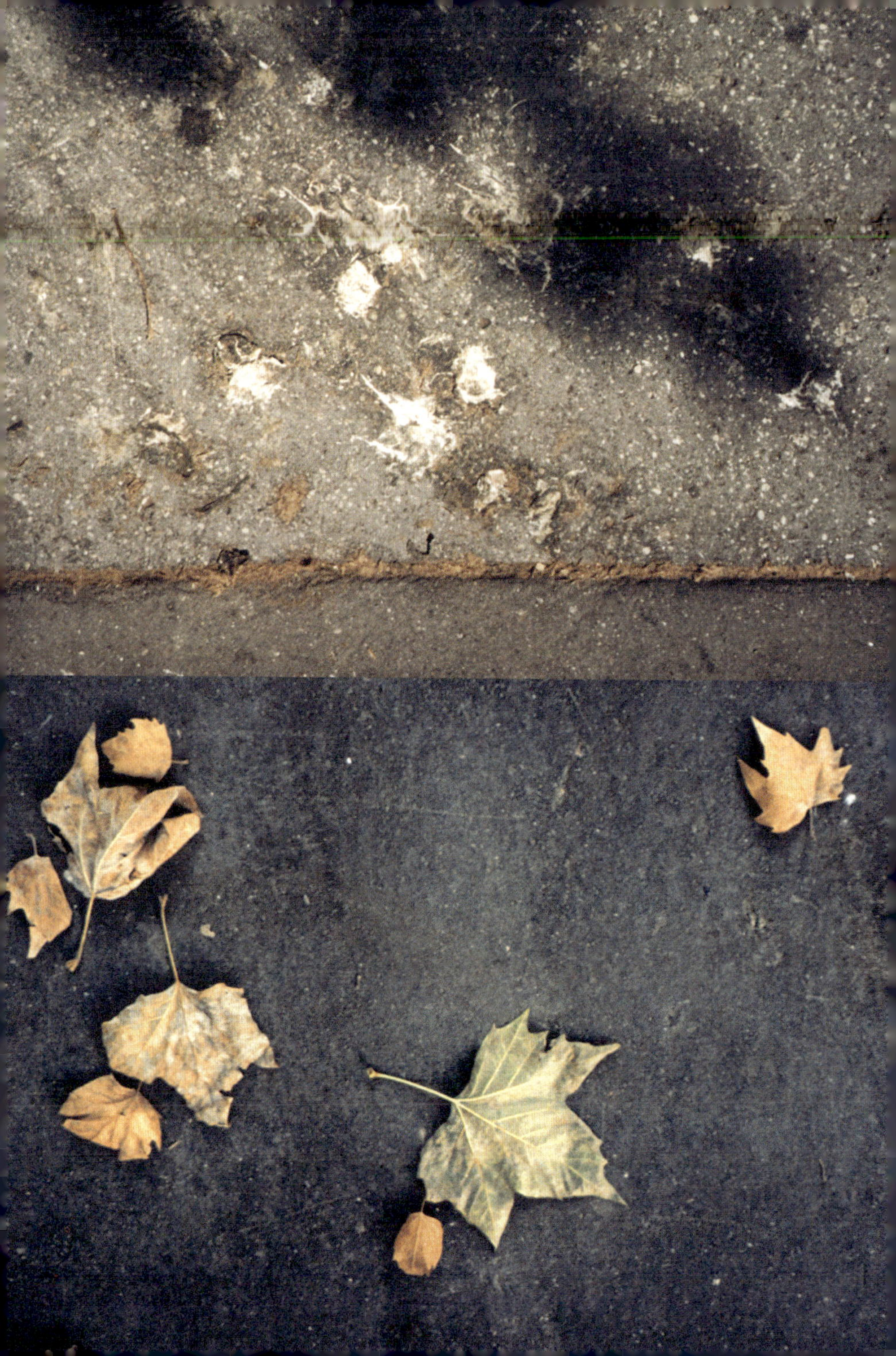

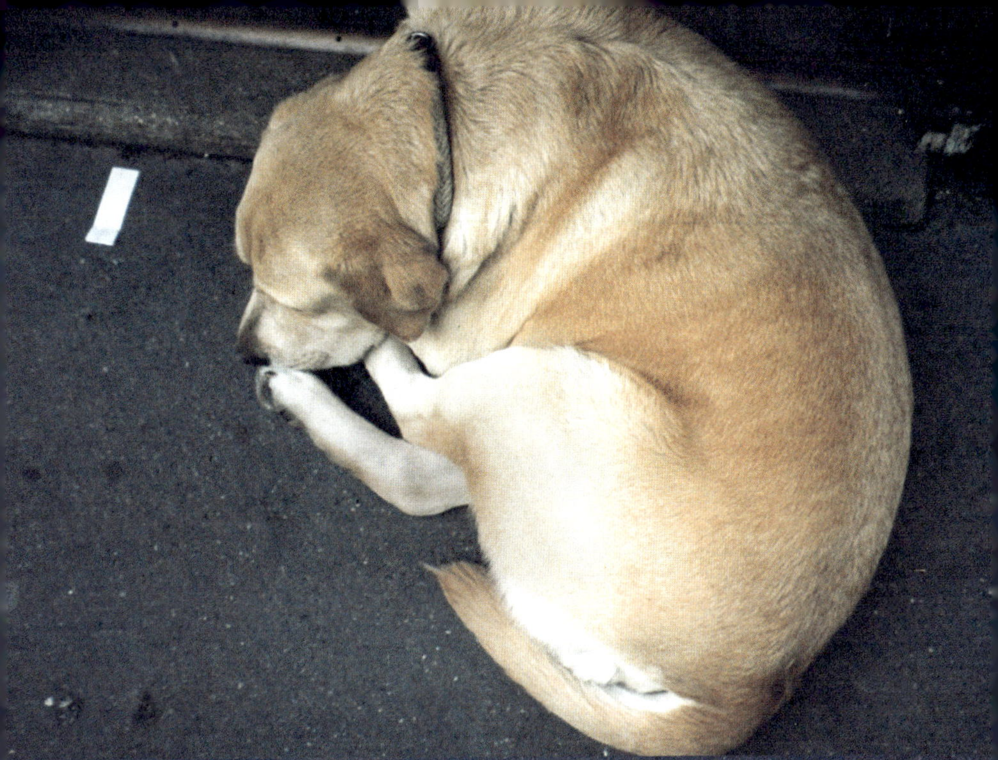

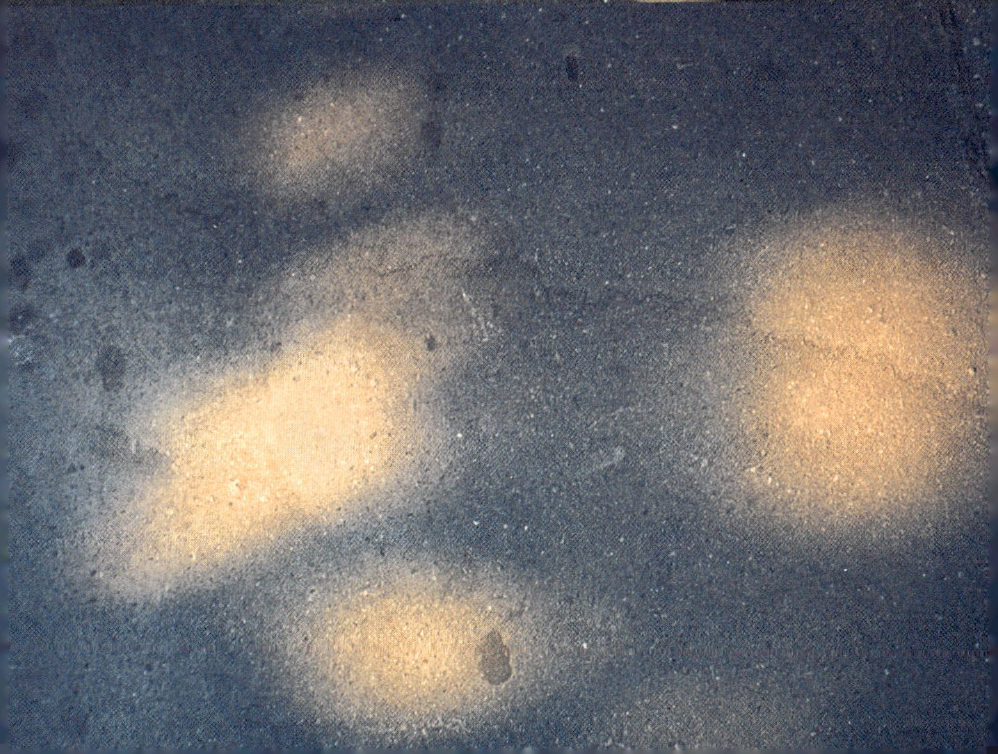

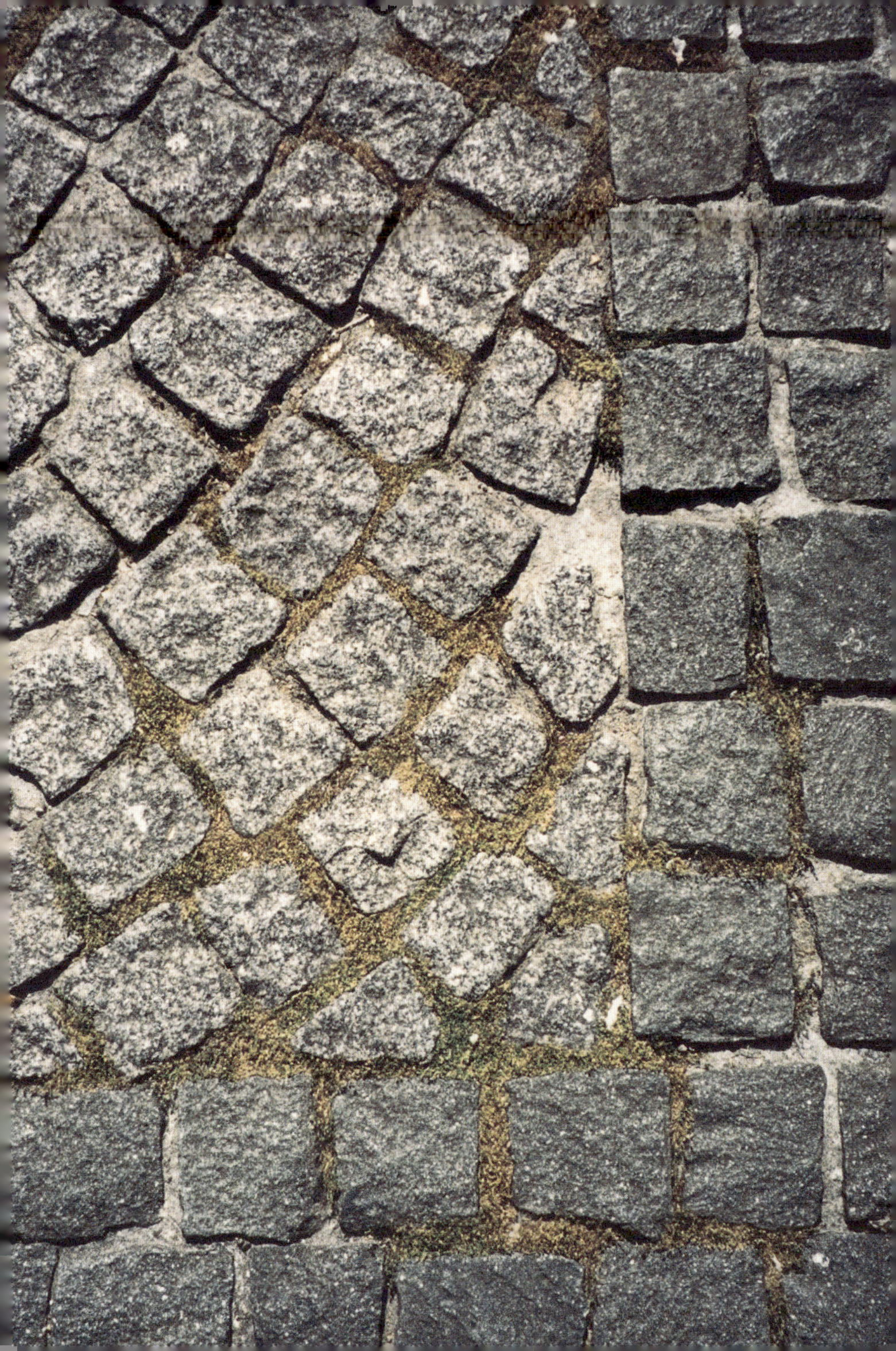

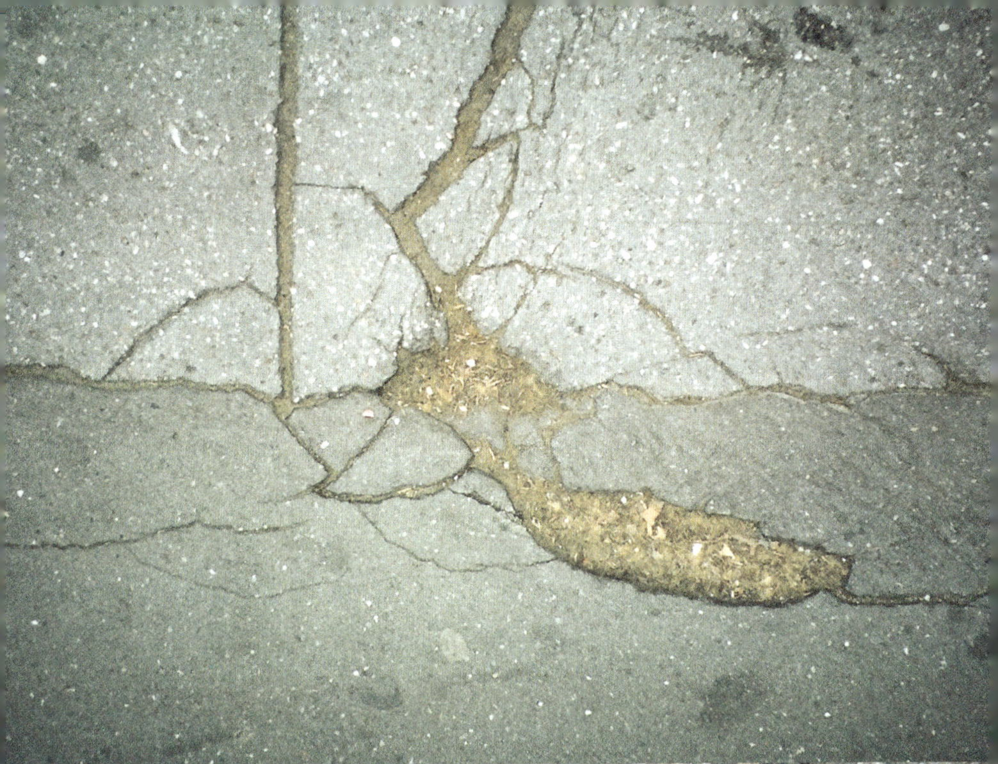
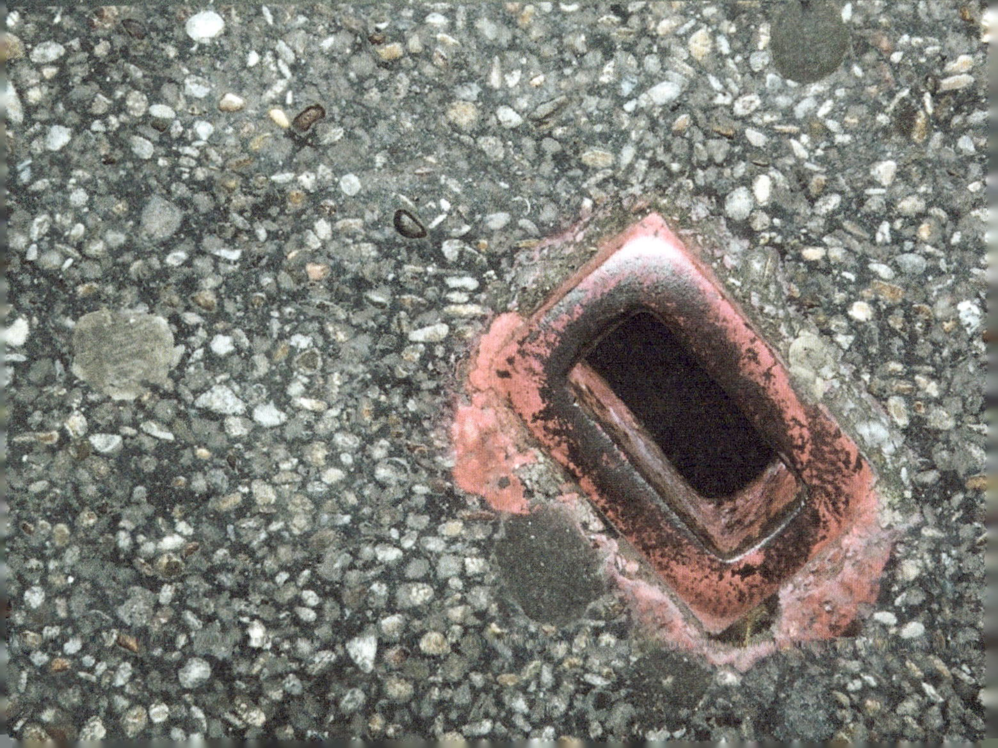

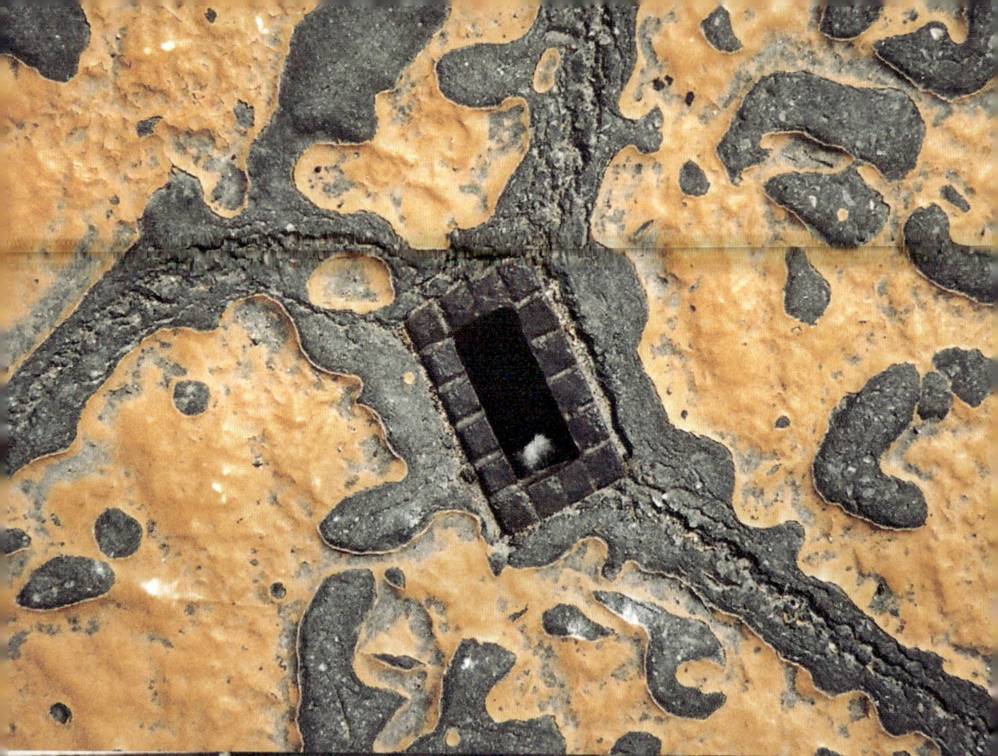

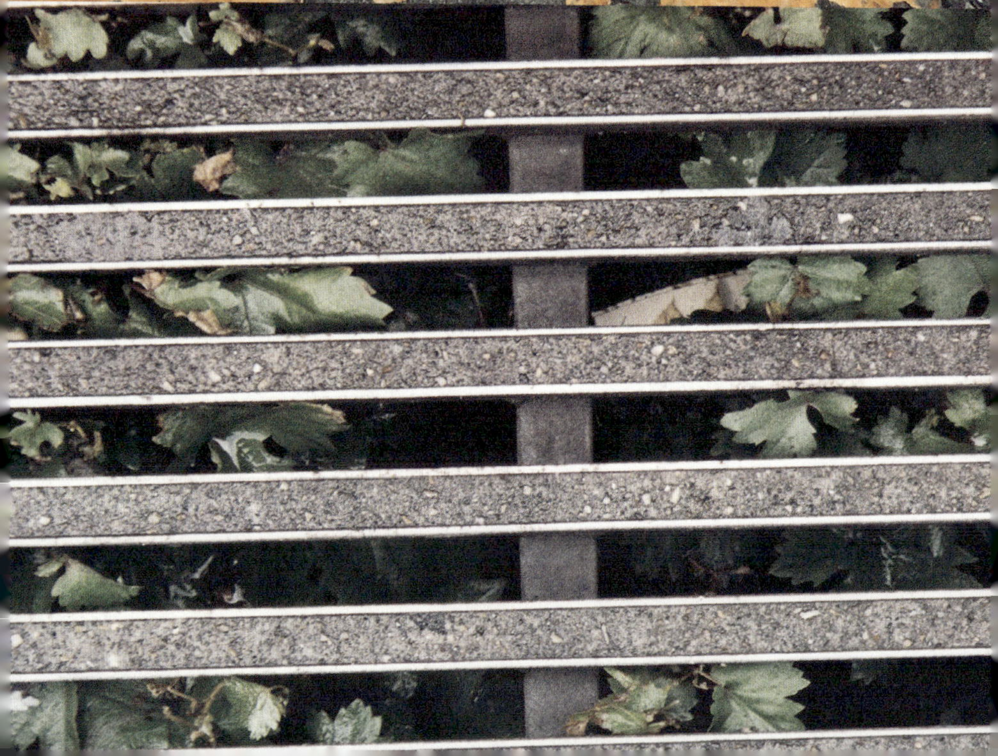

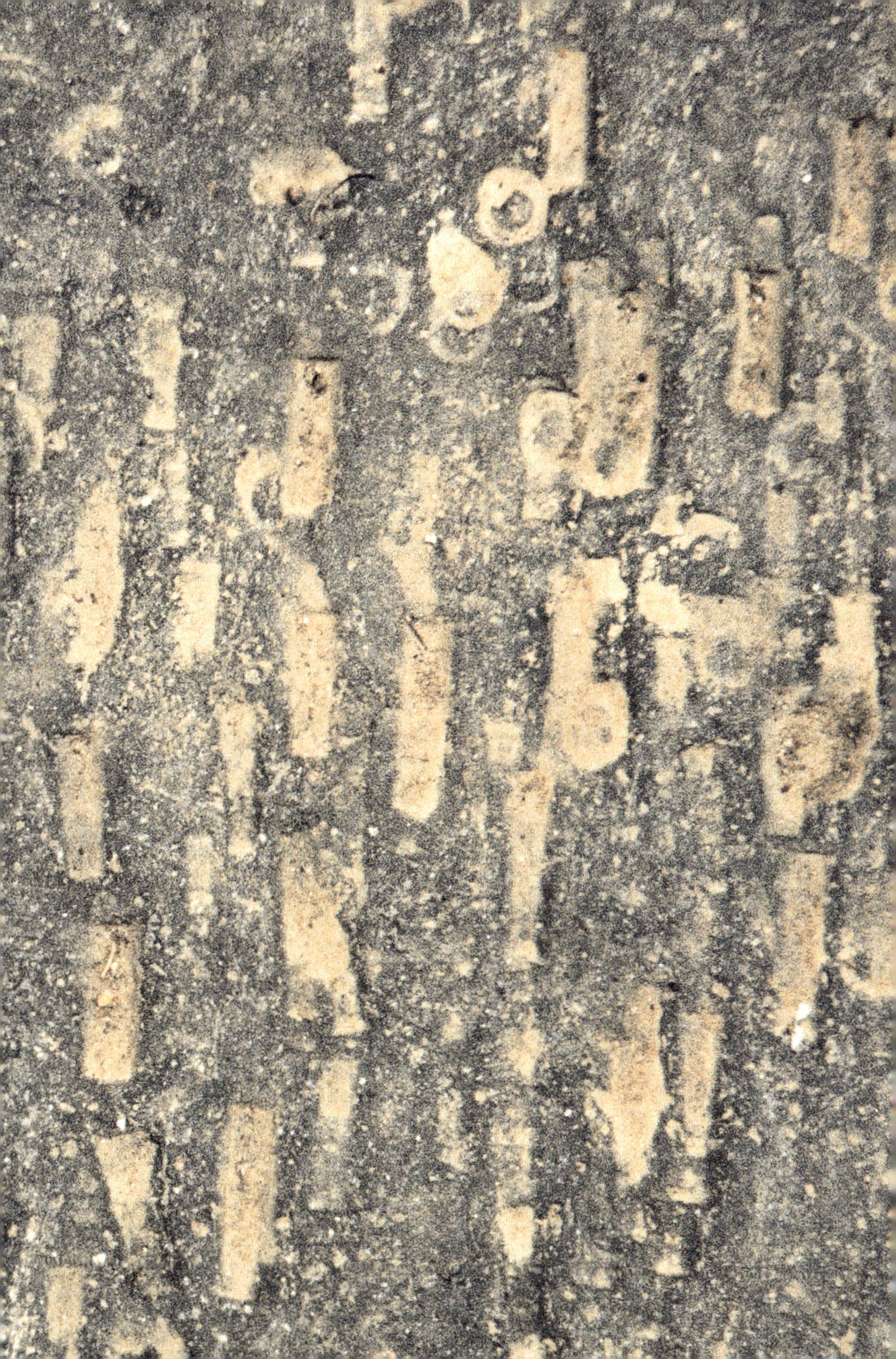

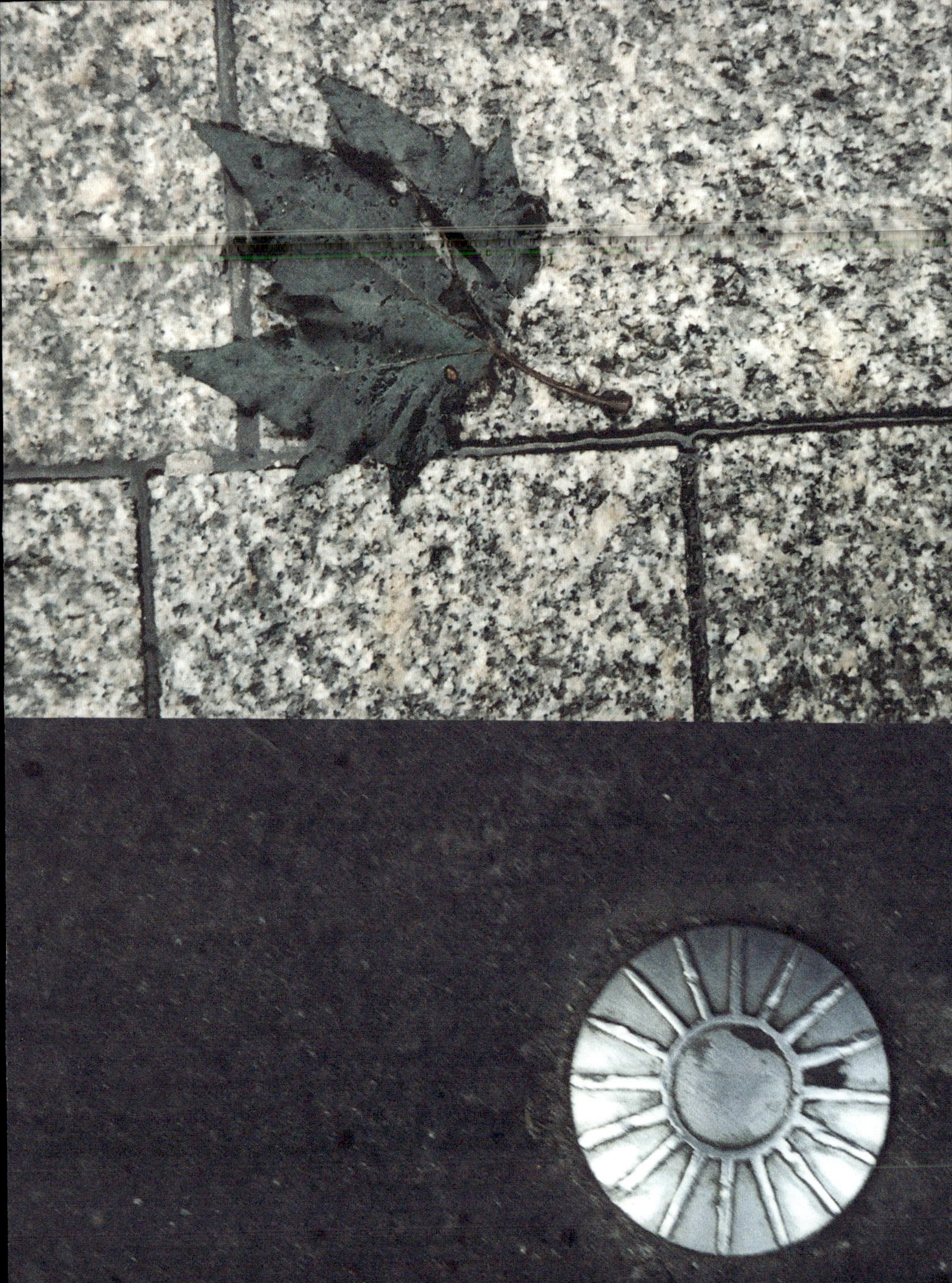

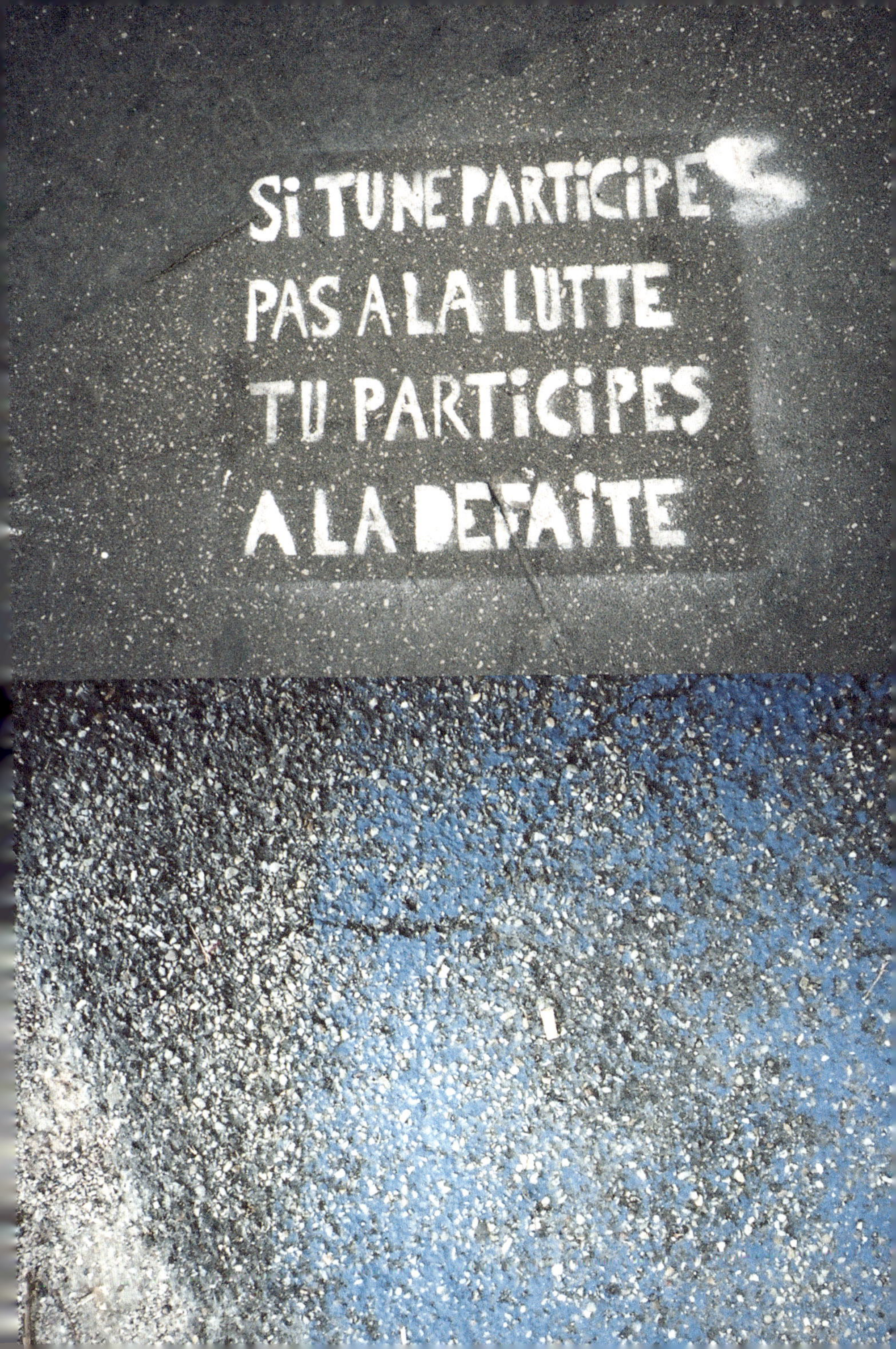
SI TU NE PARTICIPES
PAS A LA LUTTE
TU PARTICIPES
A LA DEFAITE

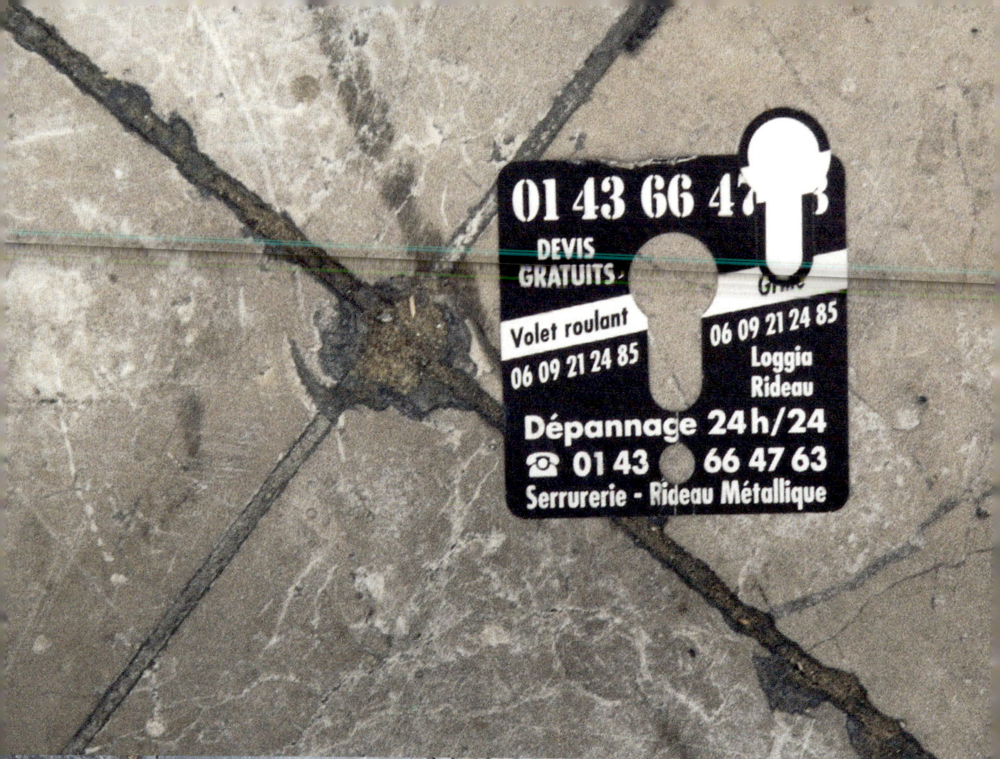
01 43 66 47
DEVIS
GRATUITS
Volet roulant
06 09 21 24 85
06 09 21 24 85
Loggia
Rideau
Dépannage 24h/24
01 43 66 47 63
Serrurerie - Rideau Métallique

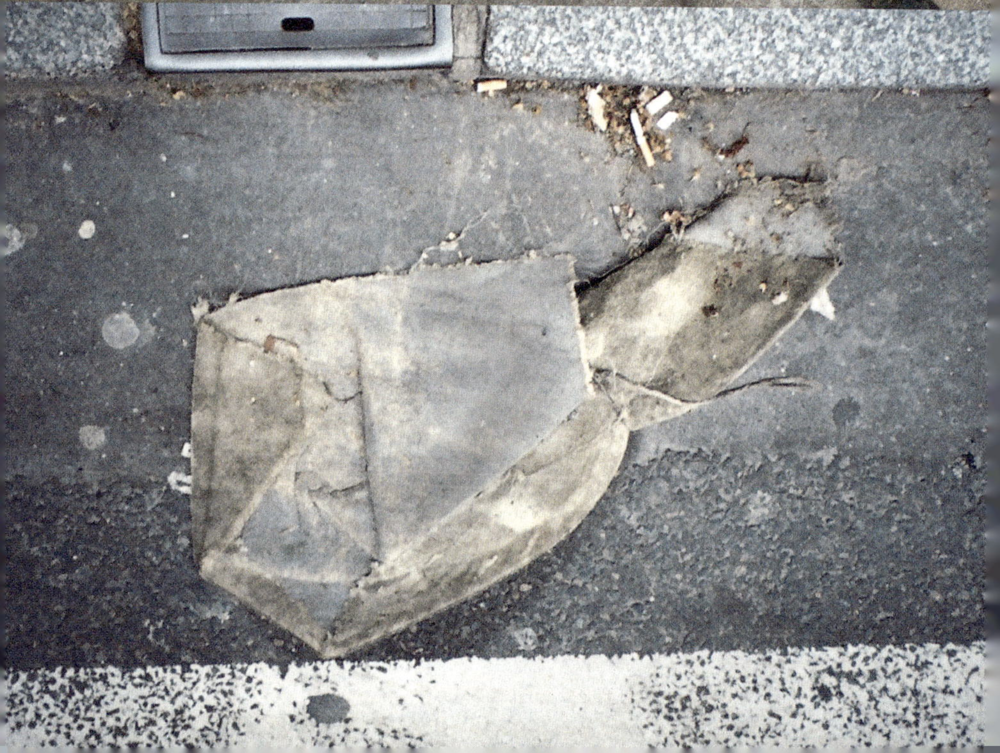

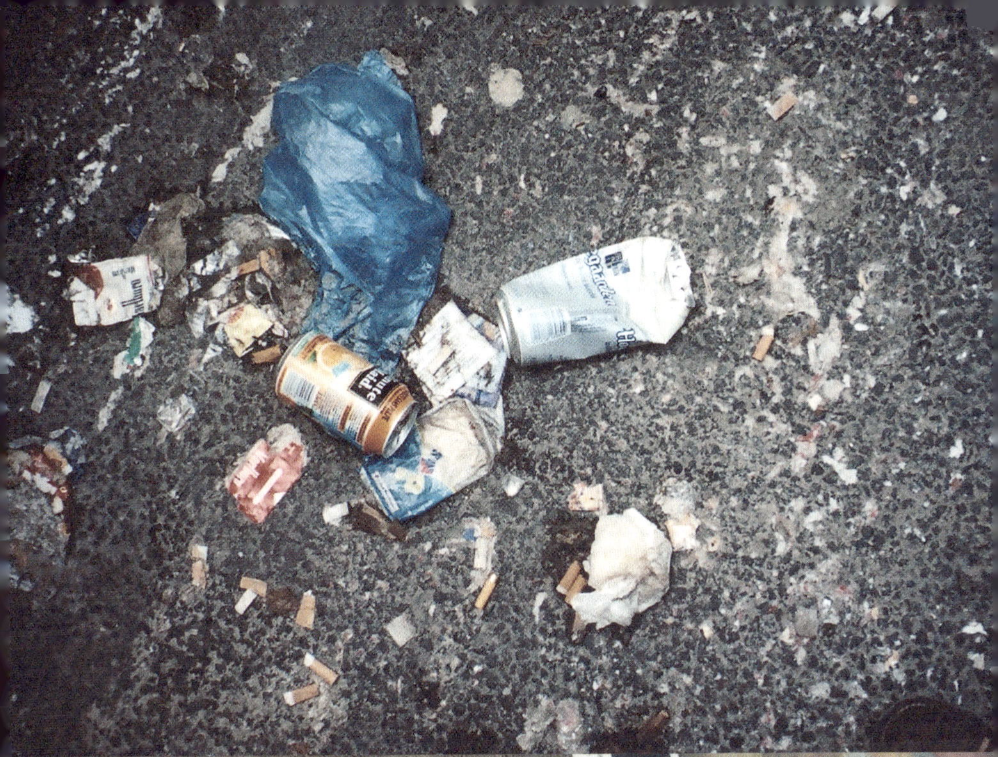

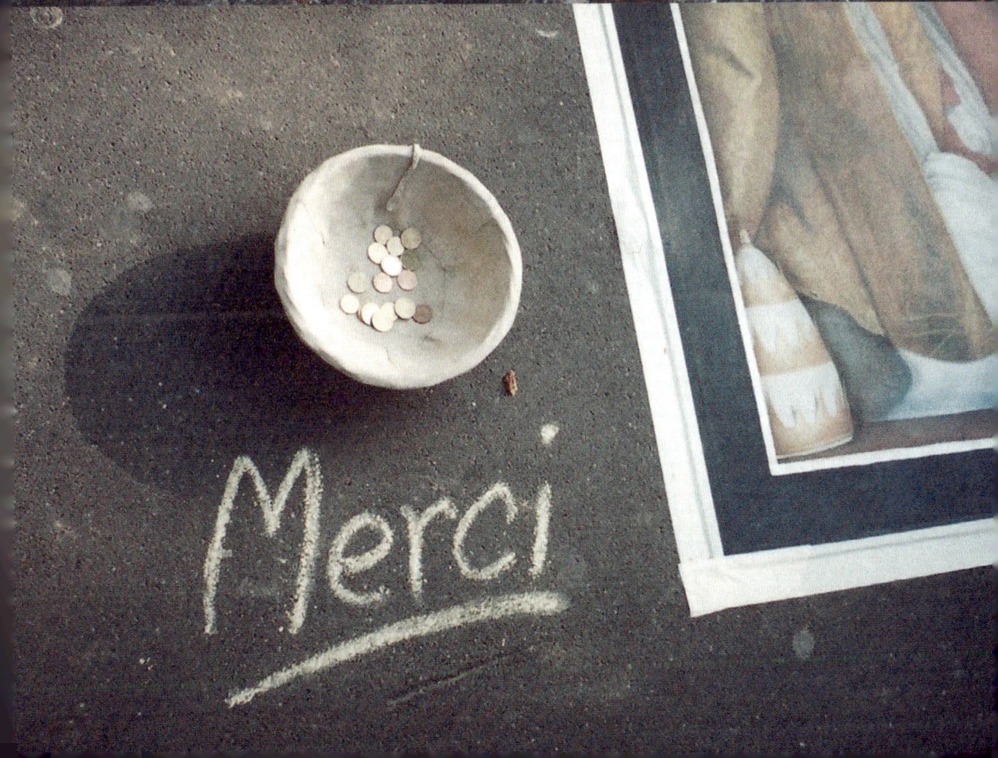
Merci

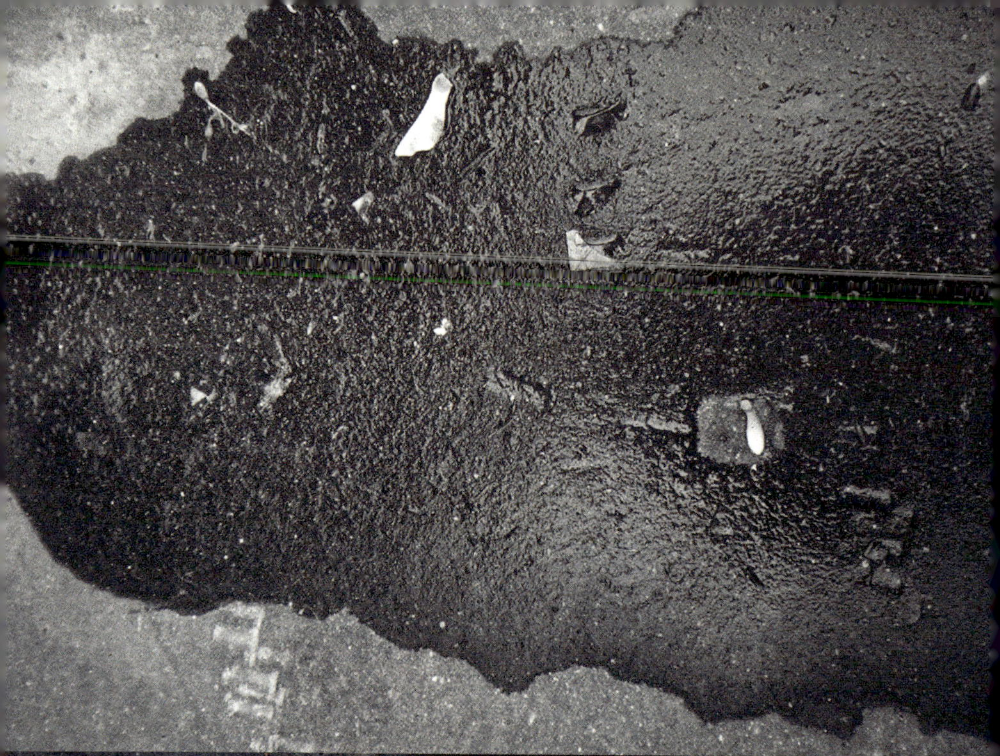

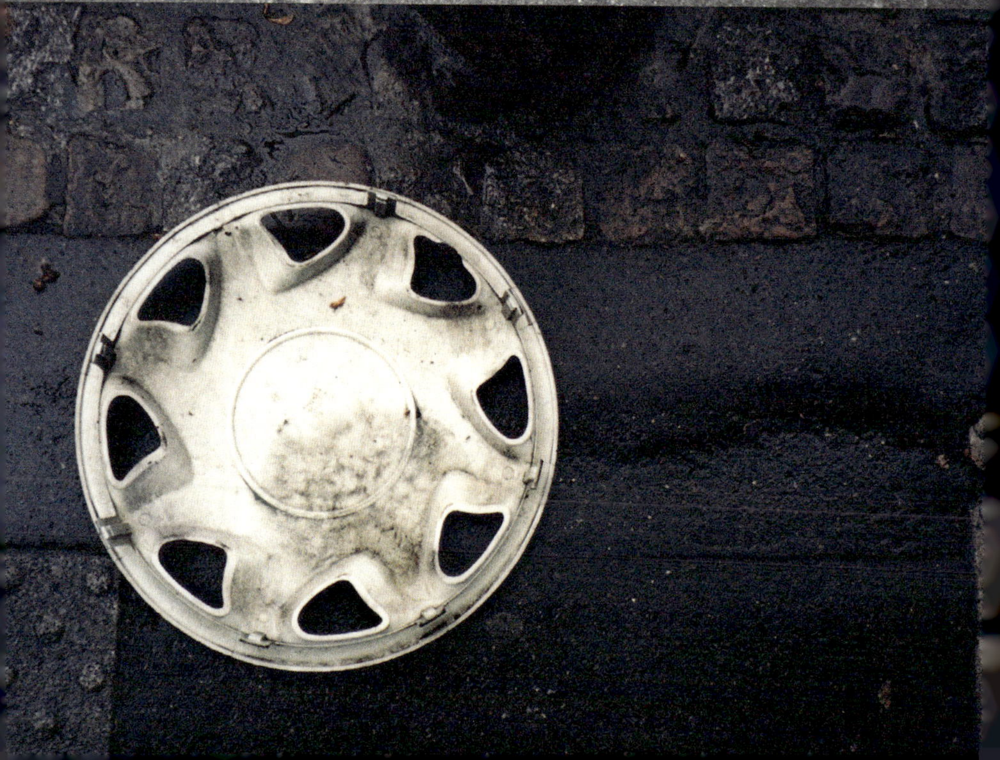

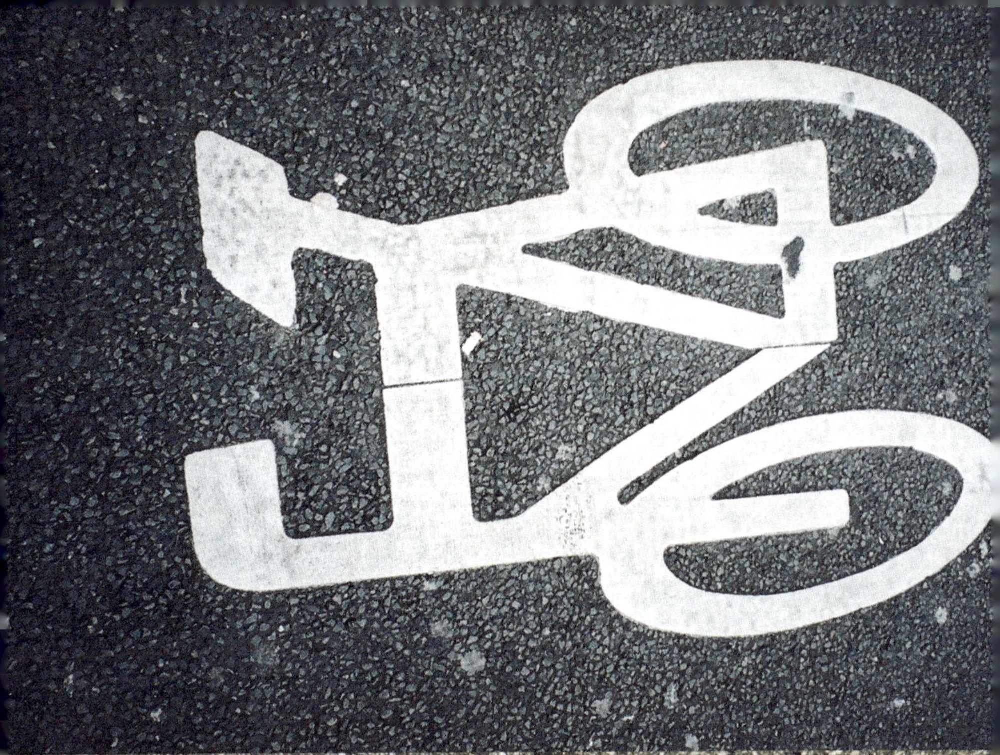
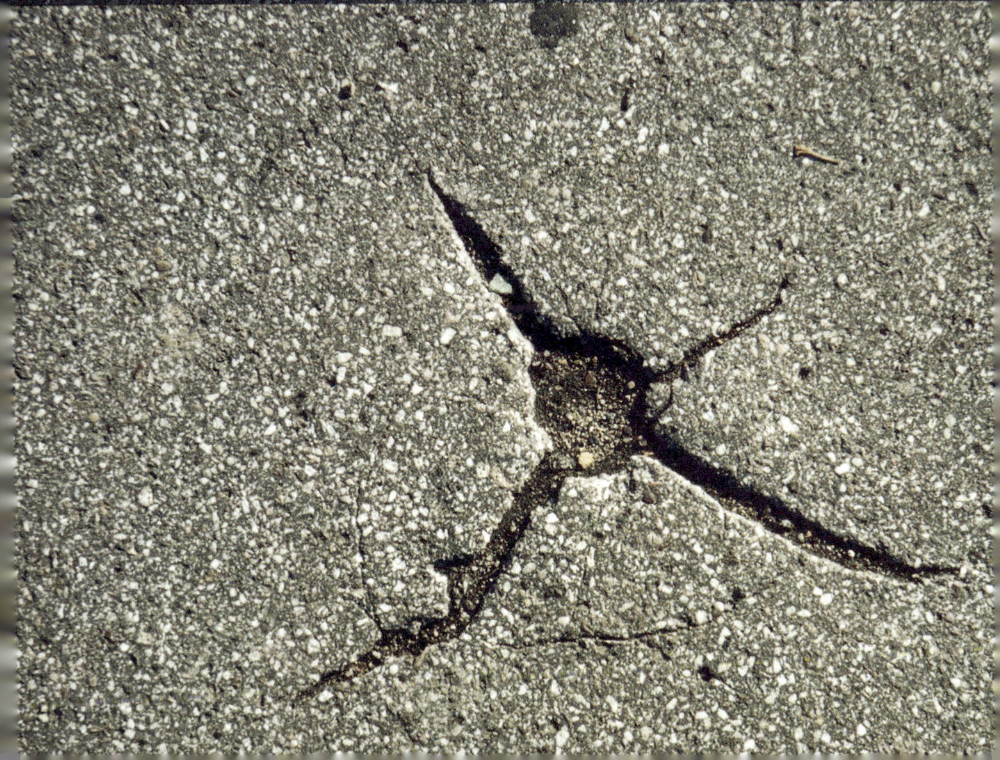

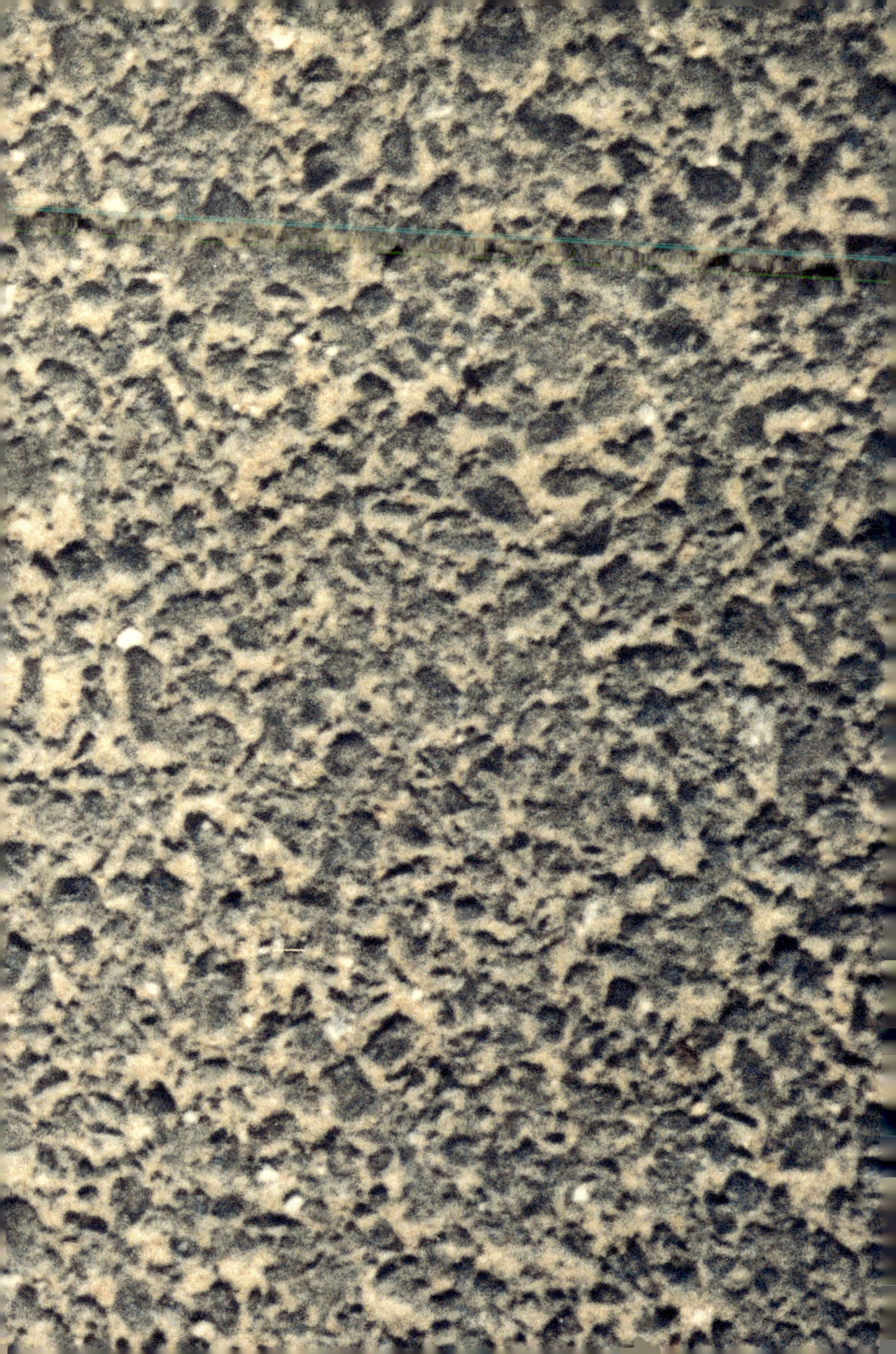

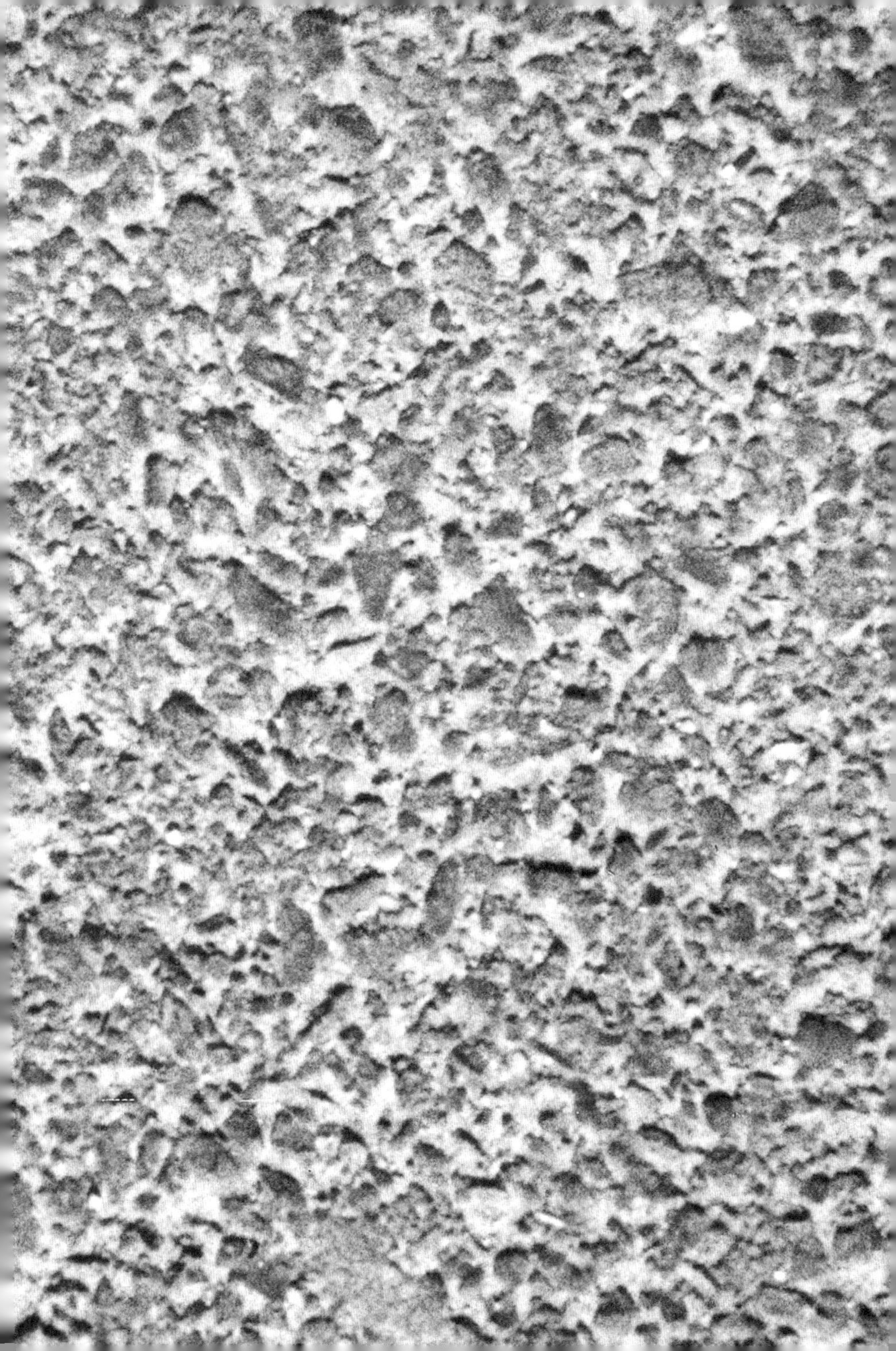

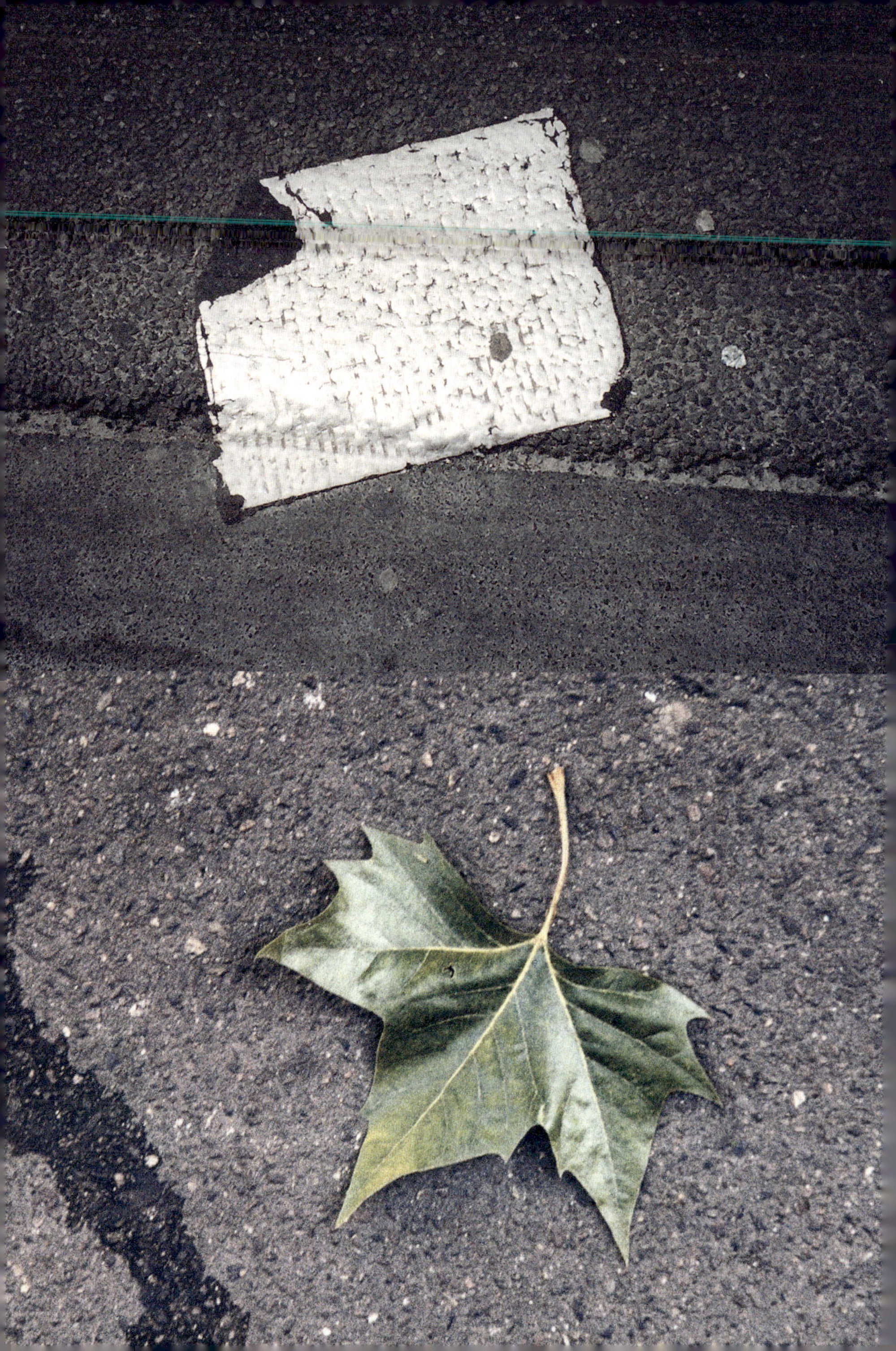

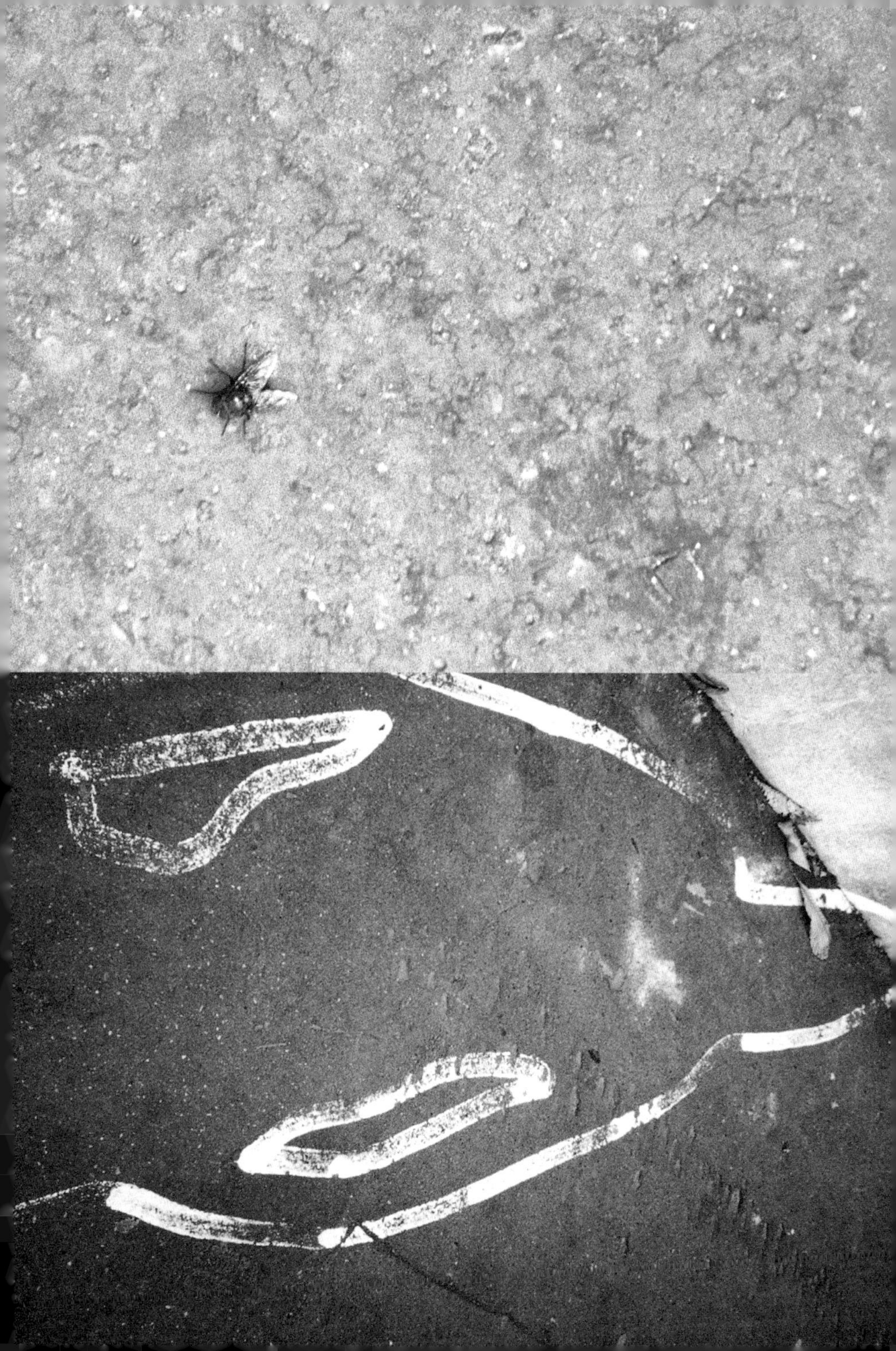

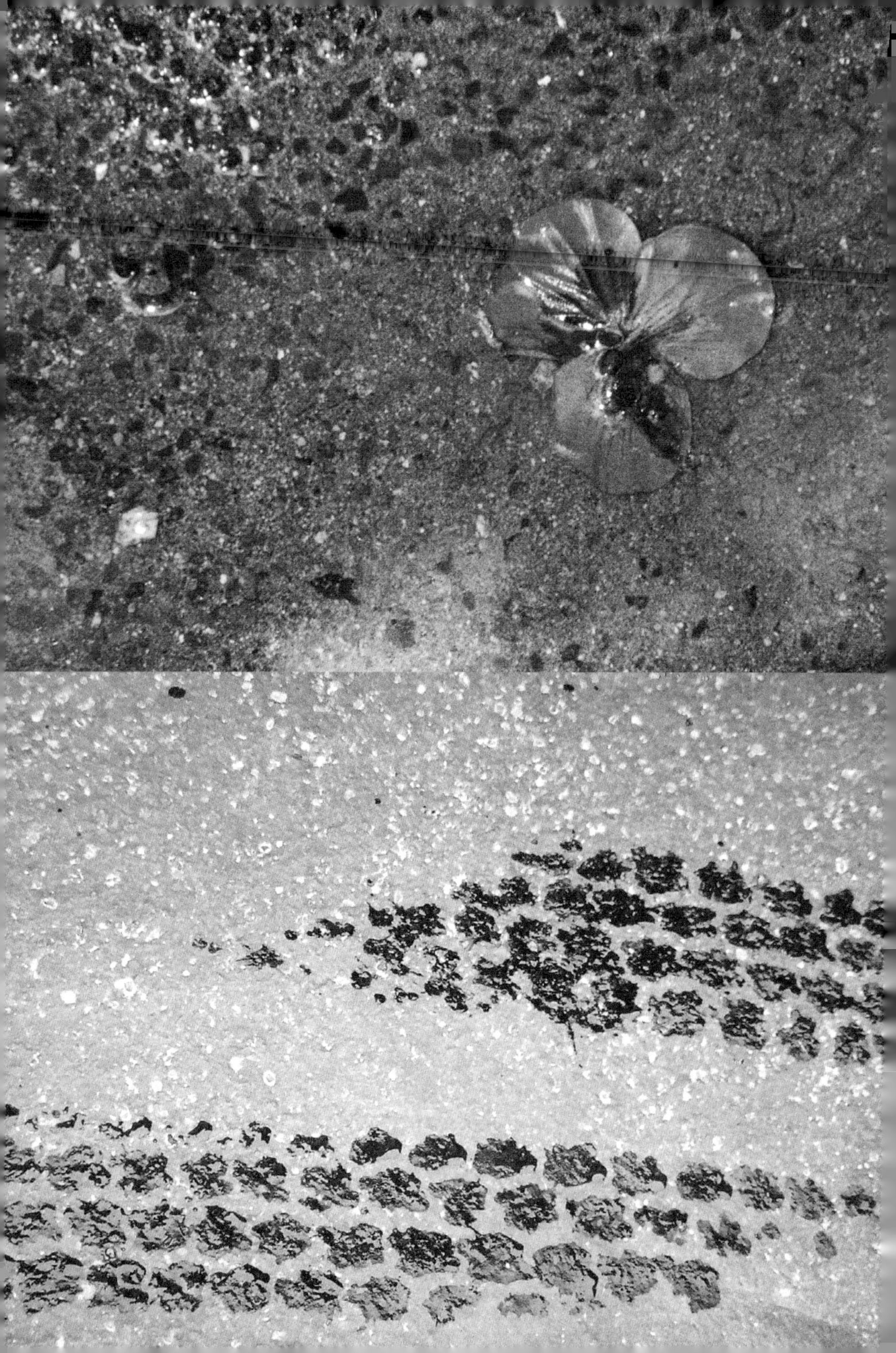

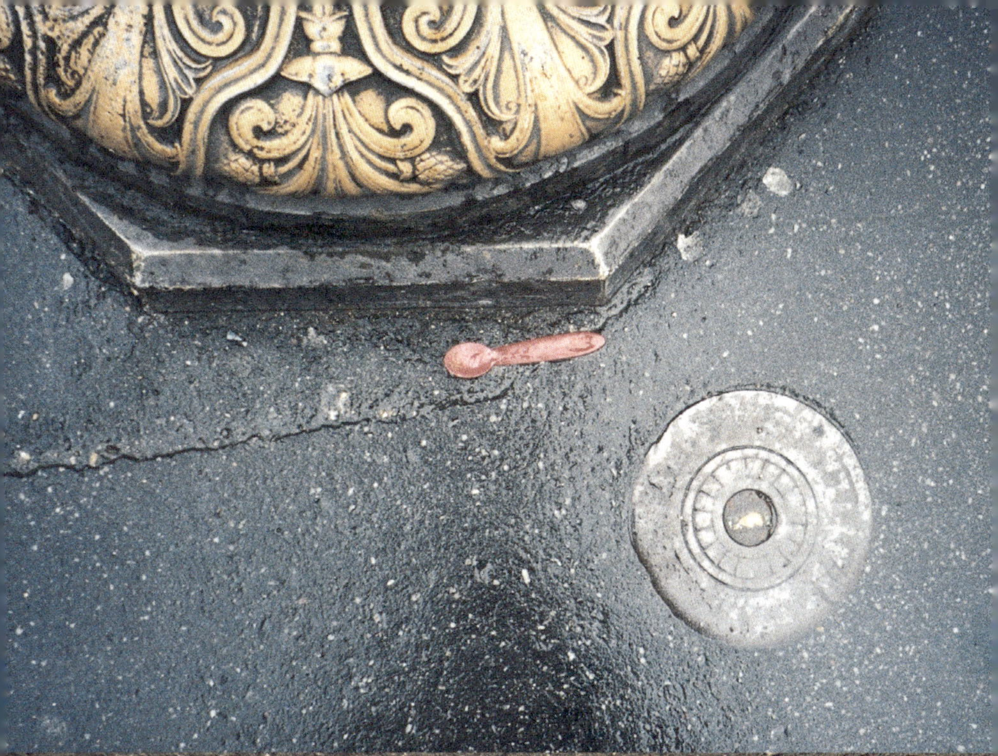

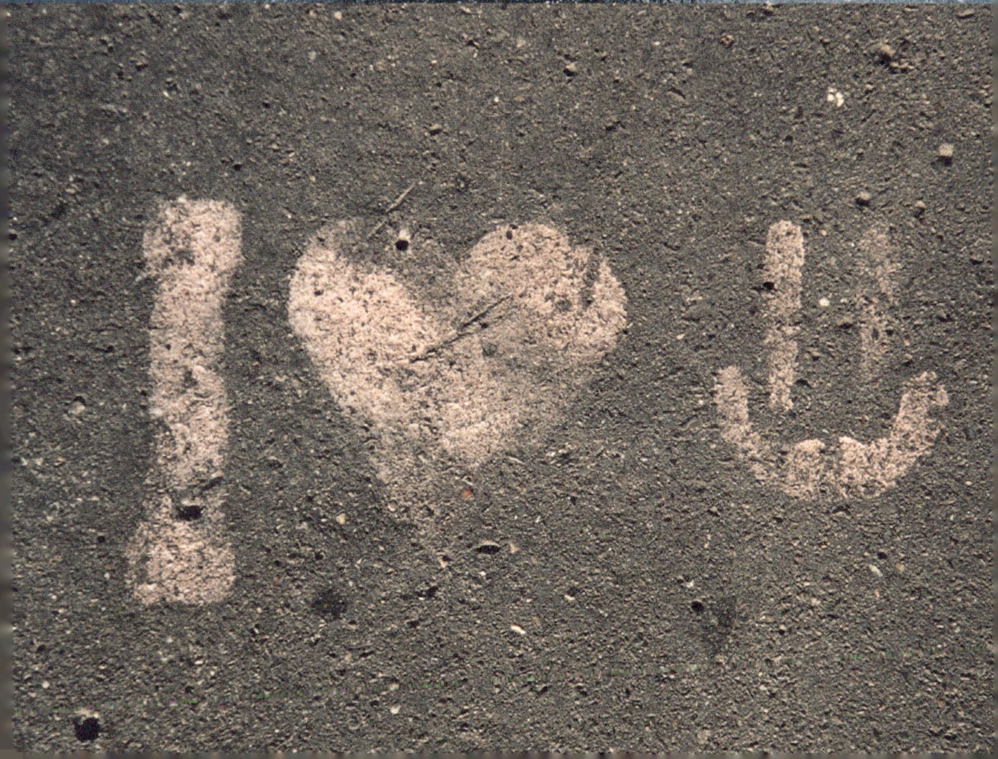

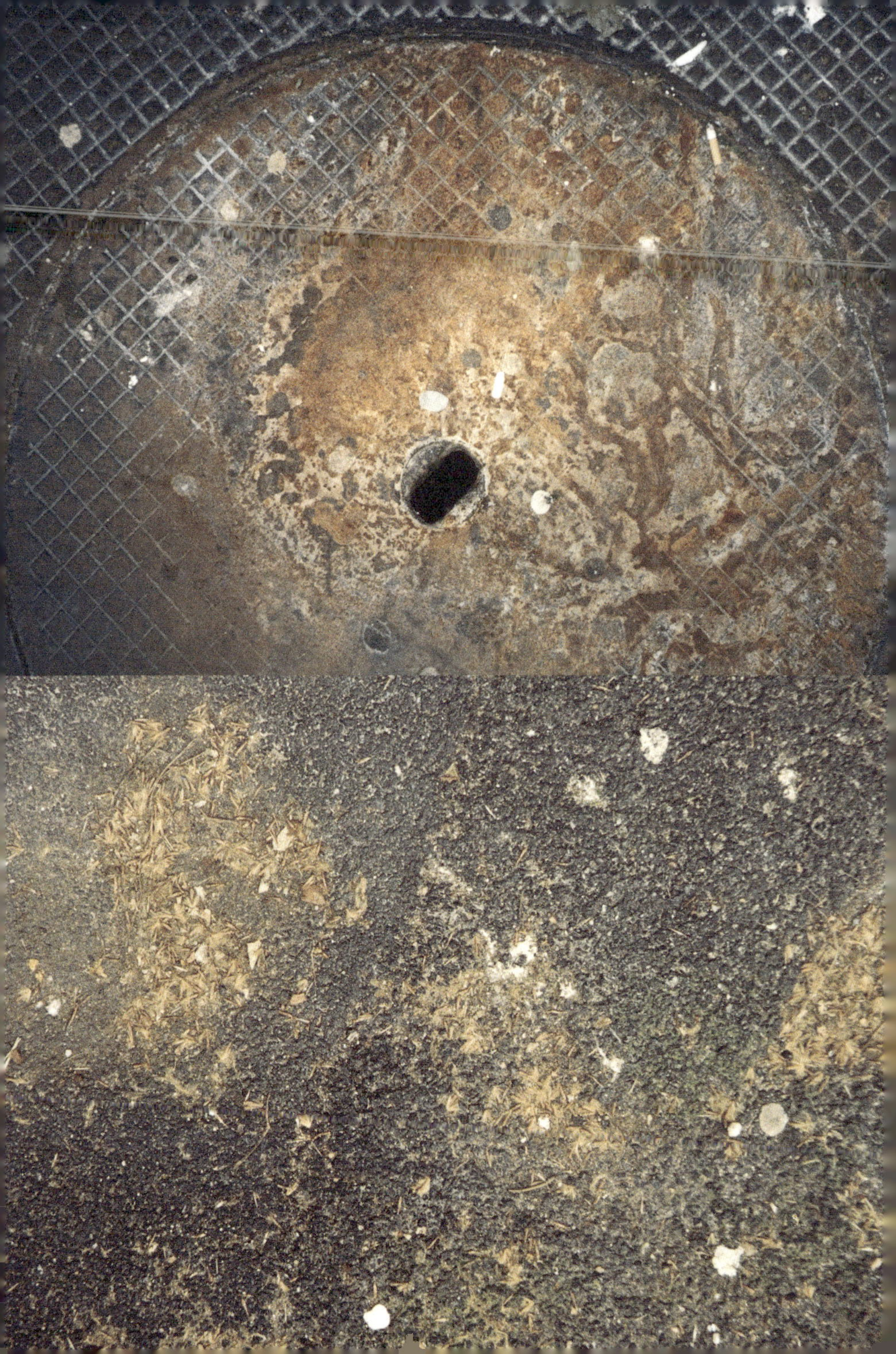

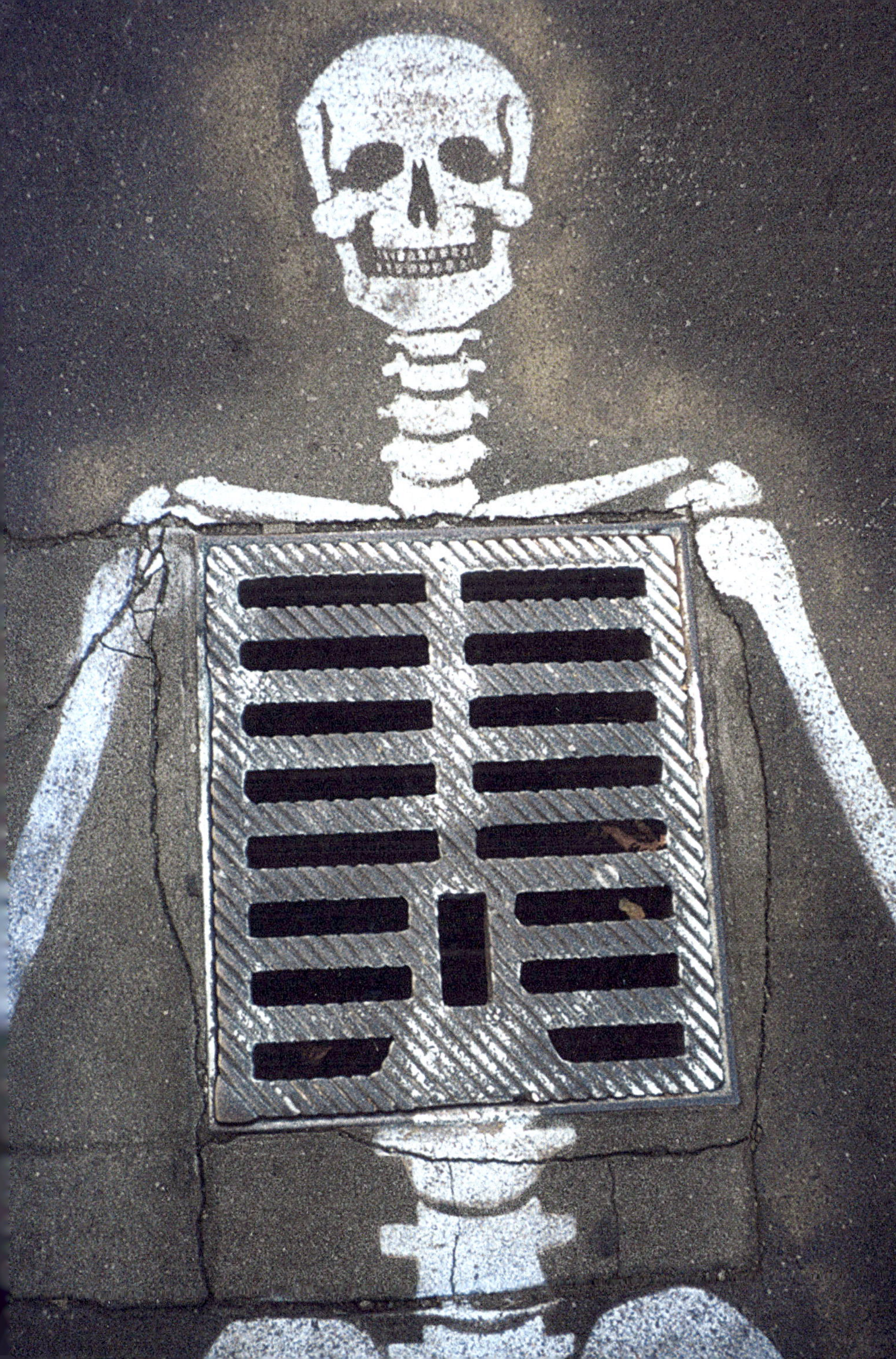

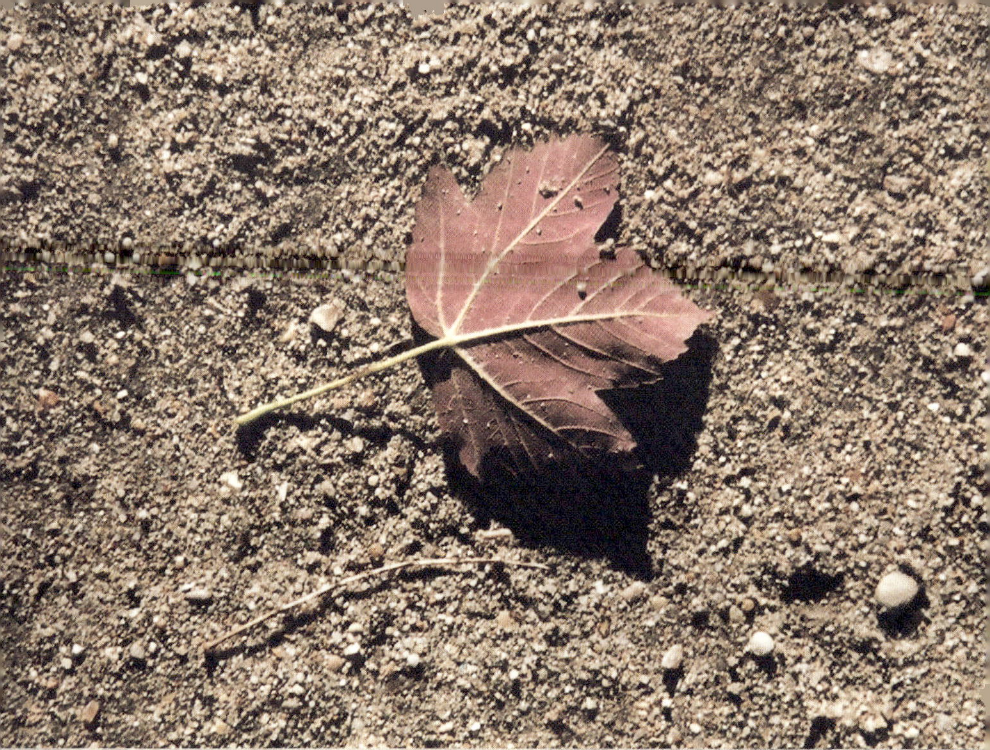
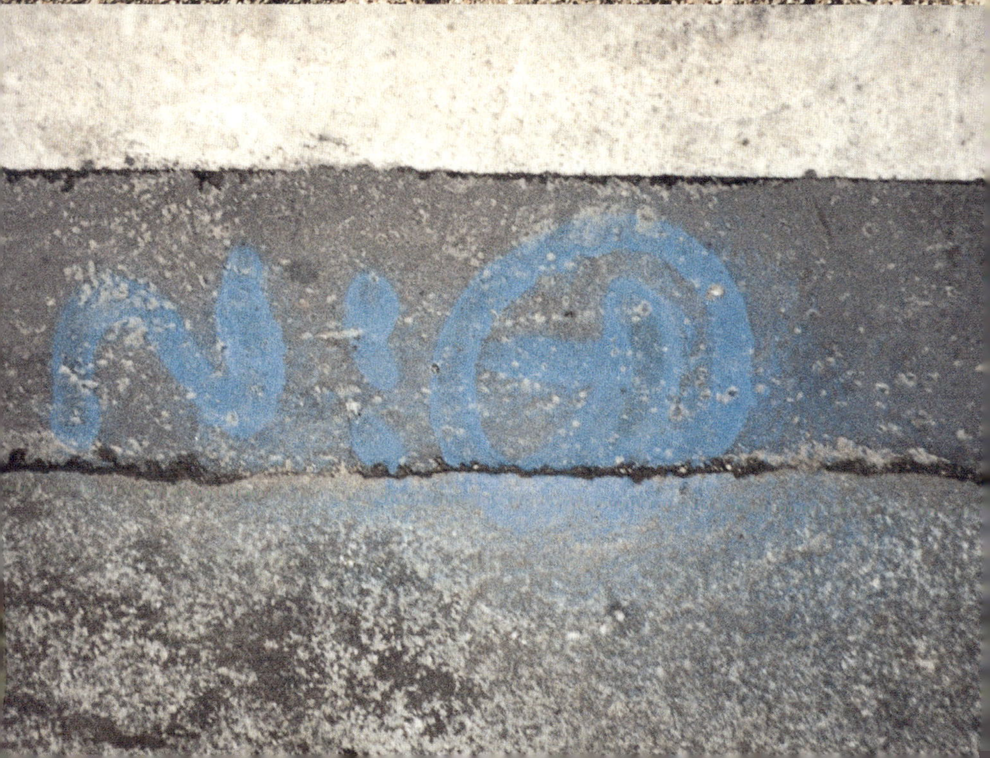

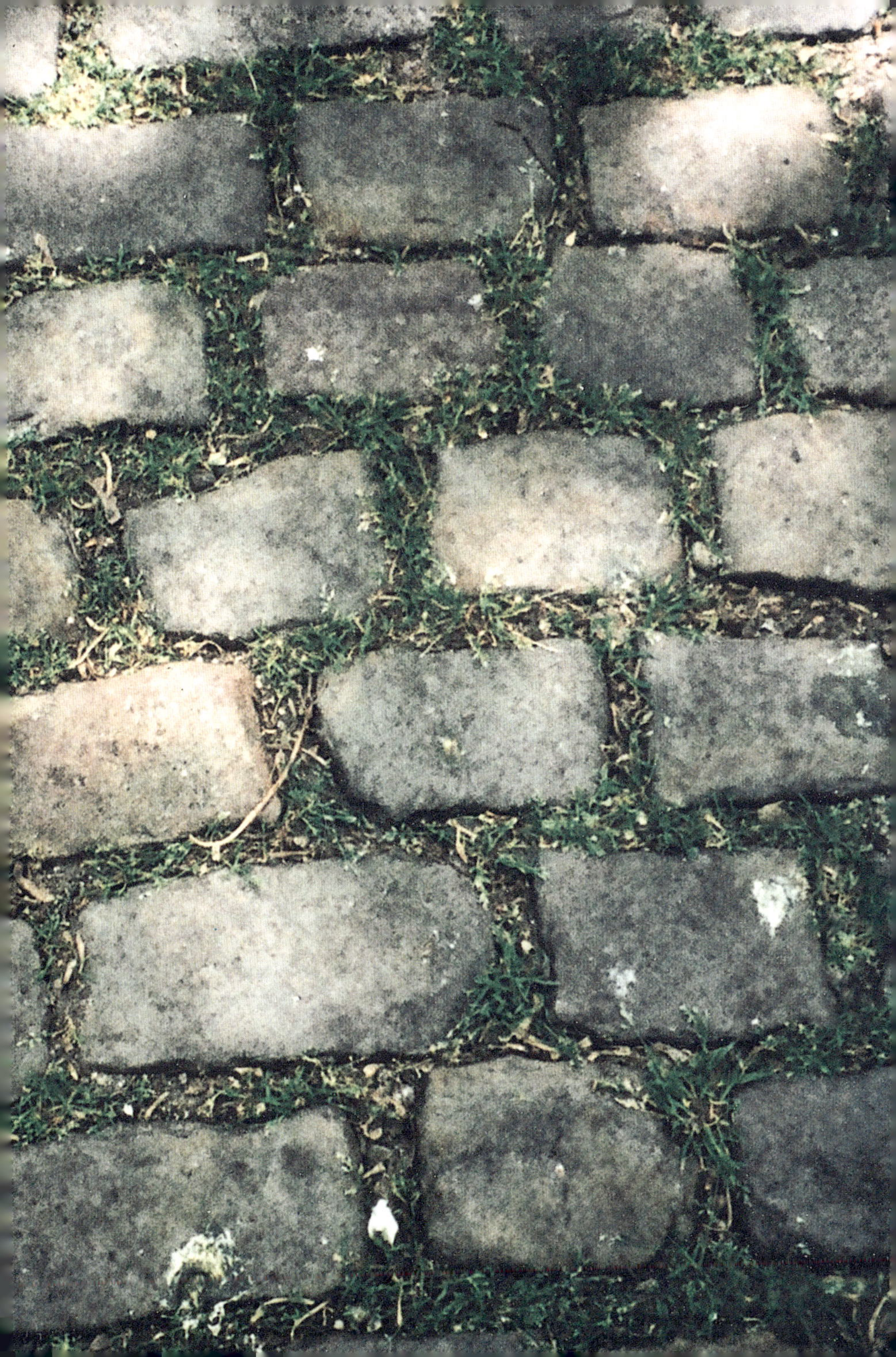

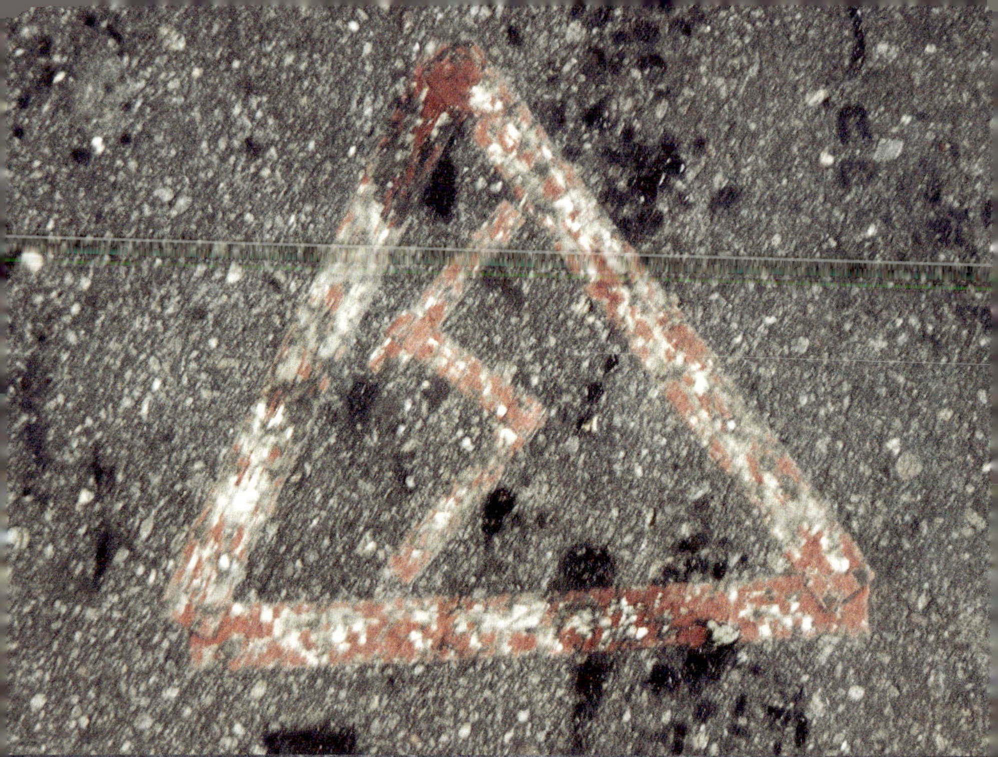

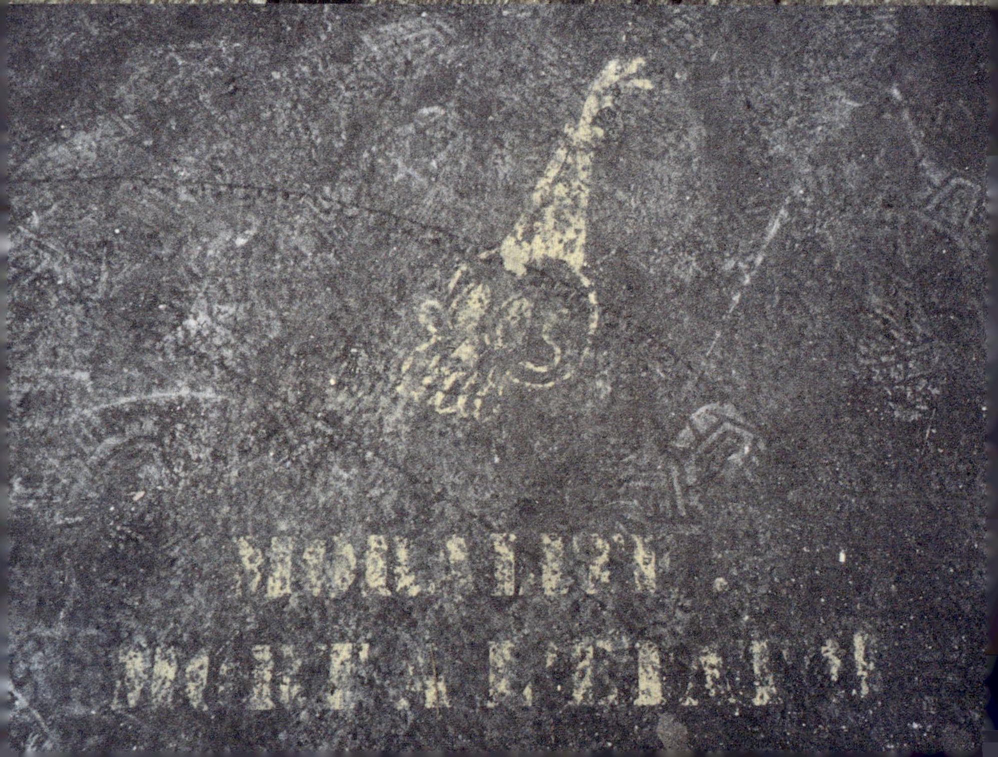

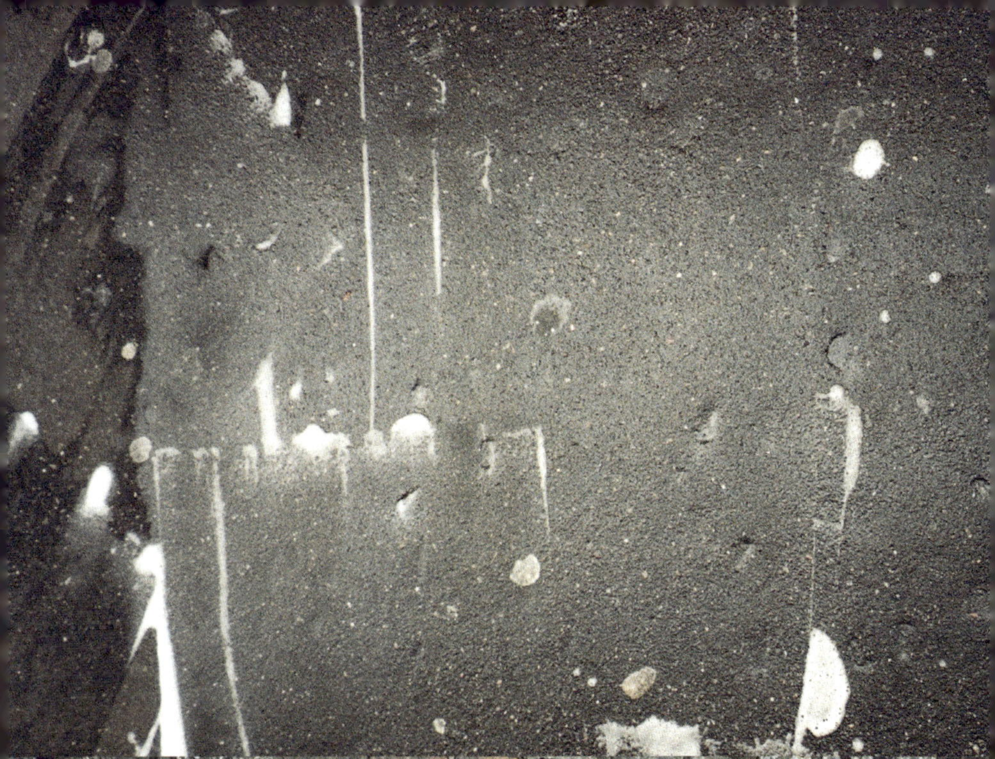
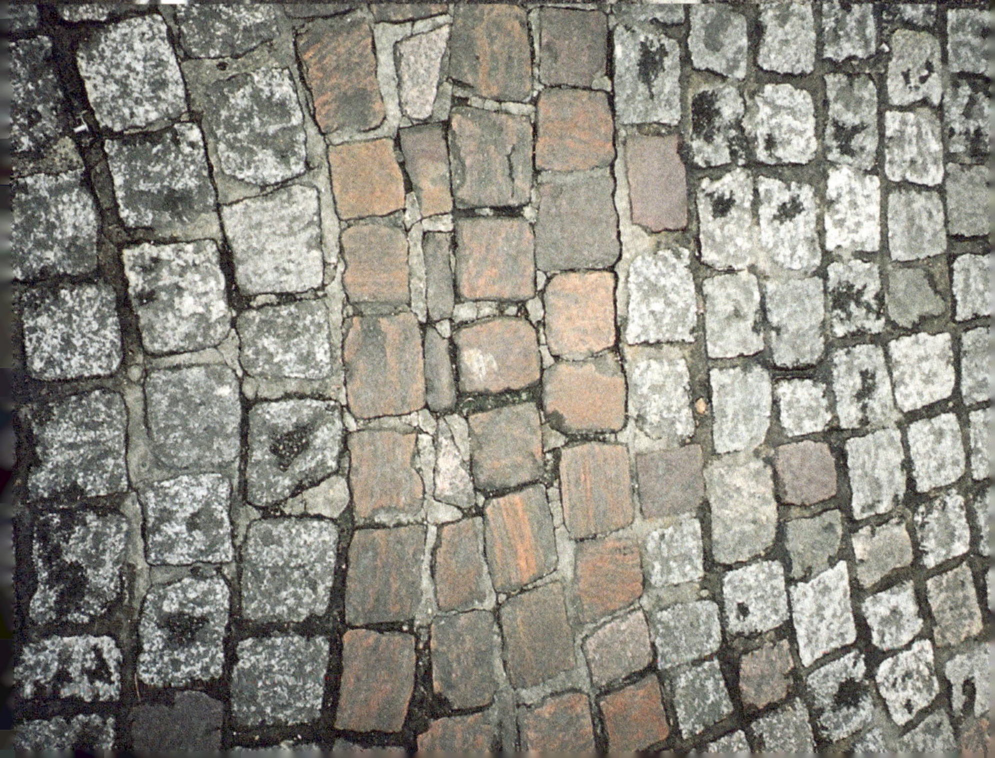

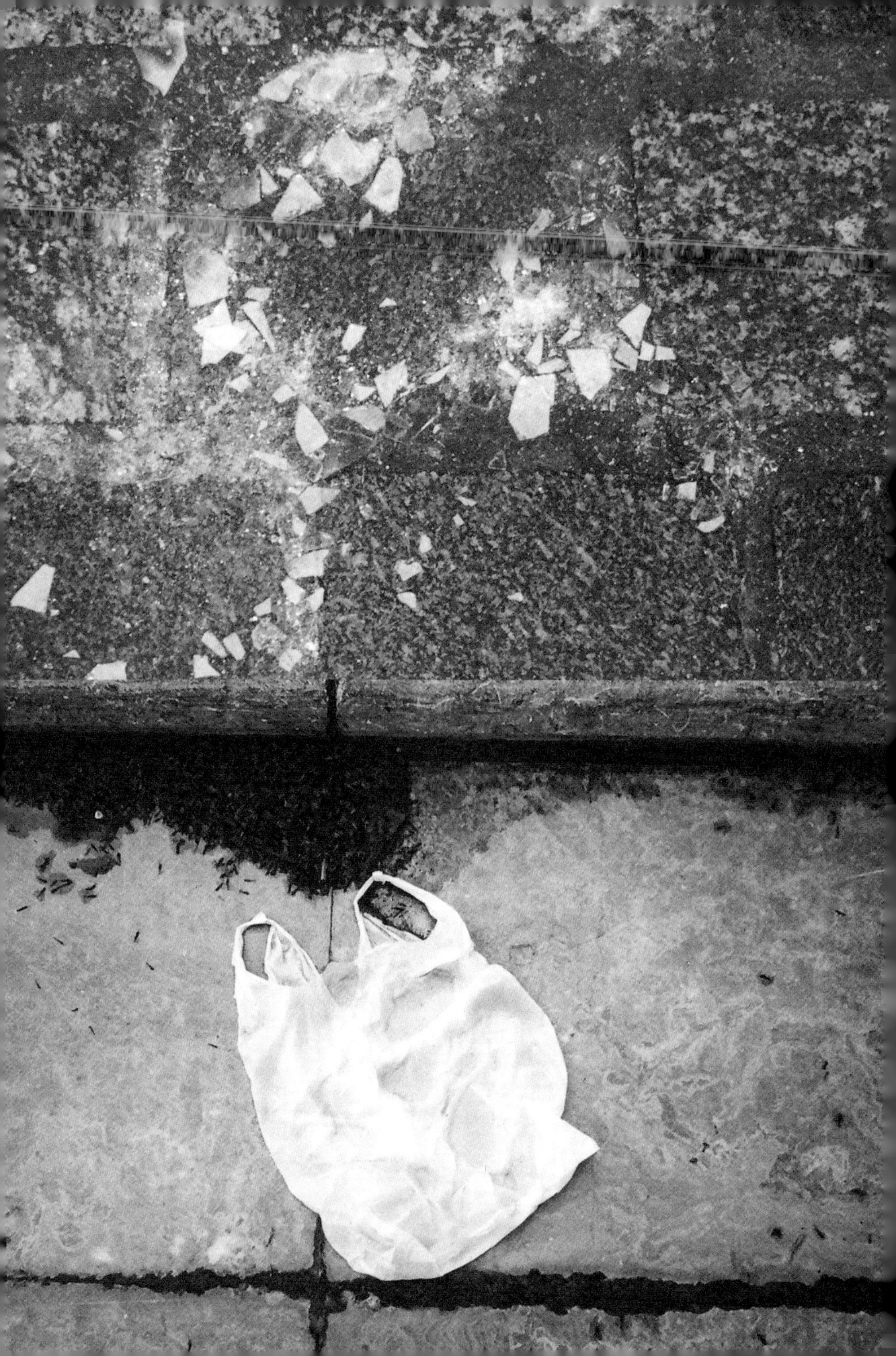

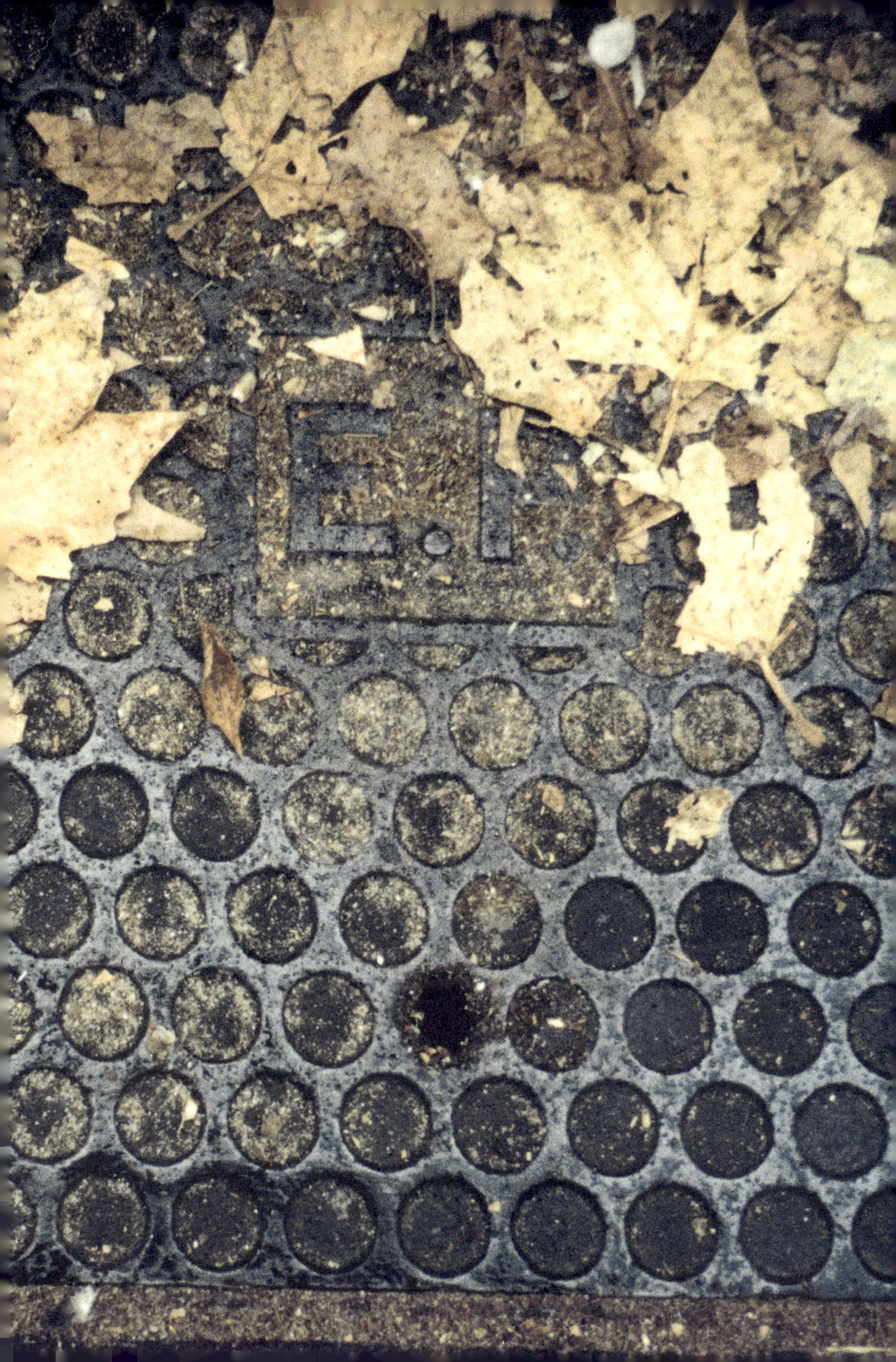
E.I.

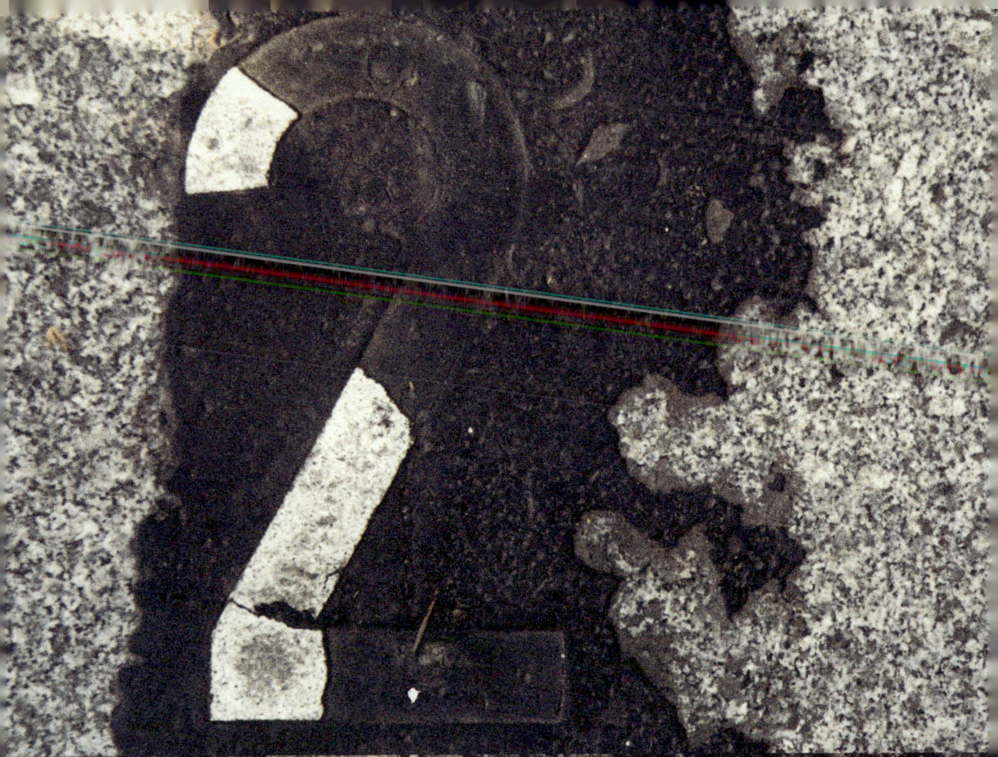
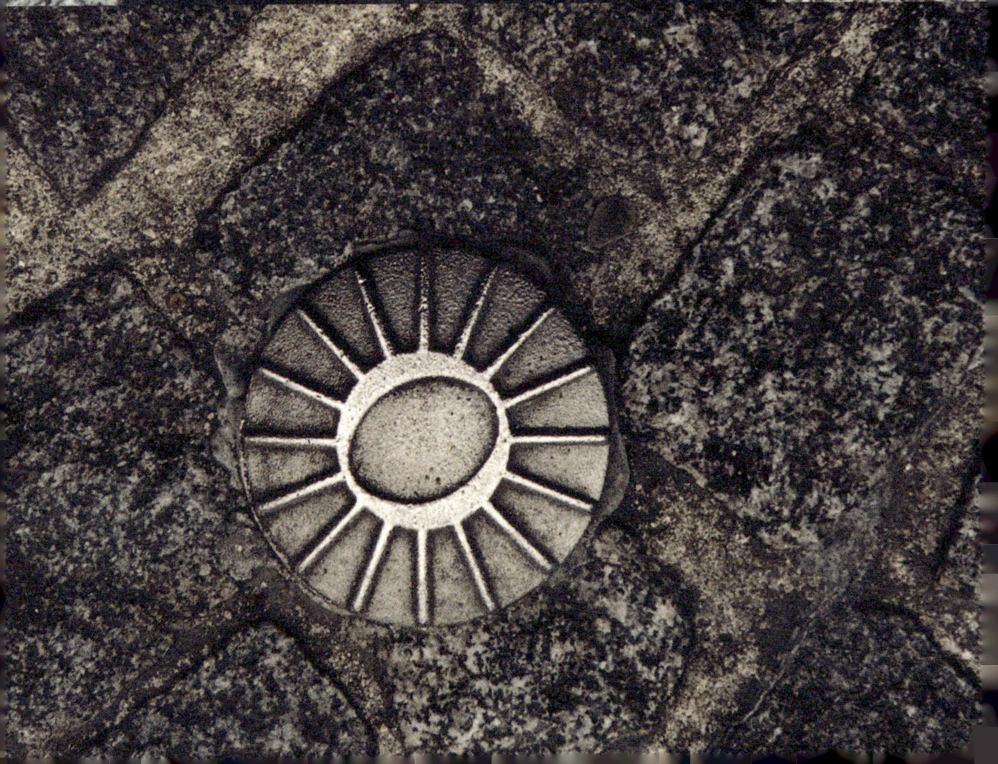

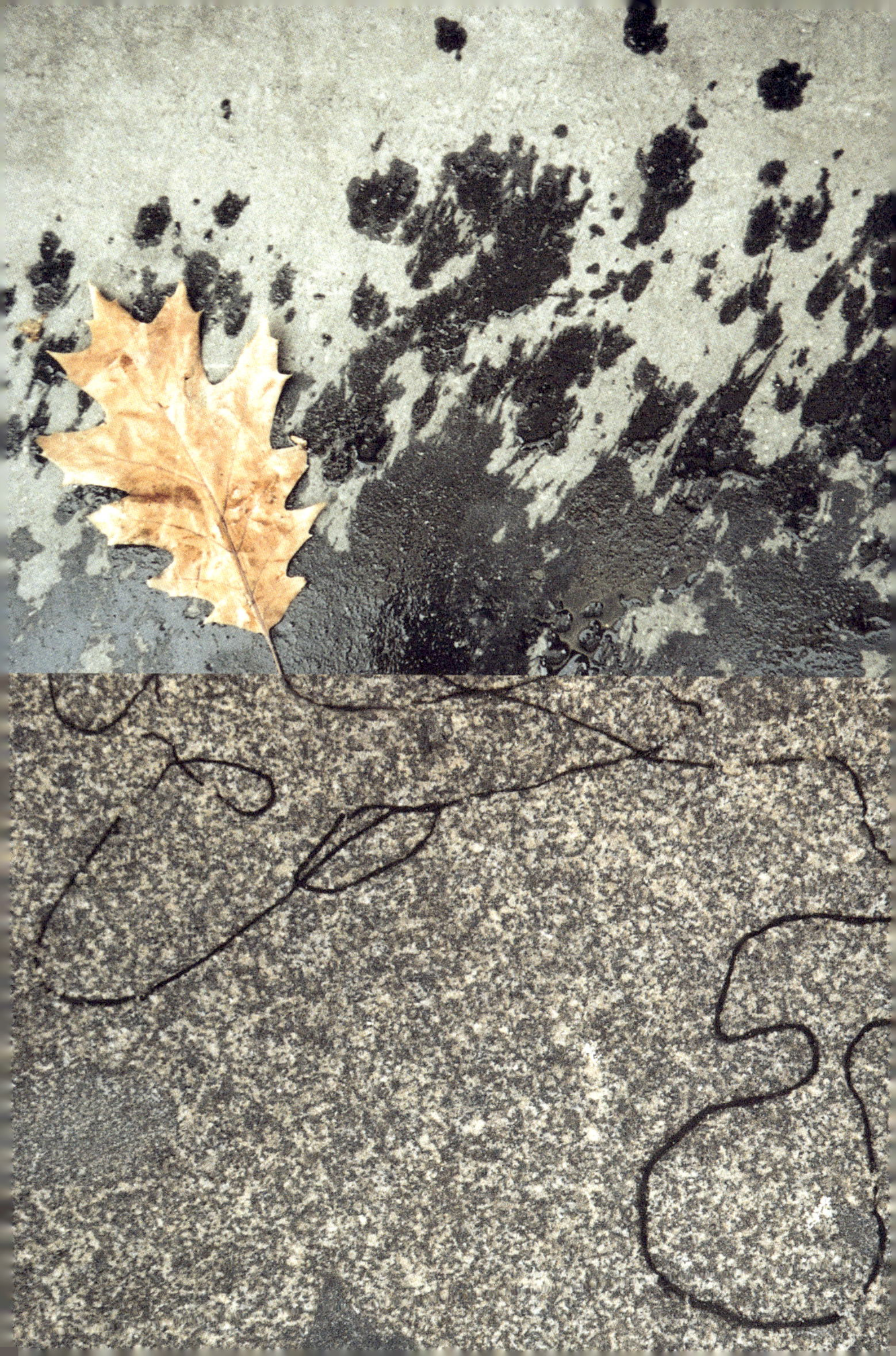

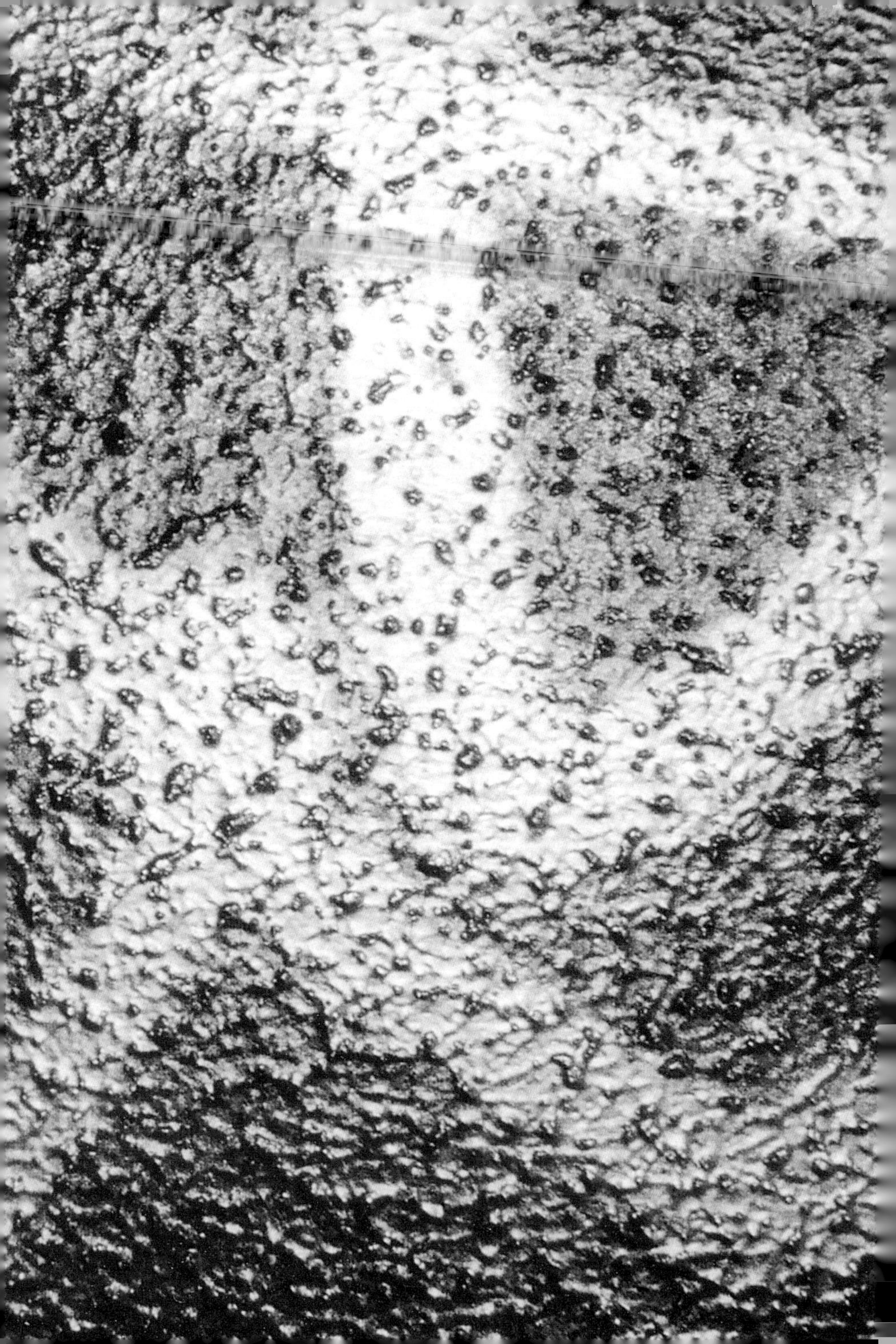

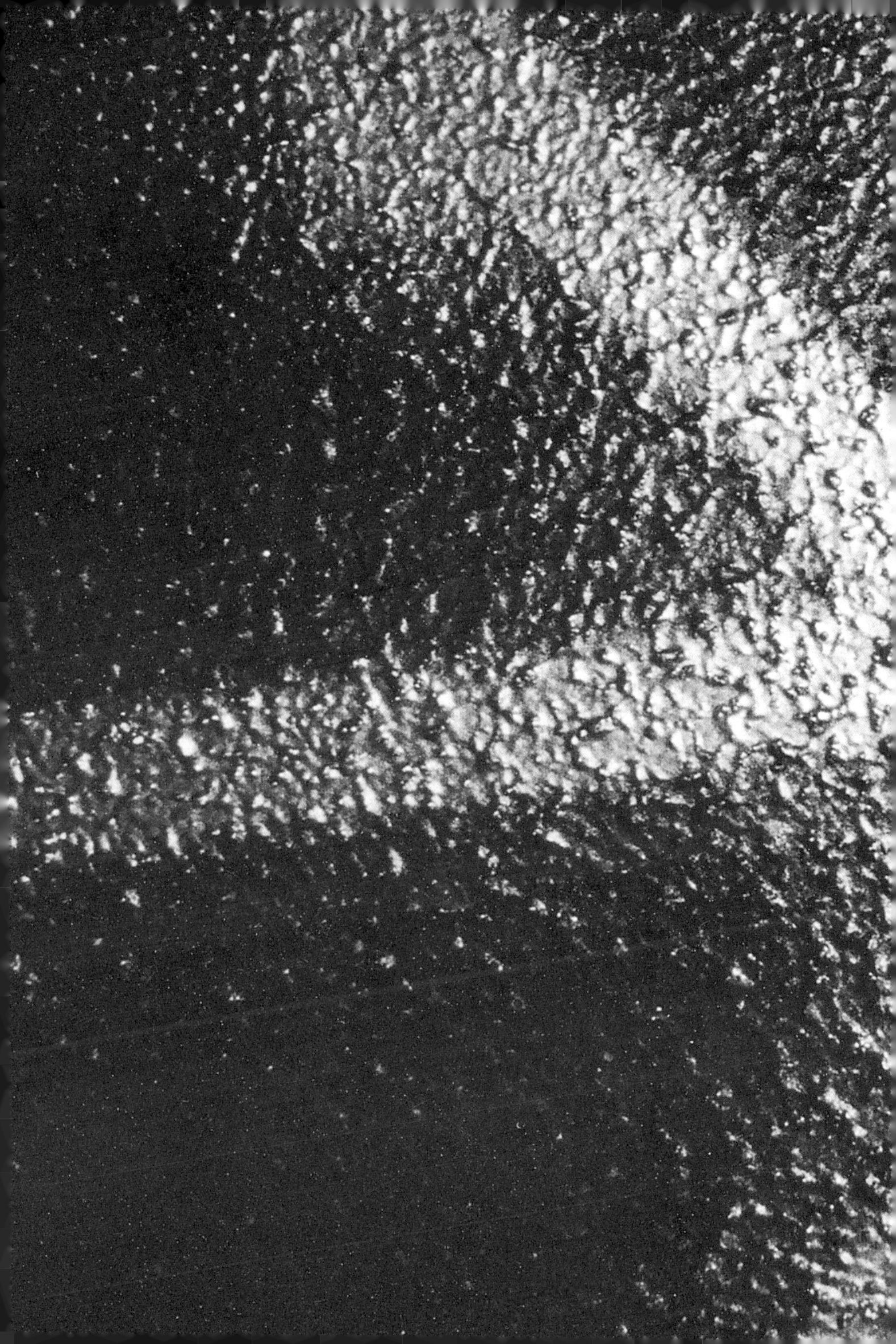

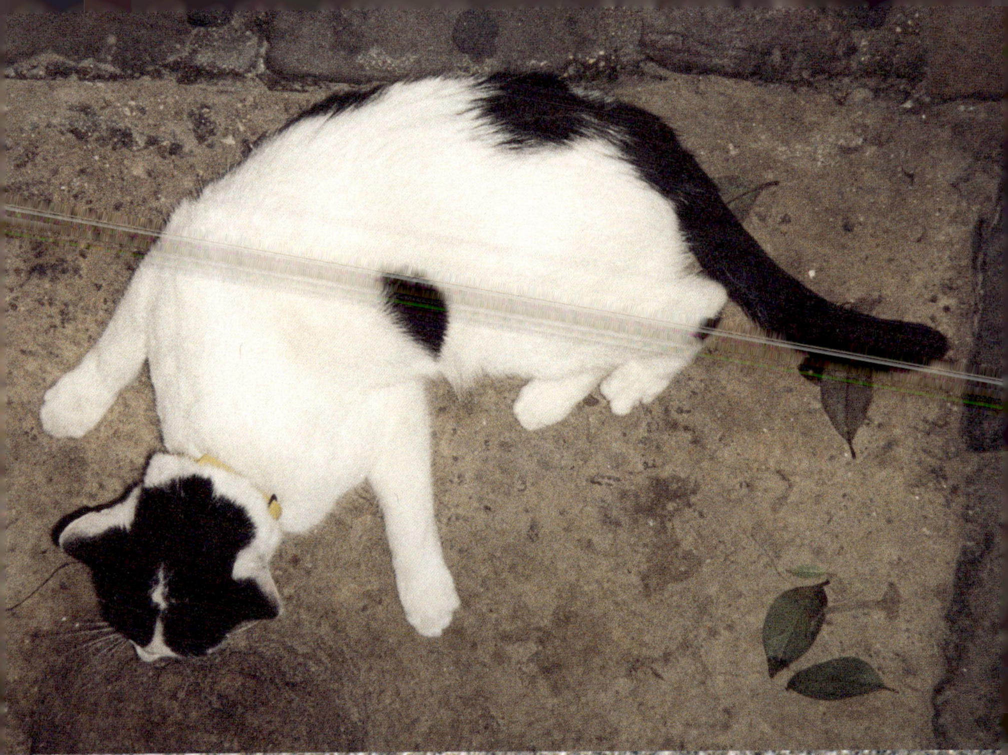

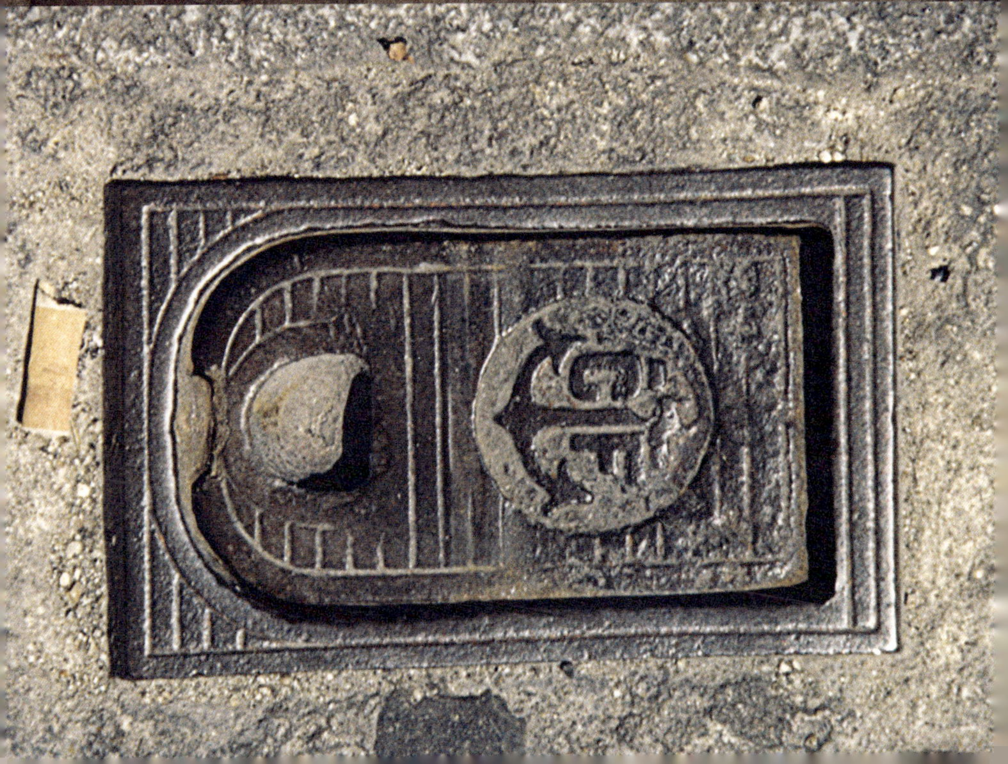

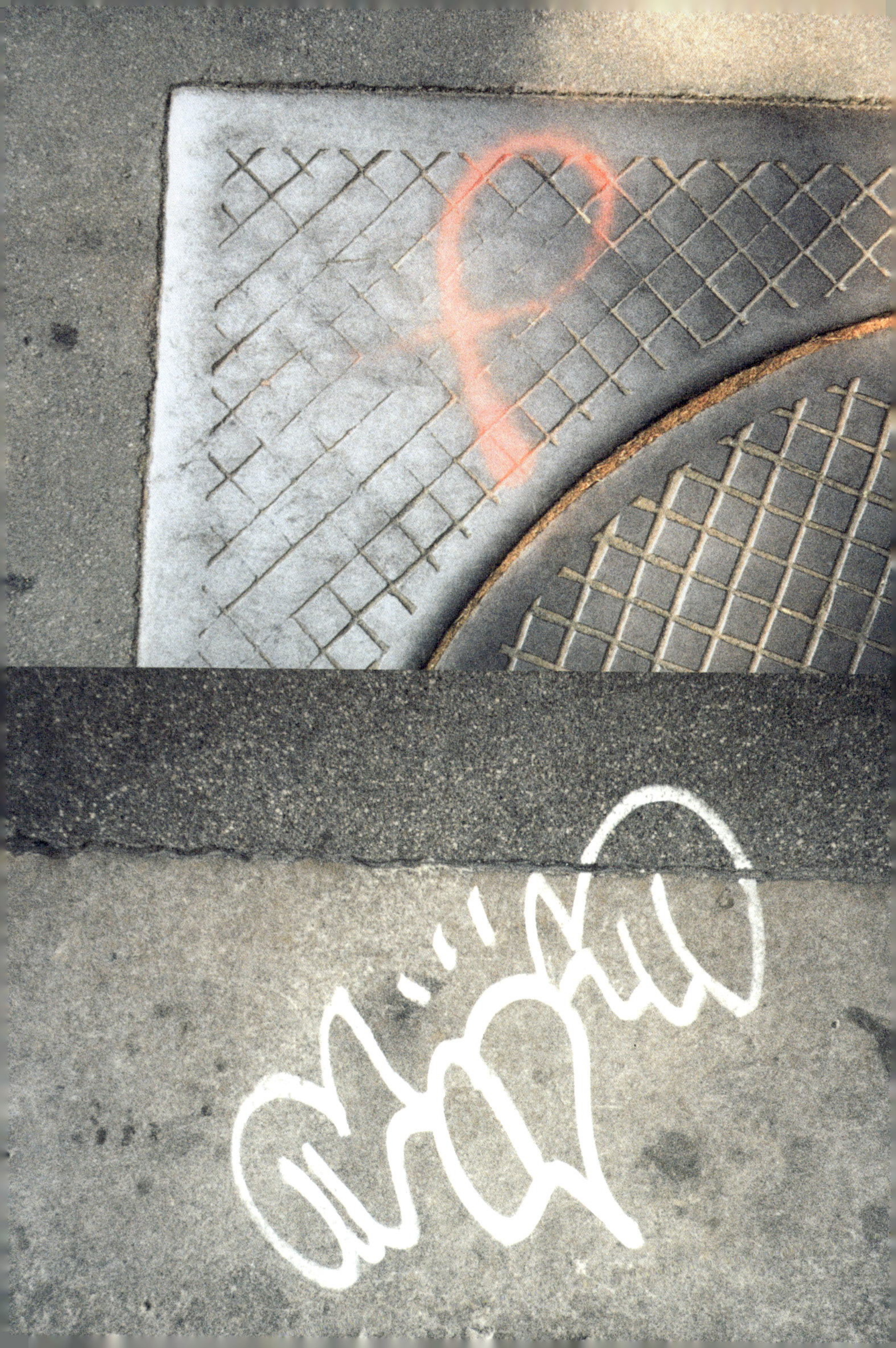

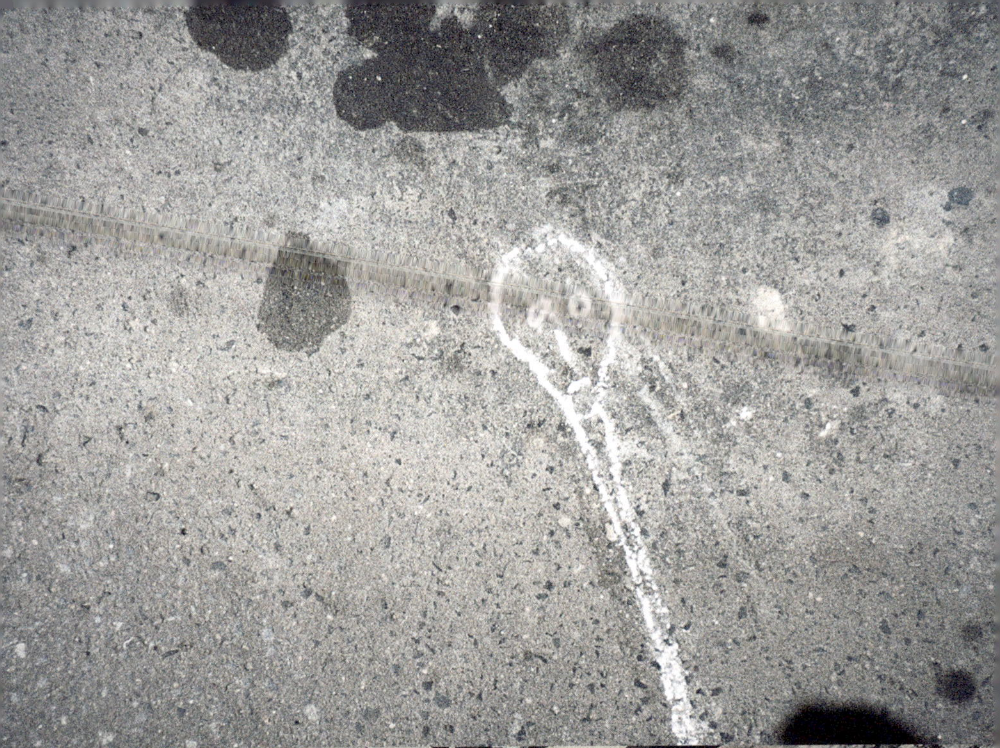
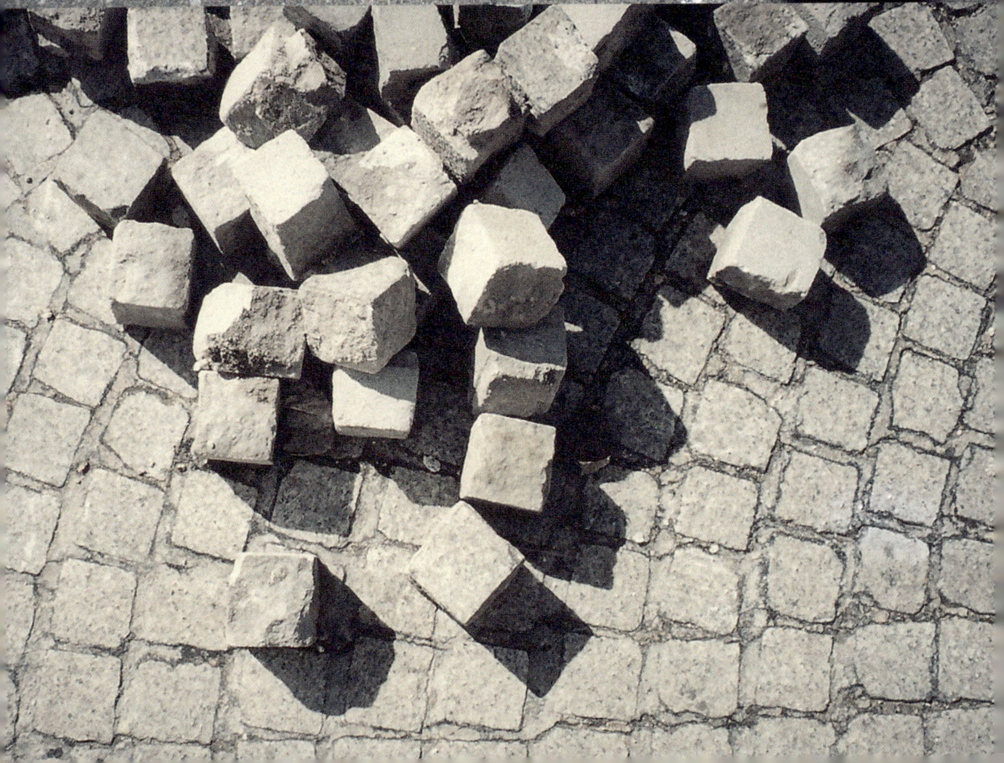

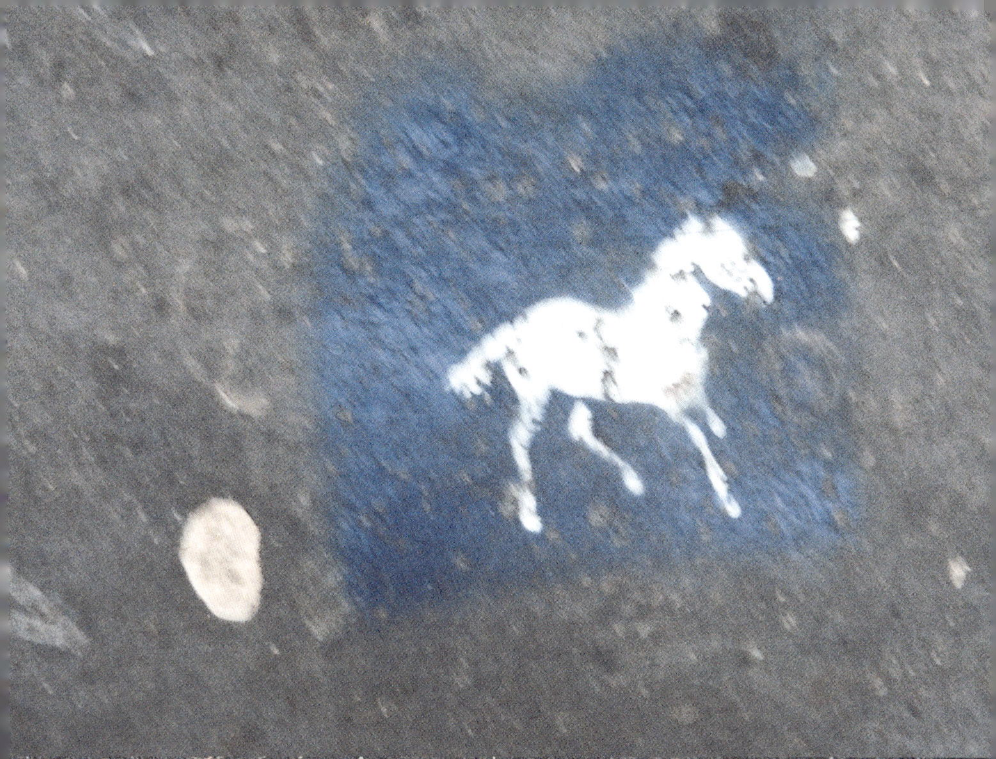

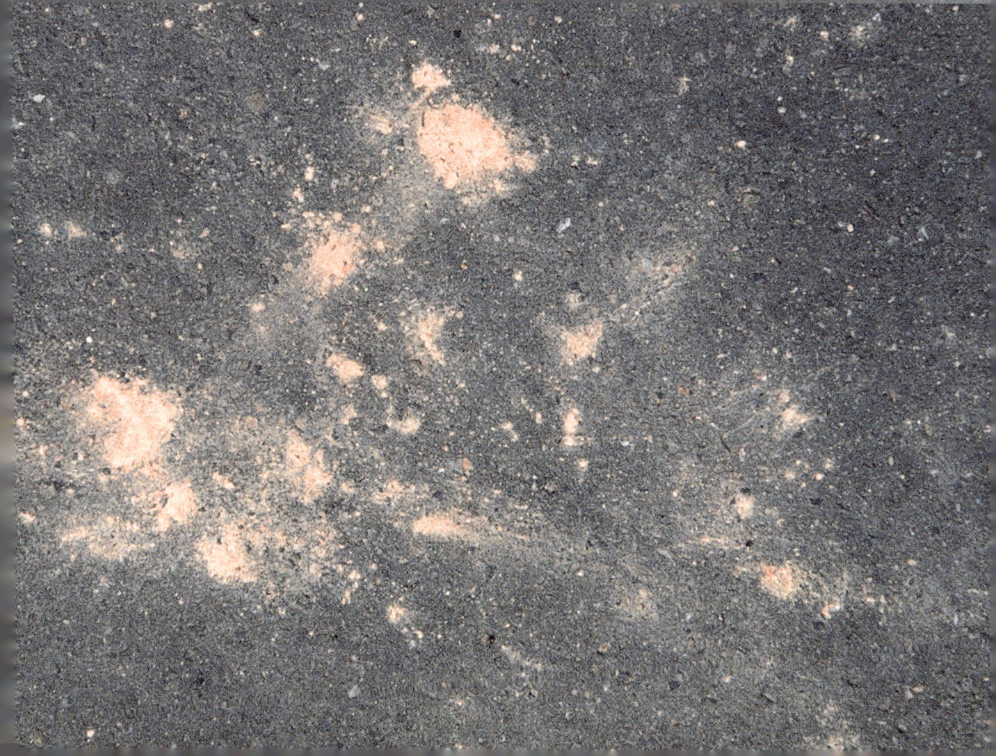

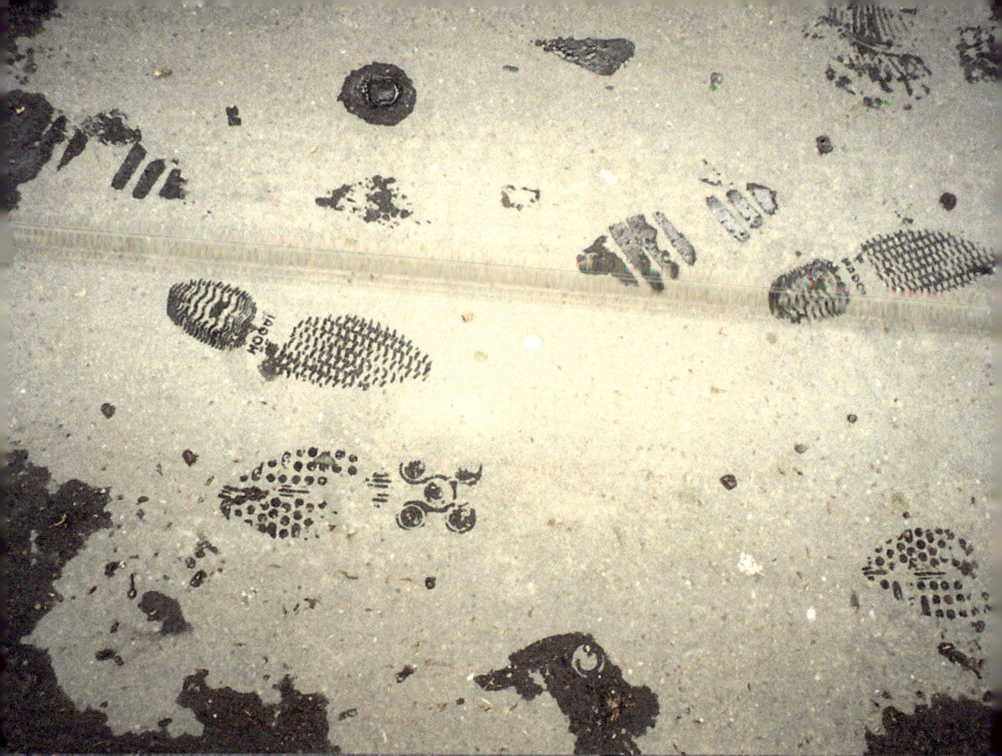

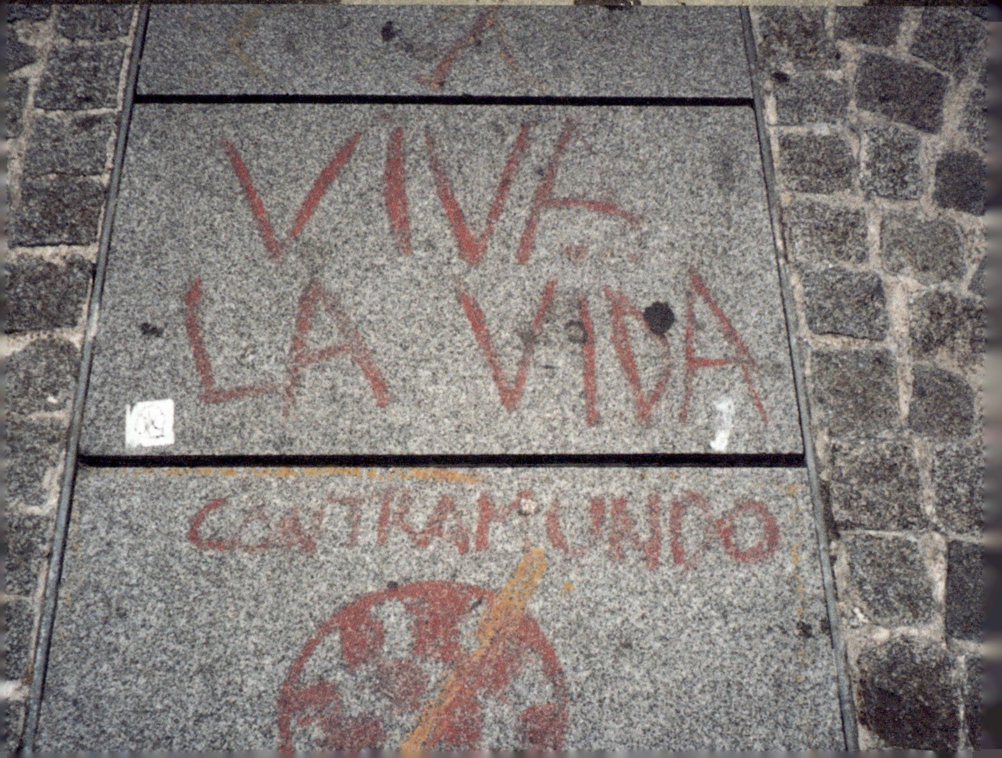
VIVA
LA VIDA
CONTRAMUNDO

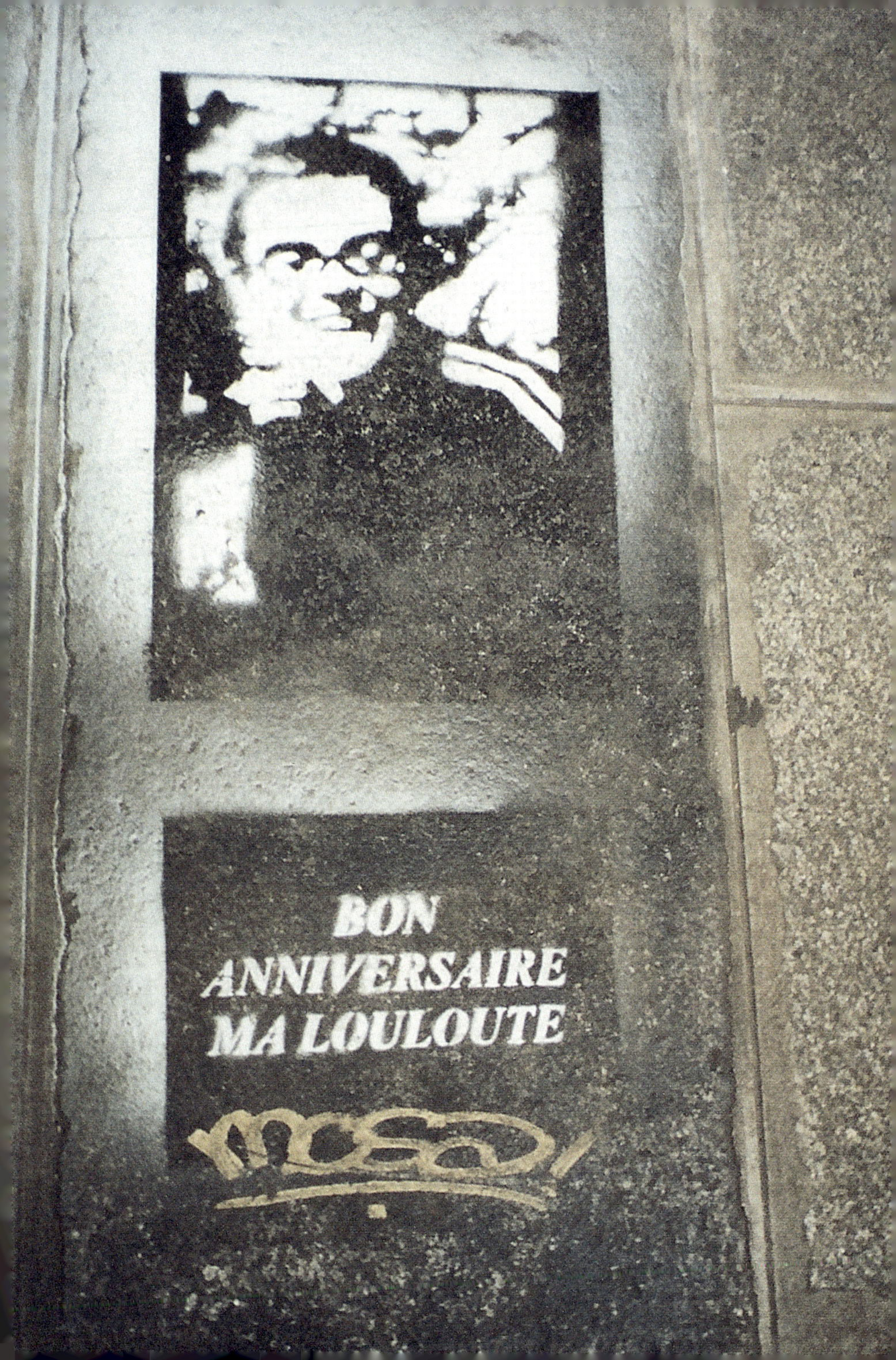
BON
ANNIVERSAIRE
MA LOULOUTE

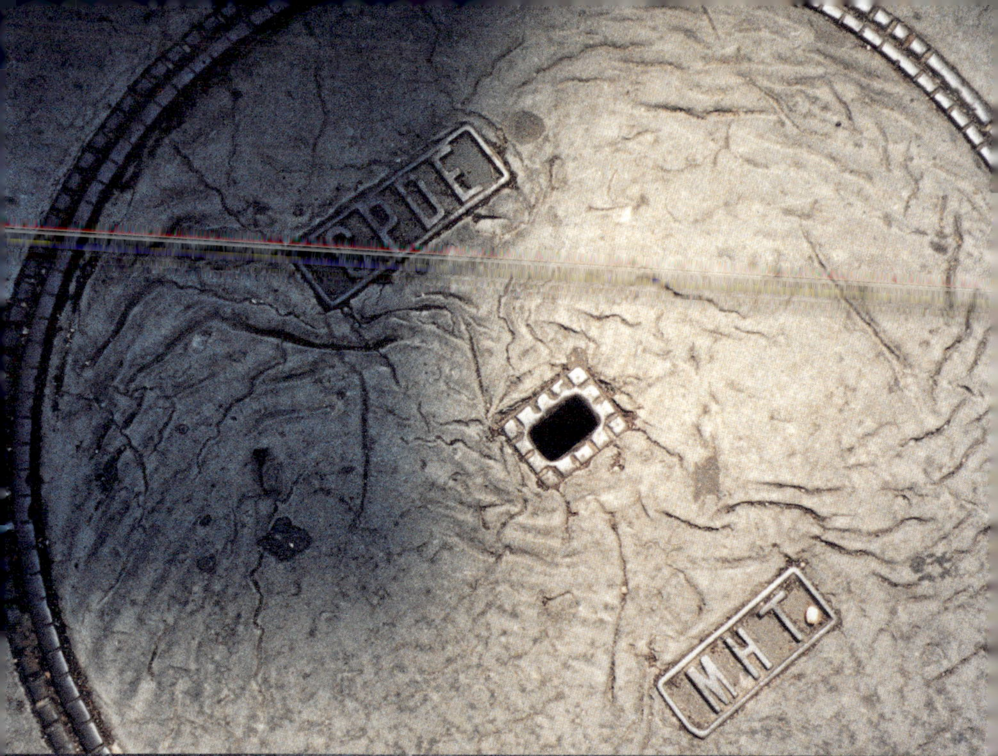
CPDE
MHT.

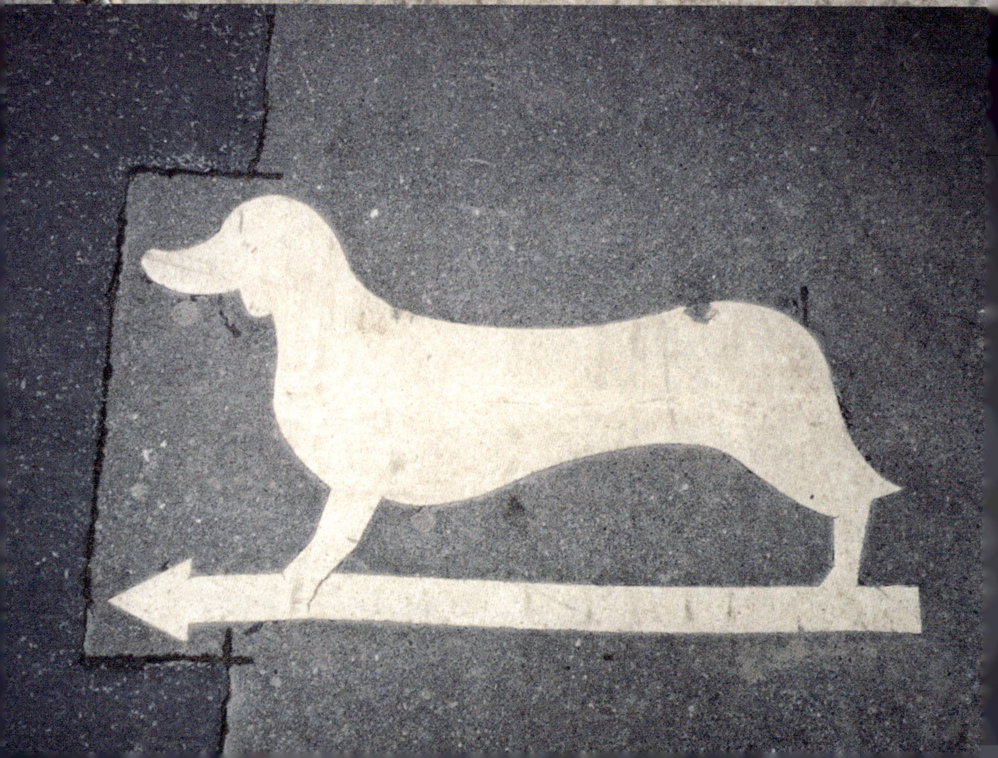

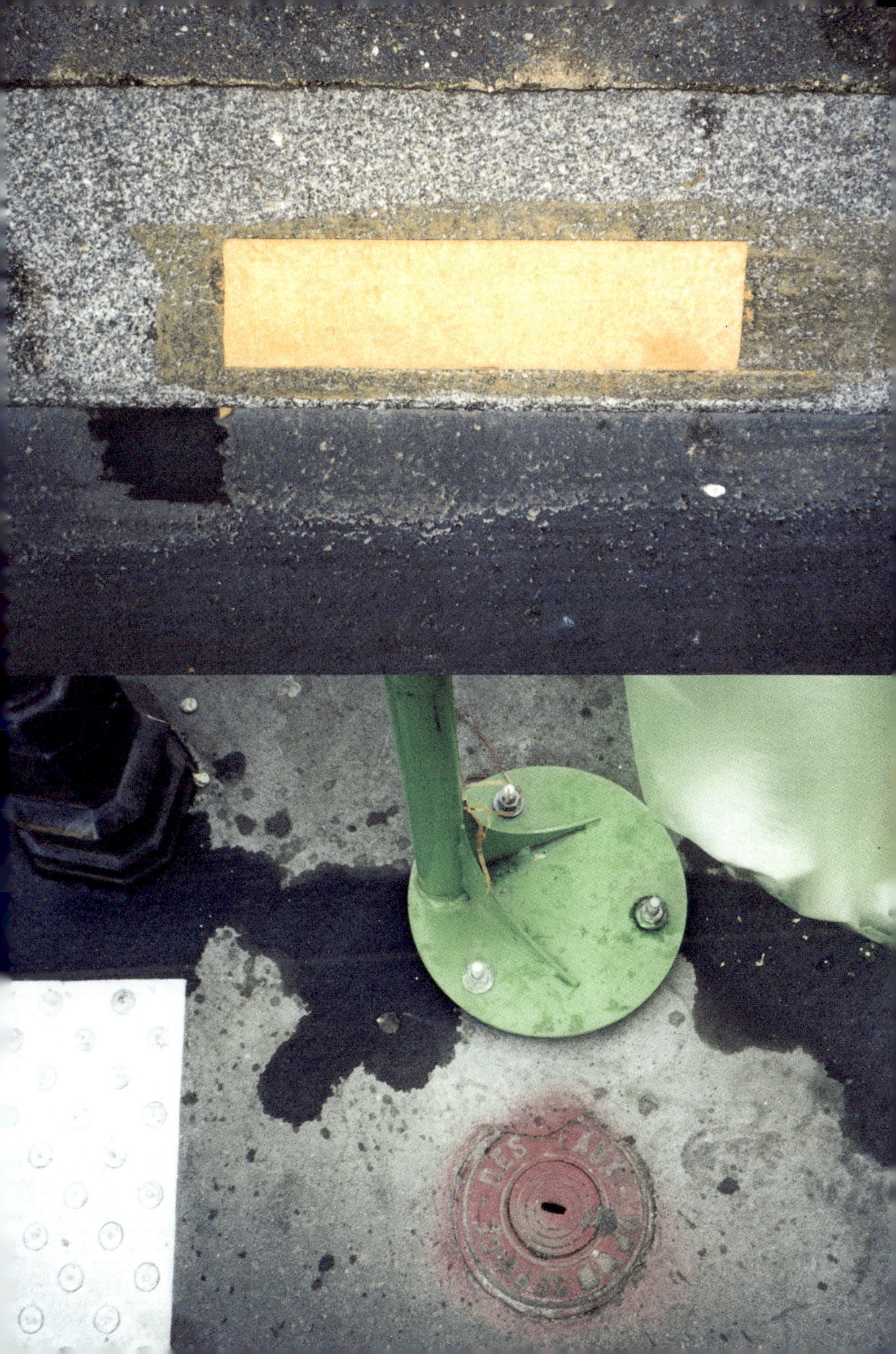
DES EAUX

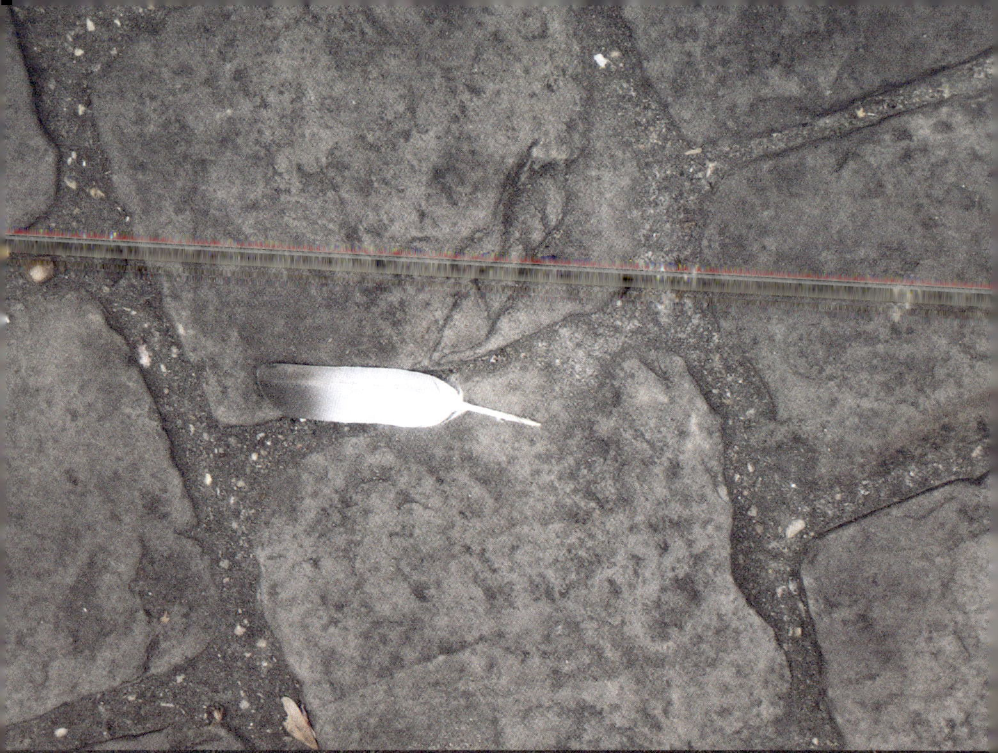

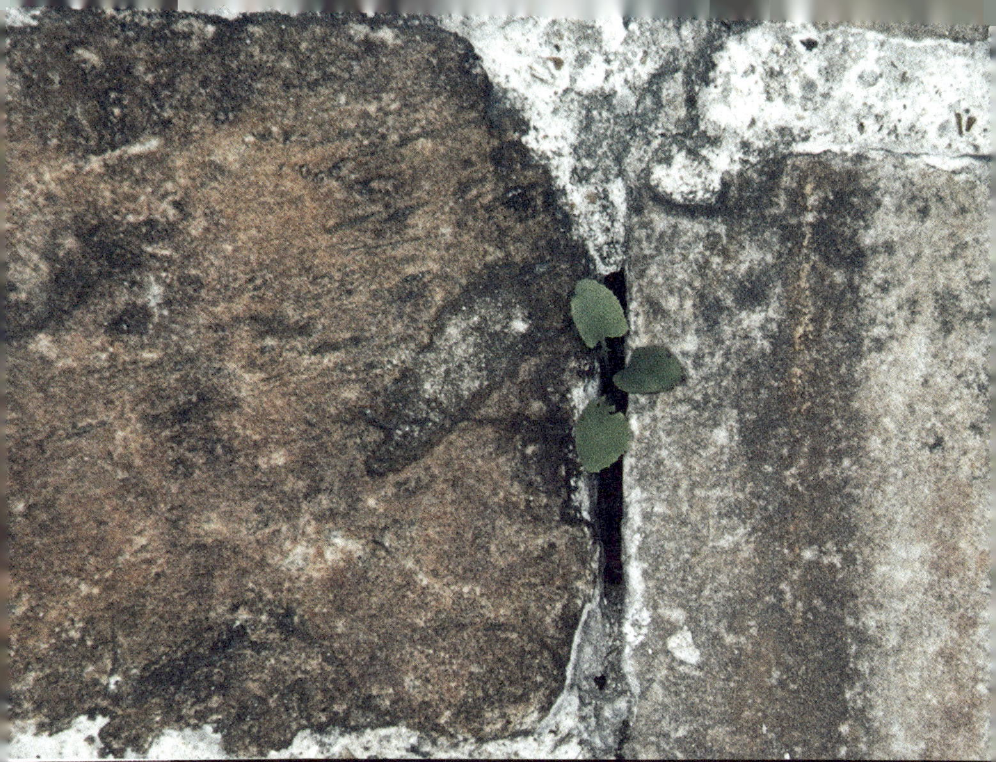

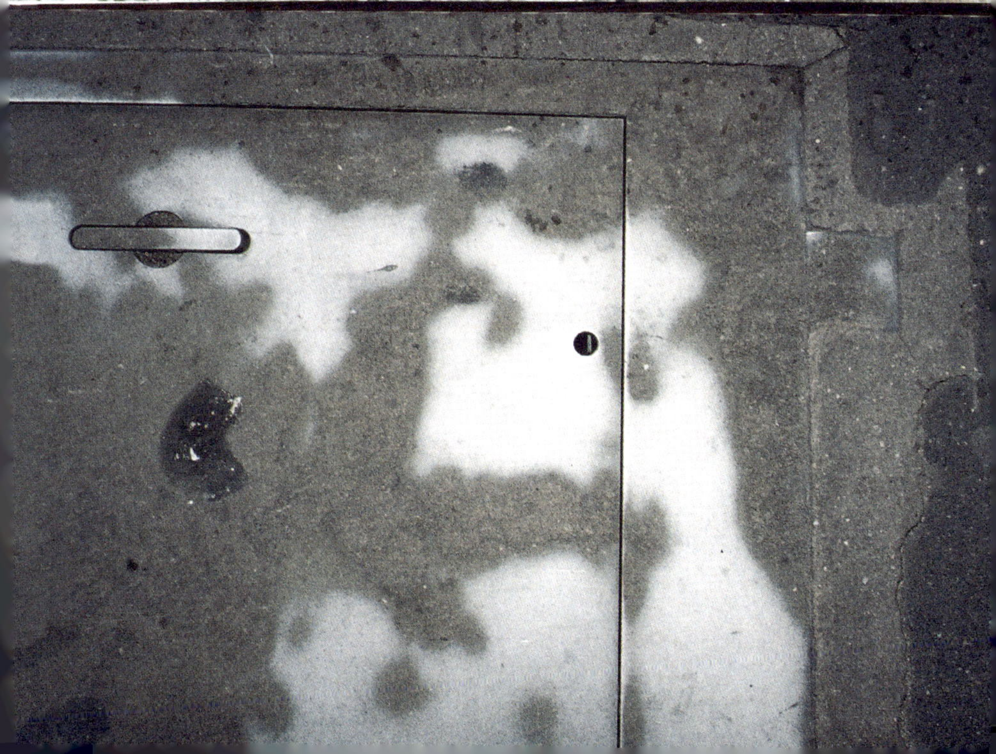

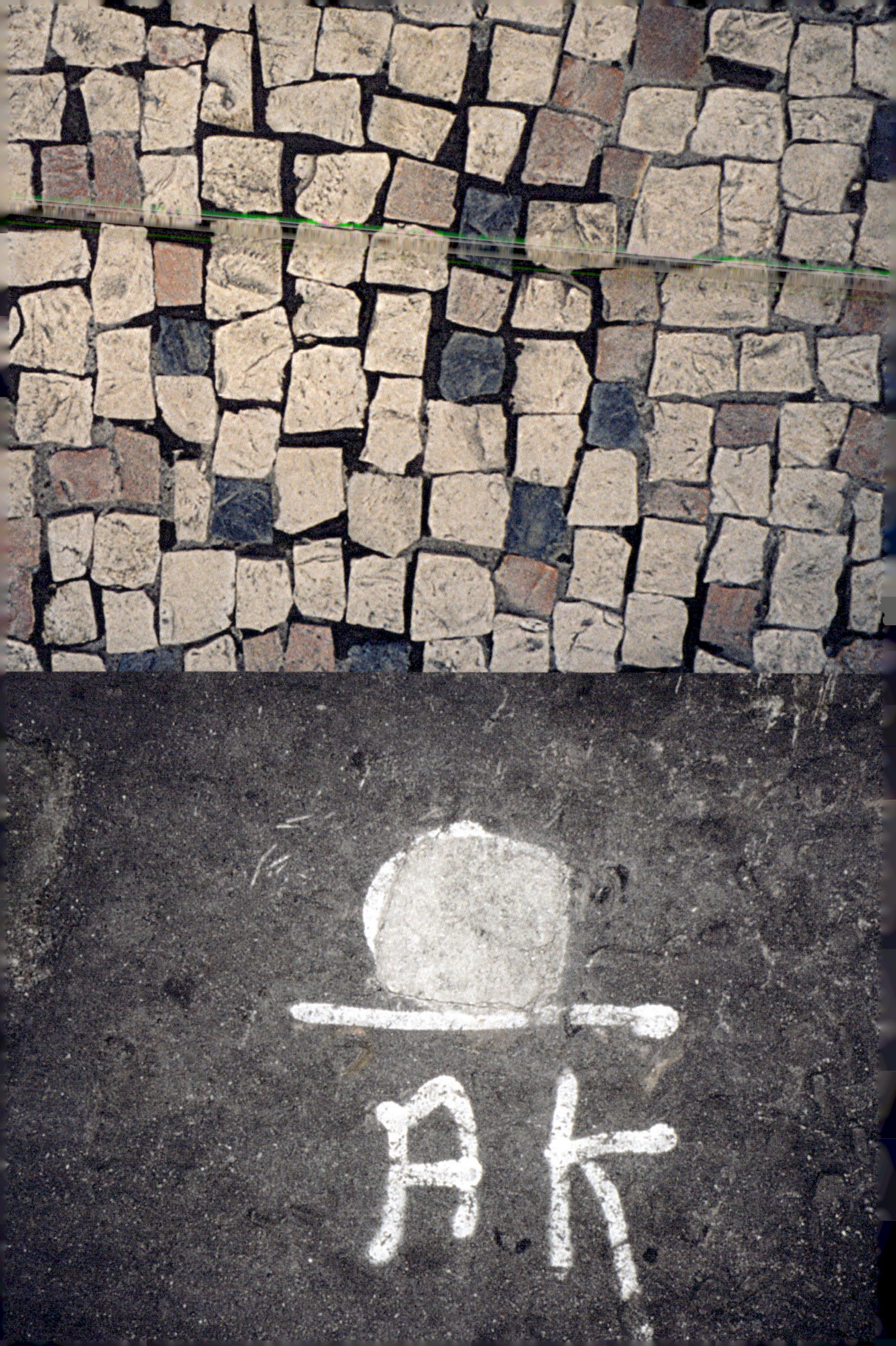
AK

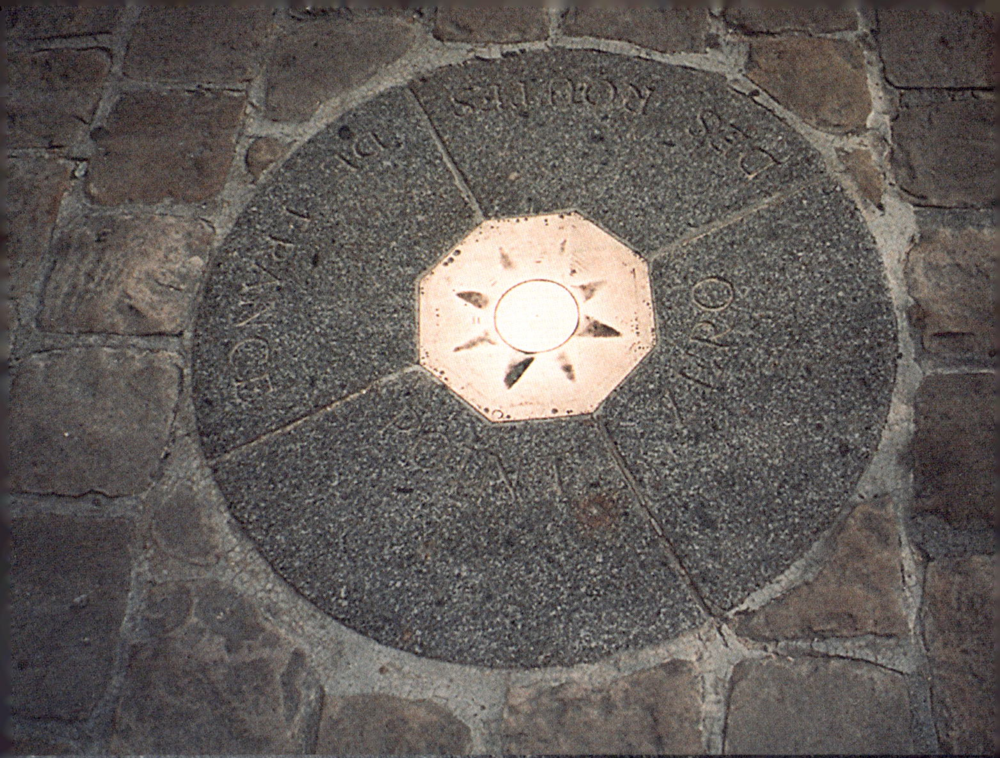
DES · ROUTES

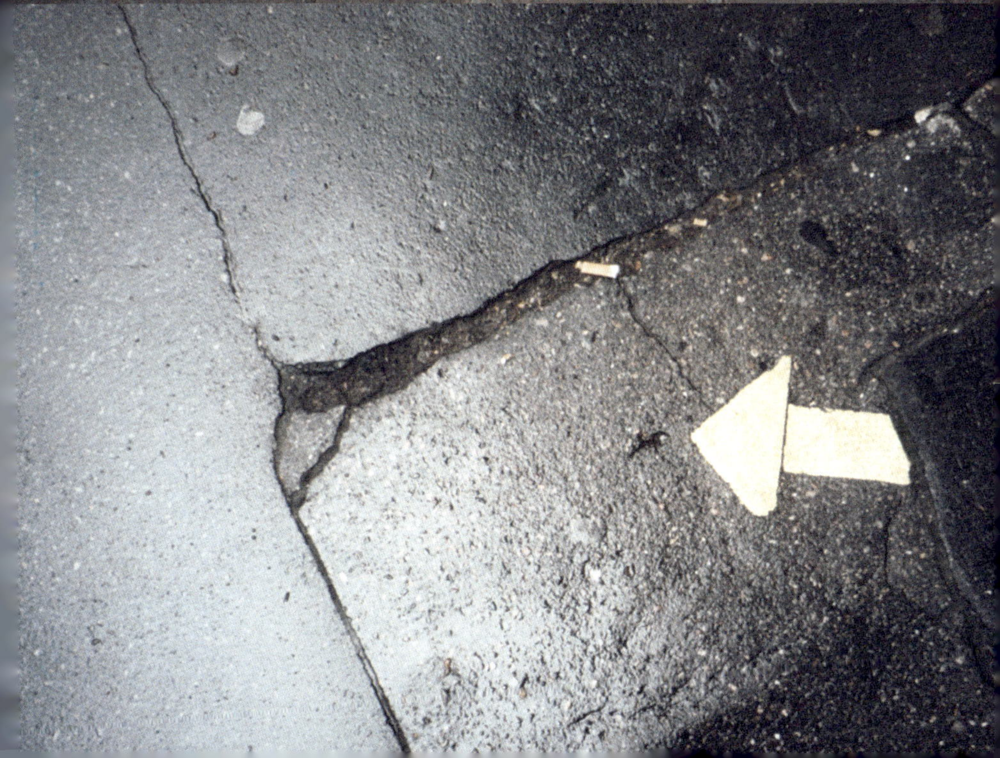

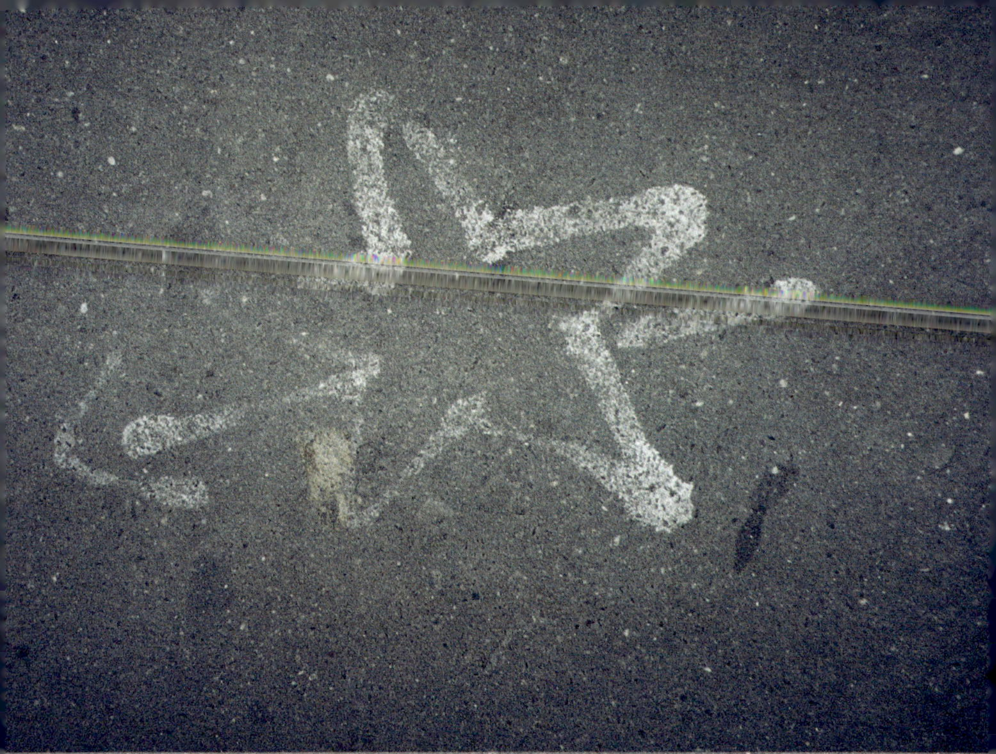

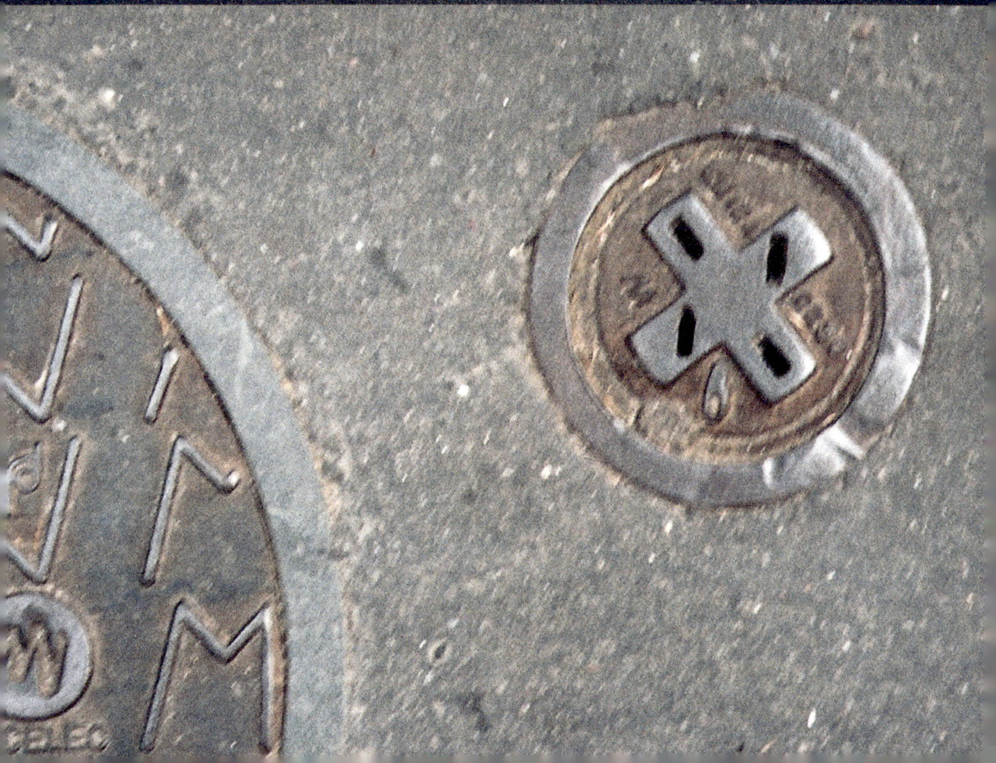

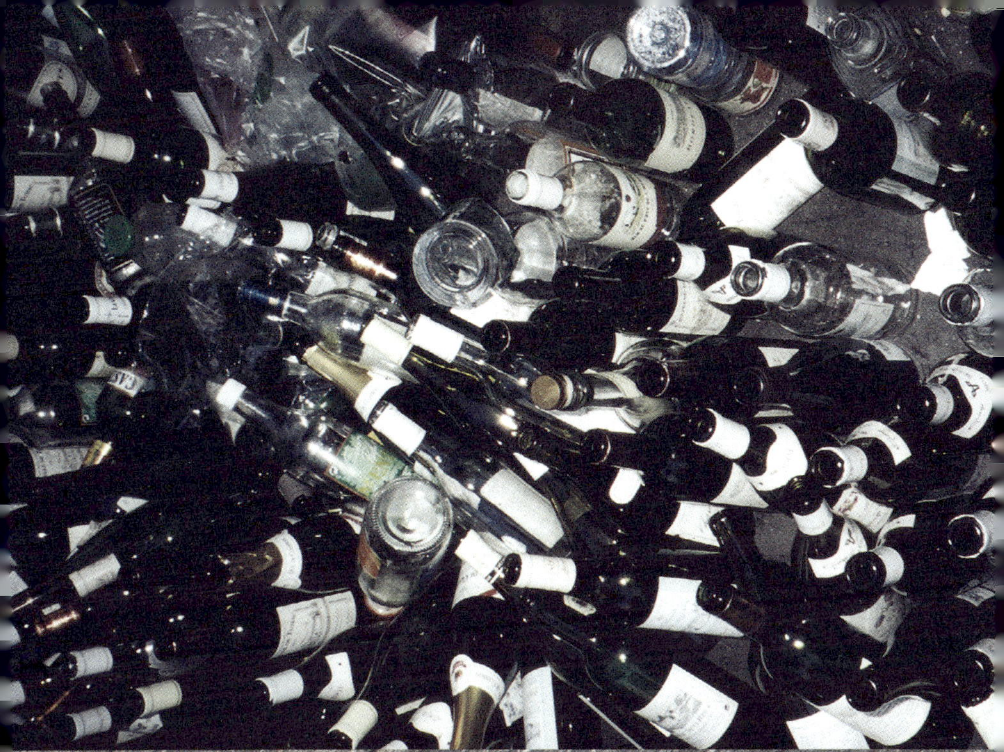

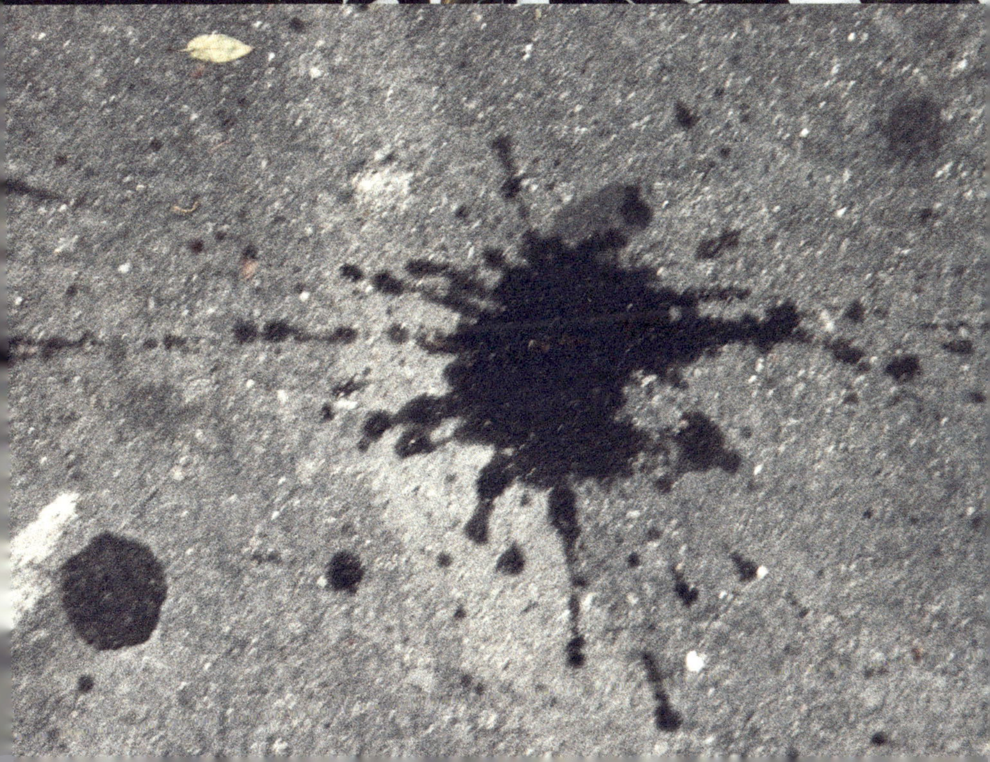

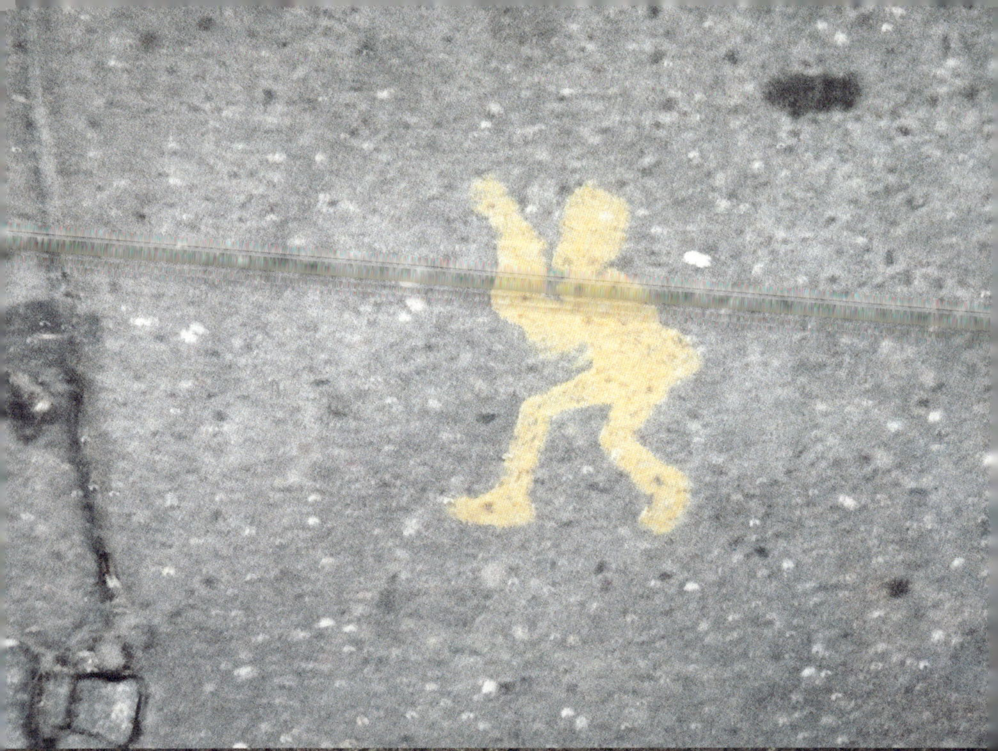

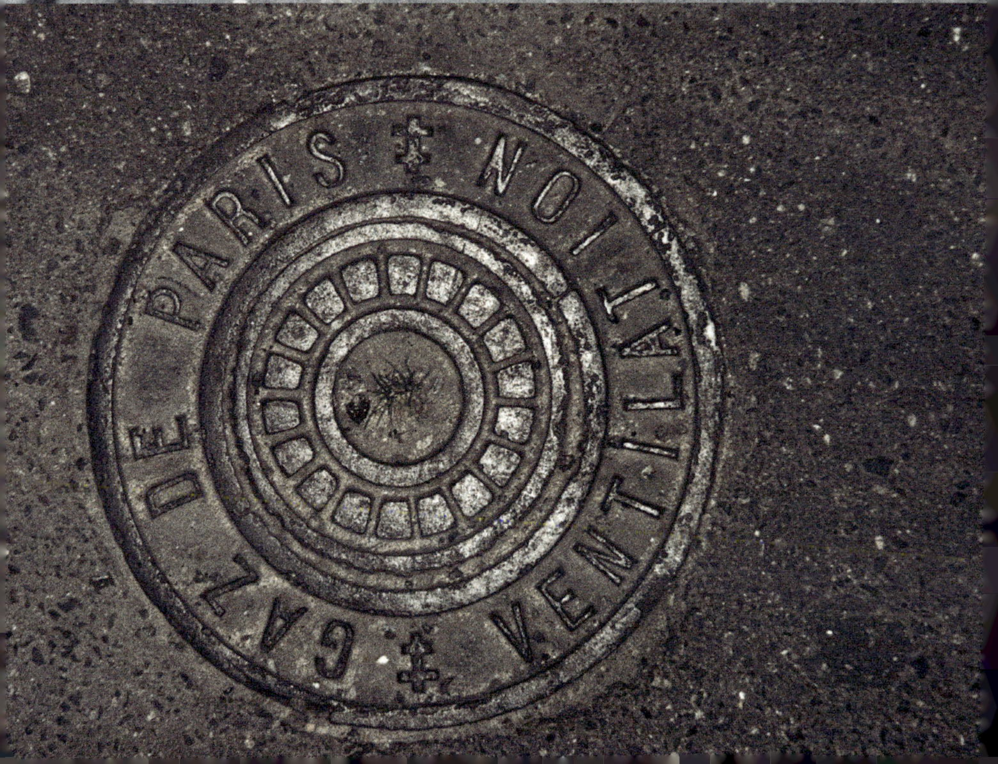
GAZ DE PARIS
VENTILATION

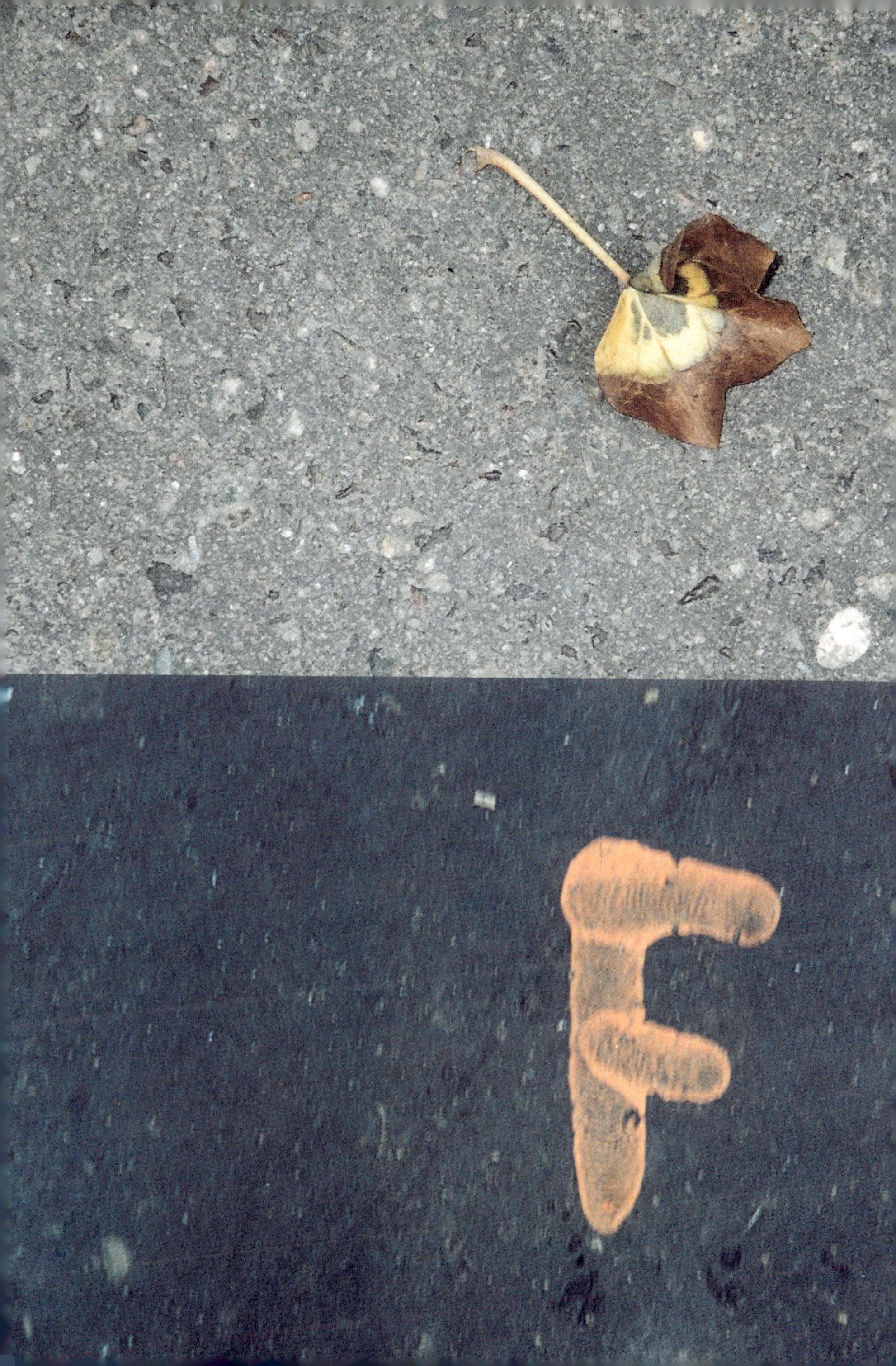
F

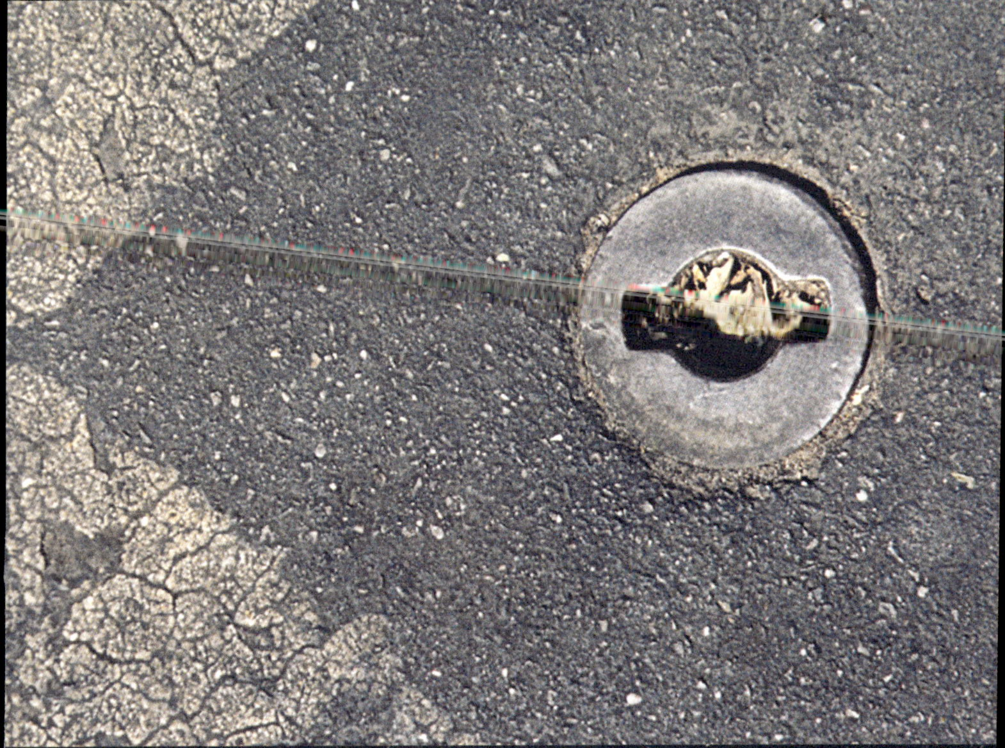

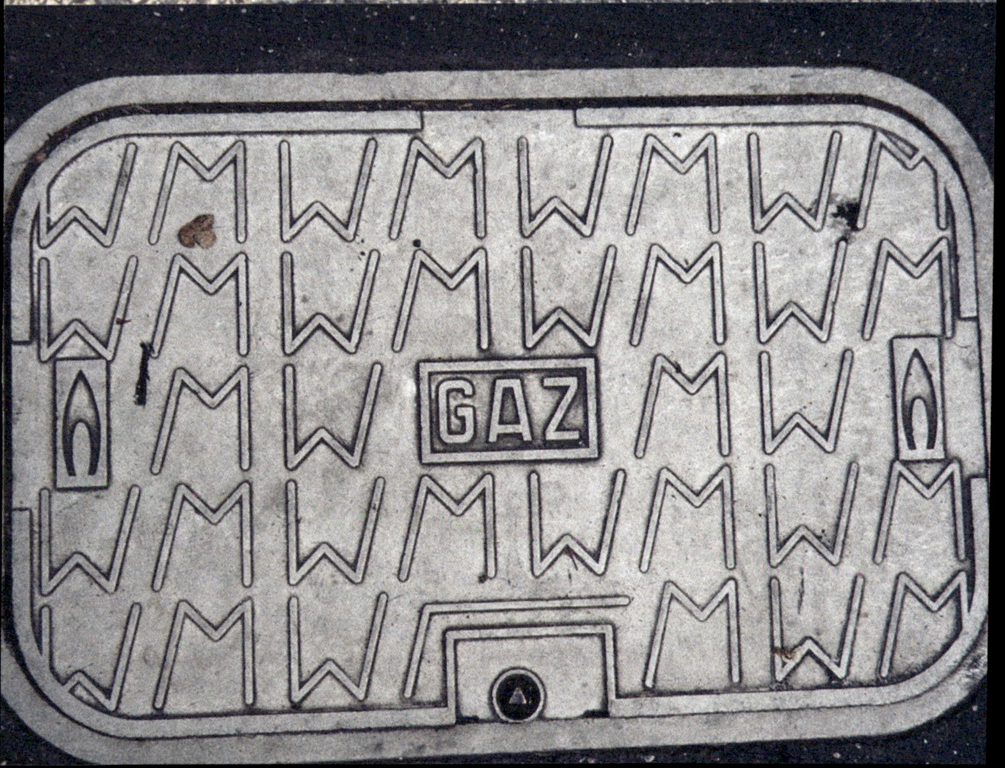
GAZ

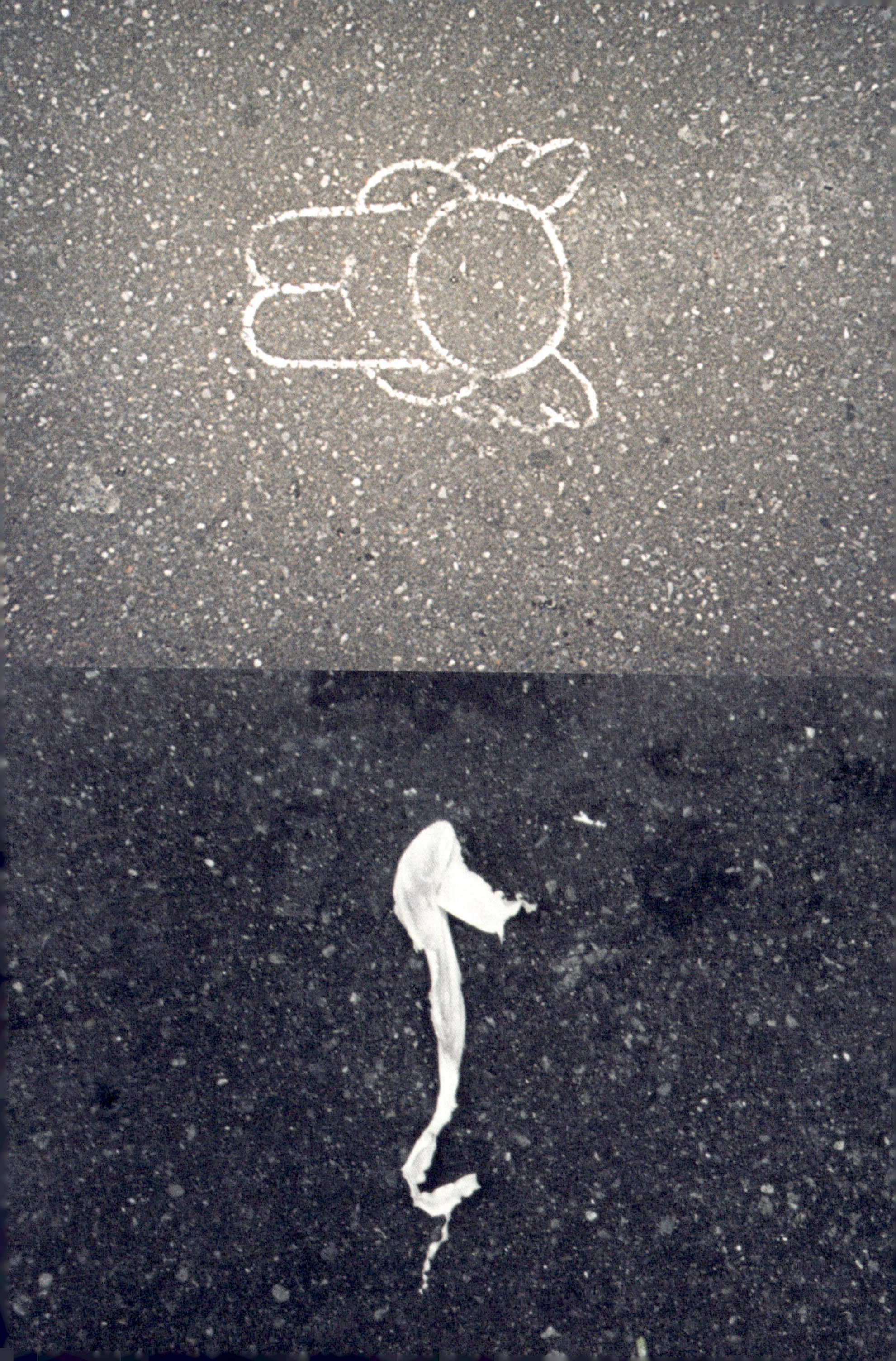

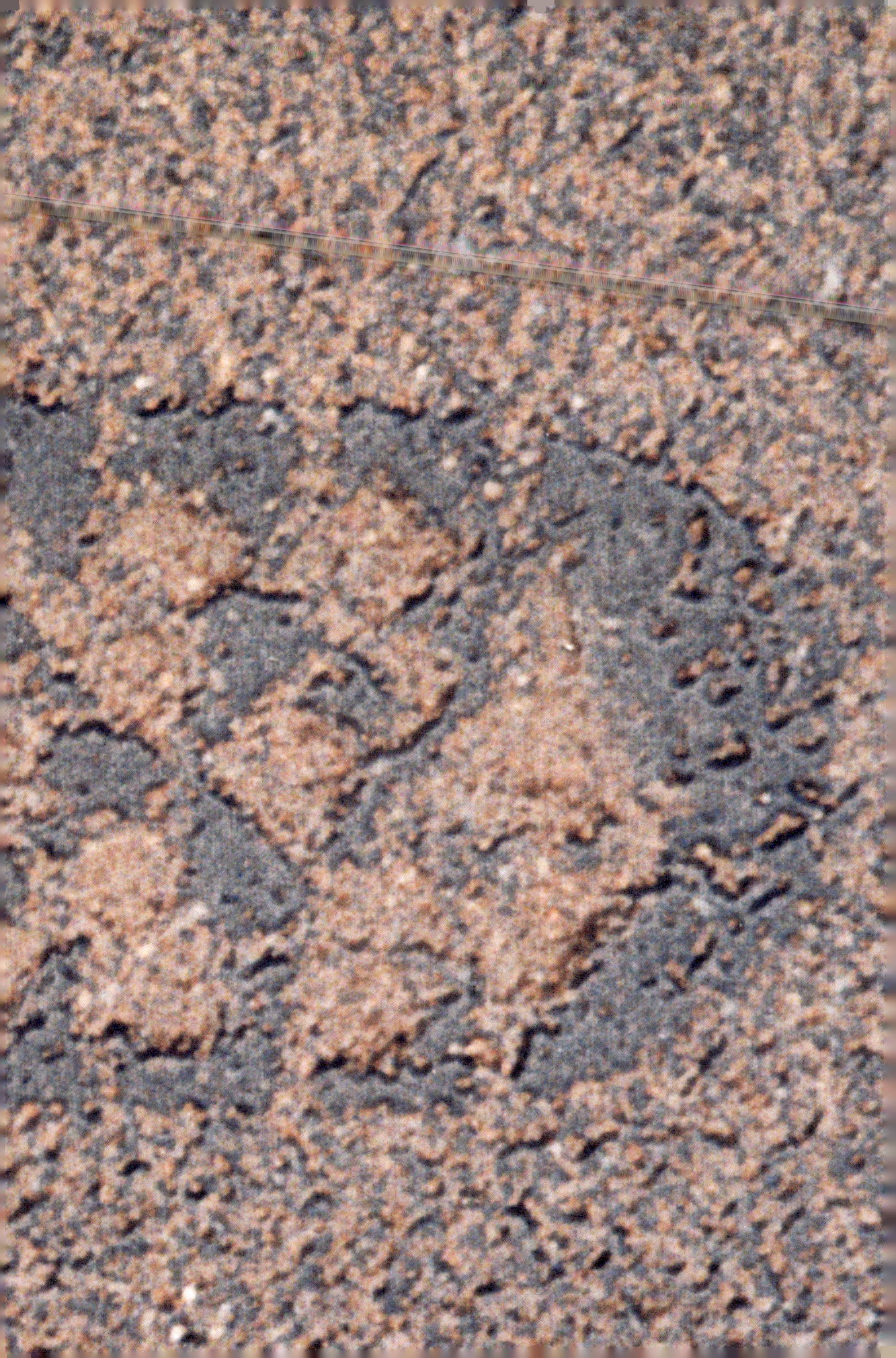

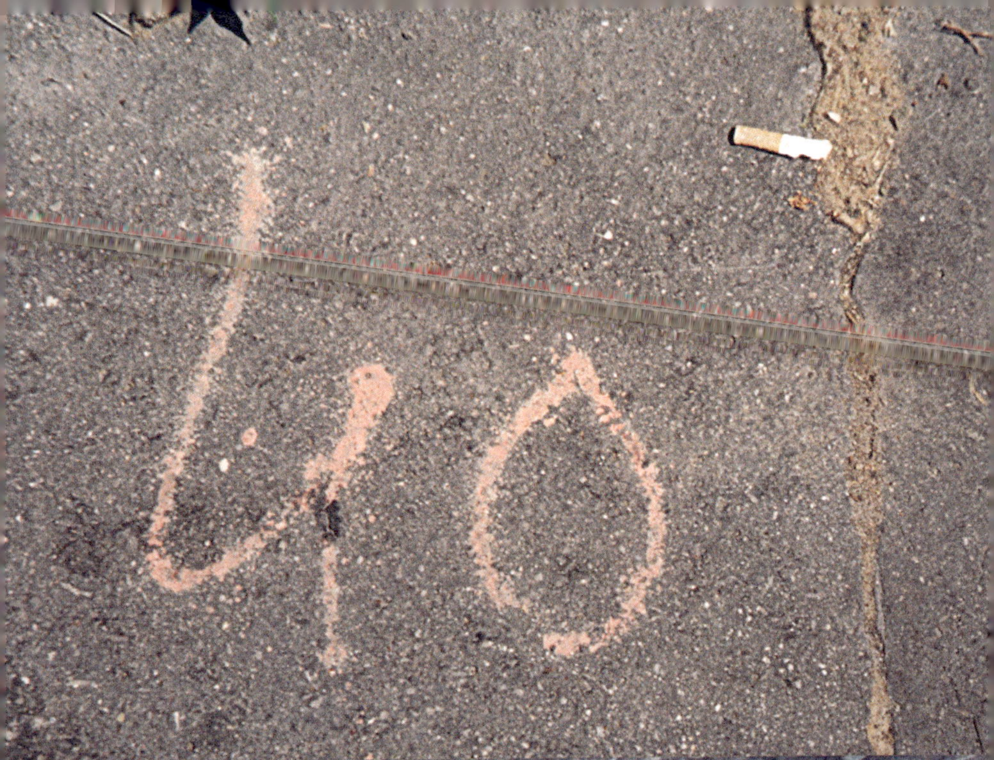

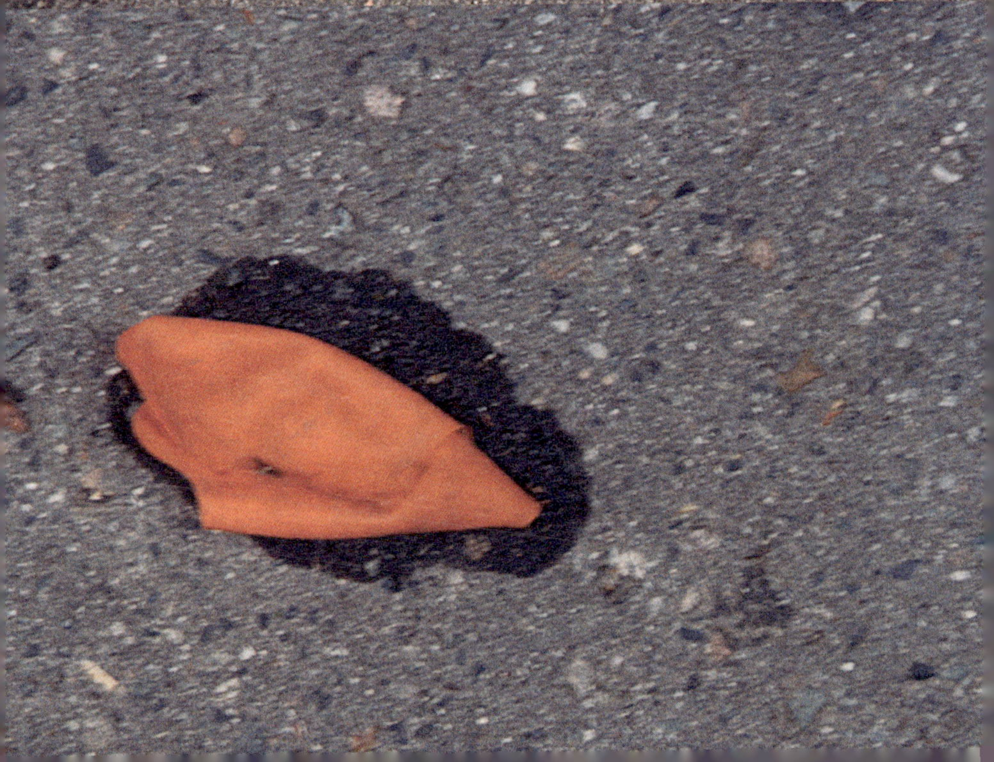

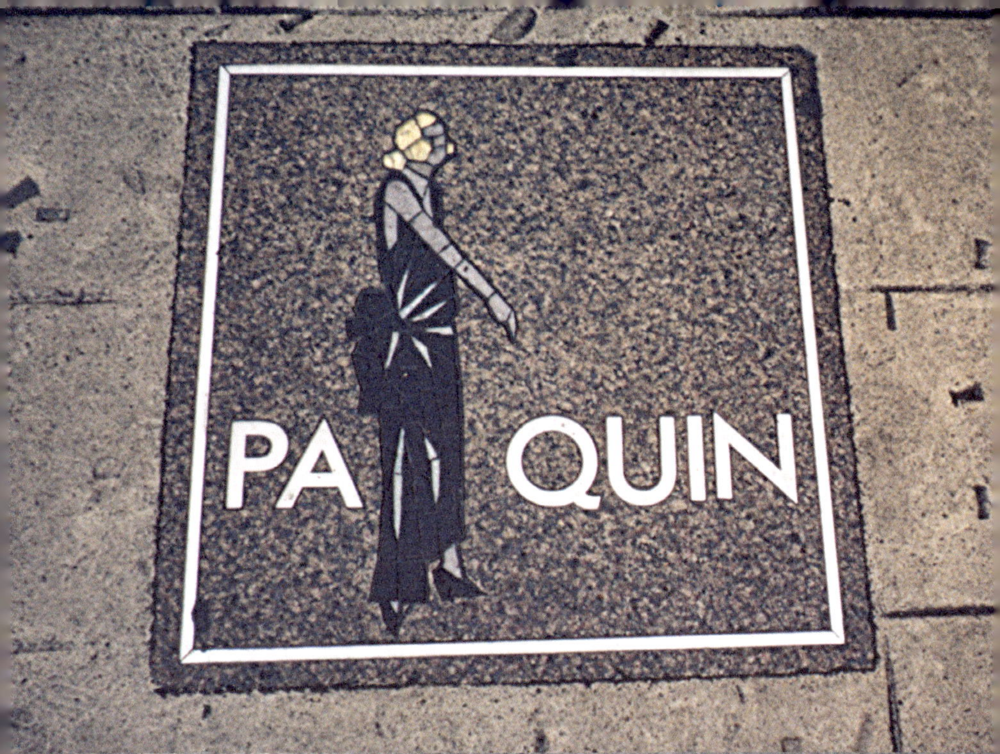
PA QUIN

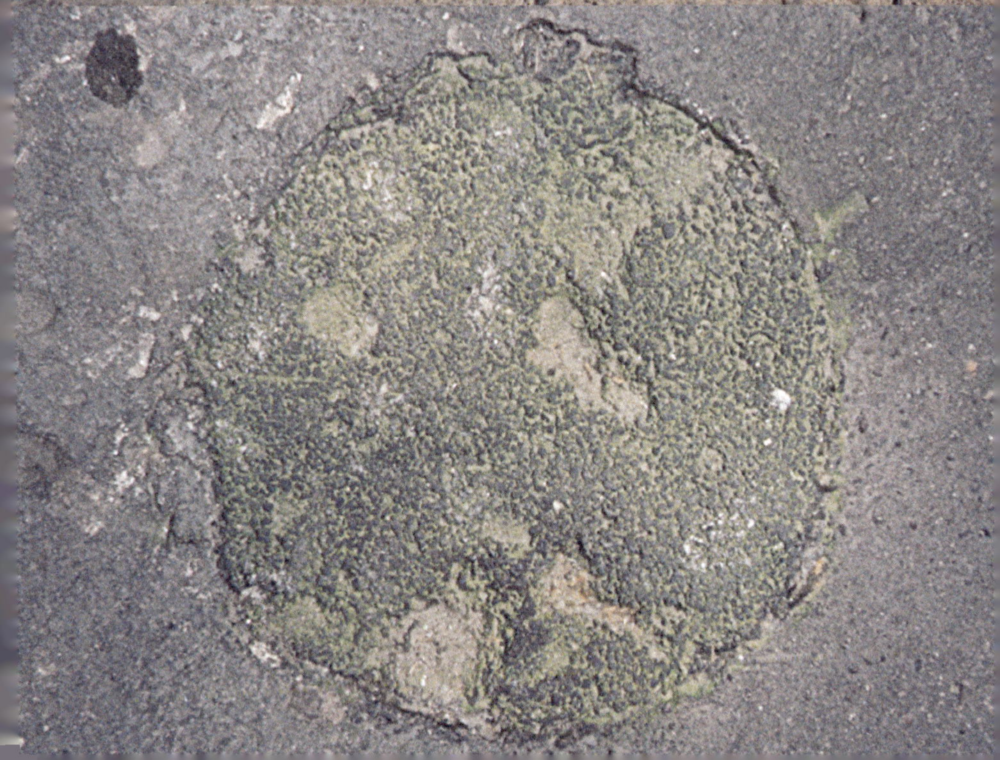

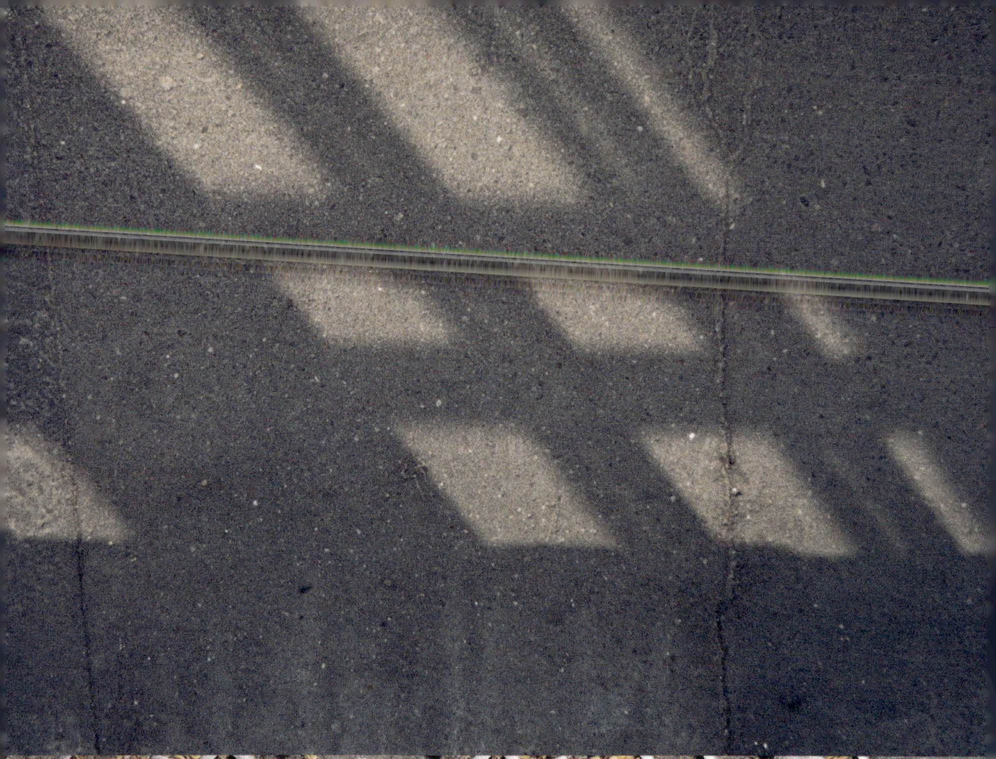

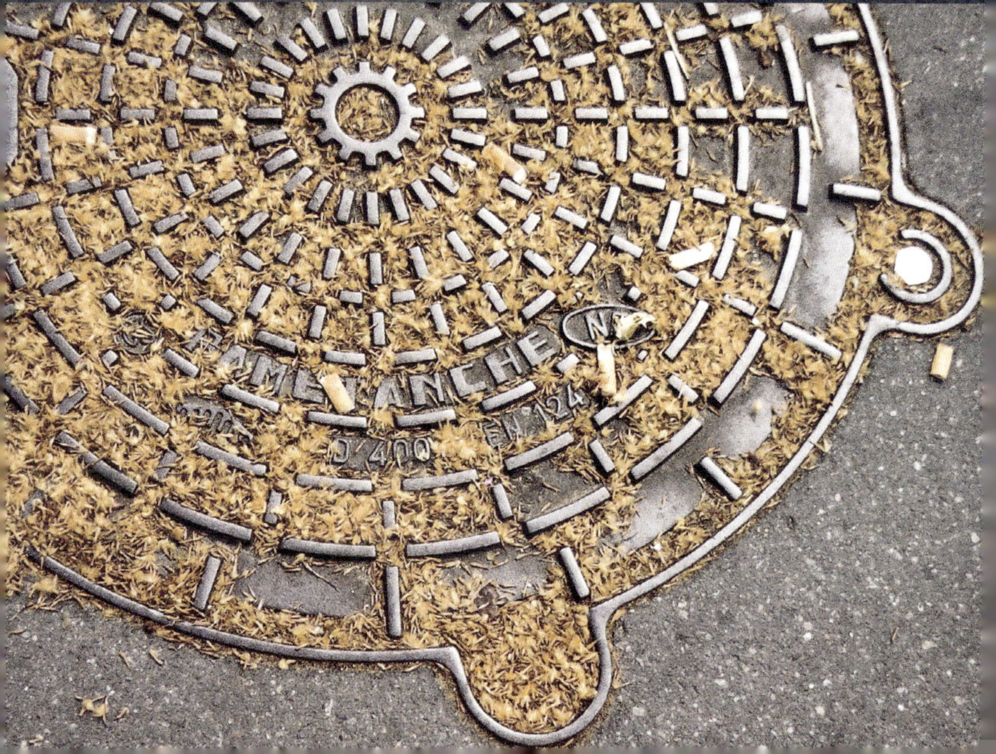
D 400
EN 124

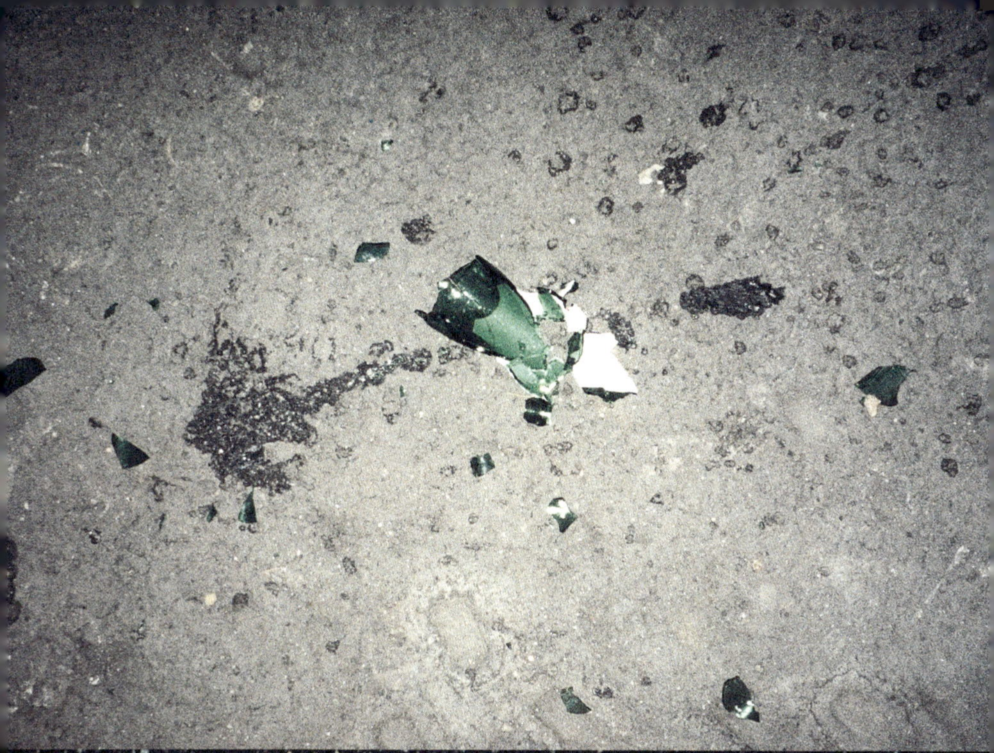

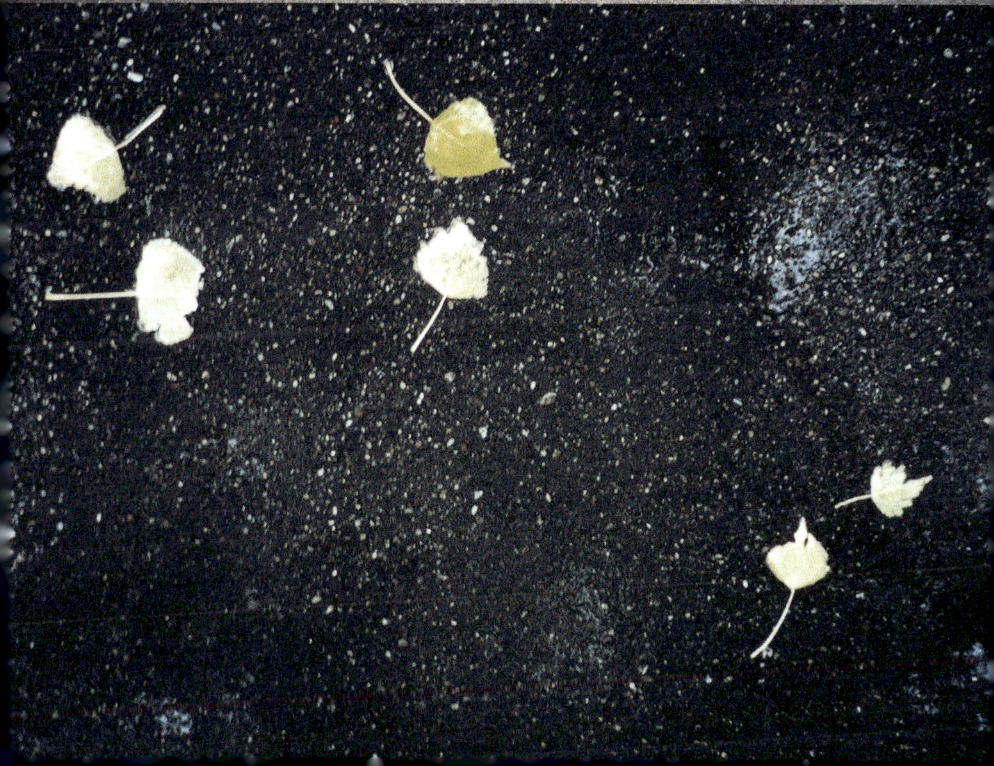

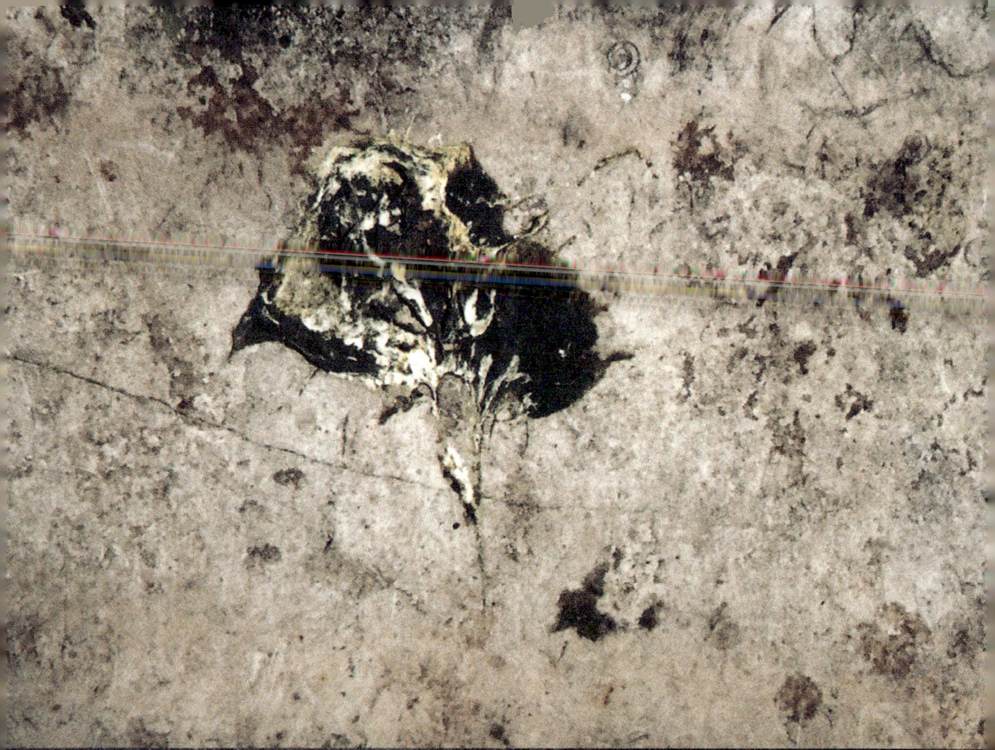

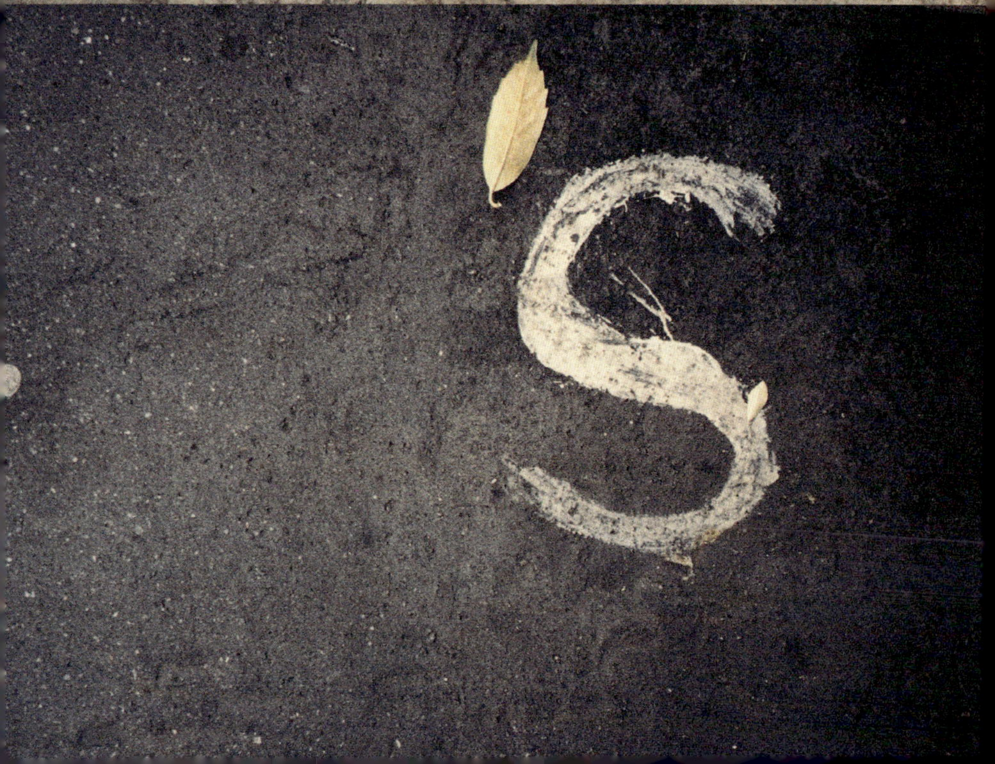
S

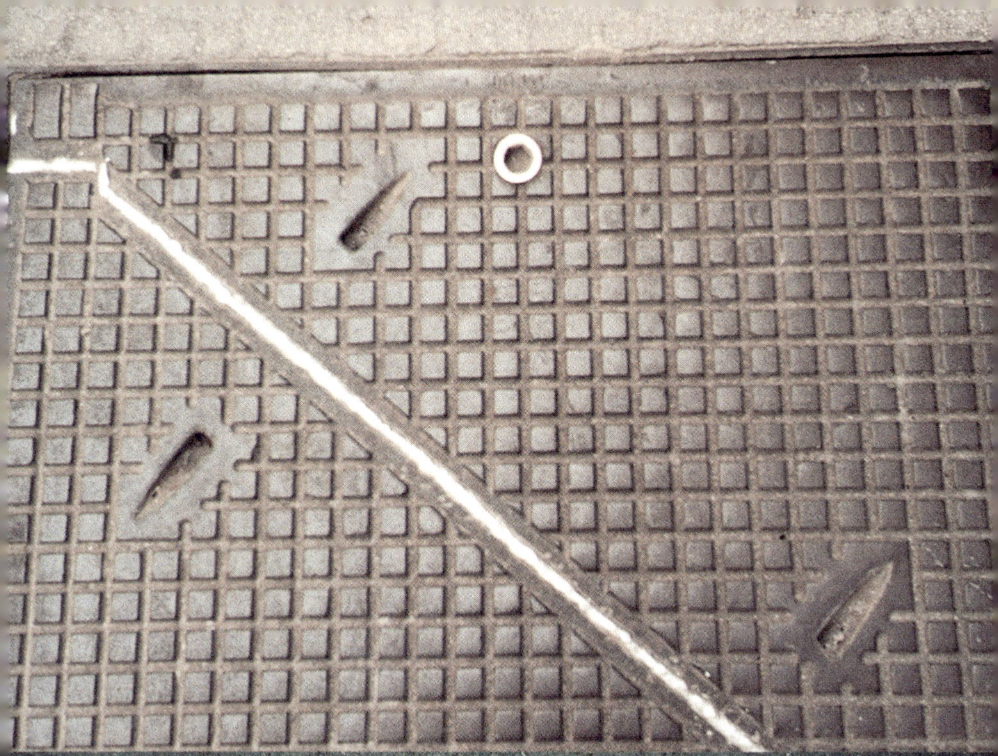

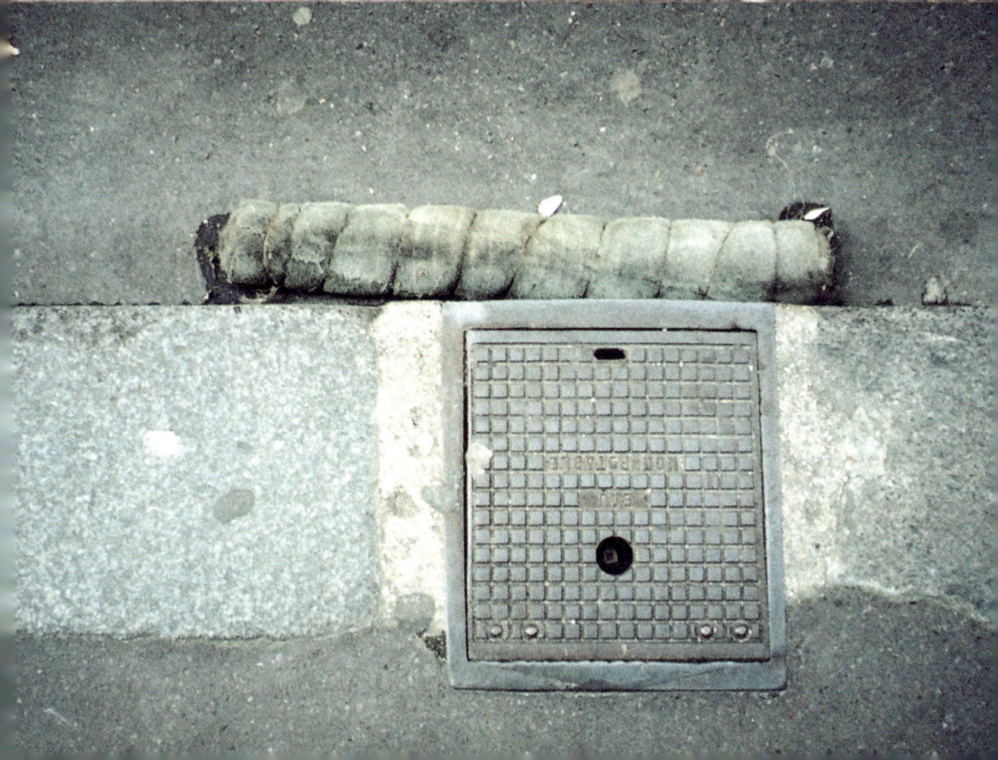

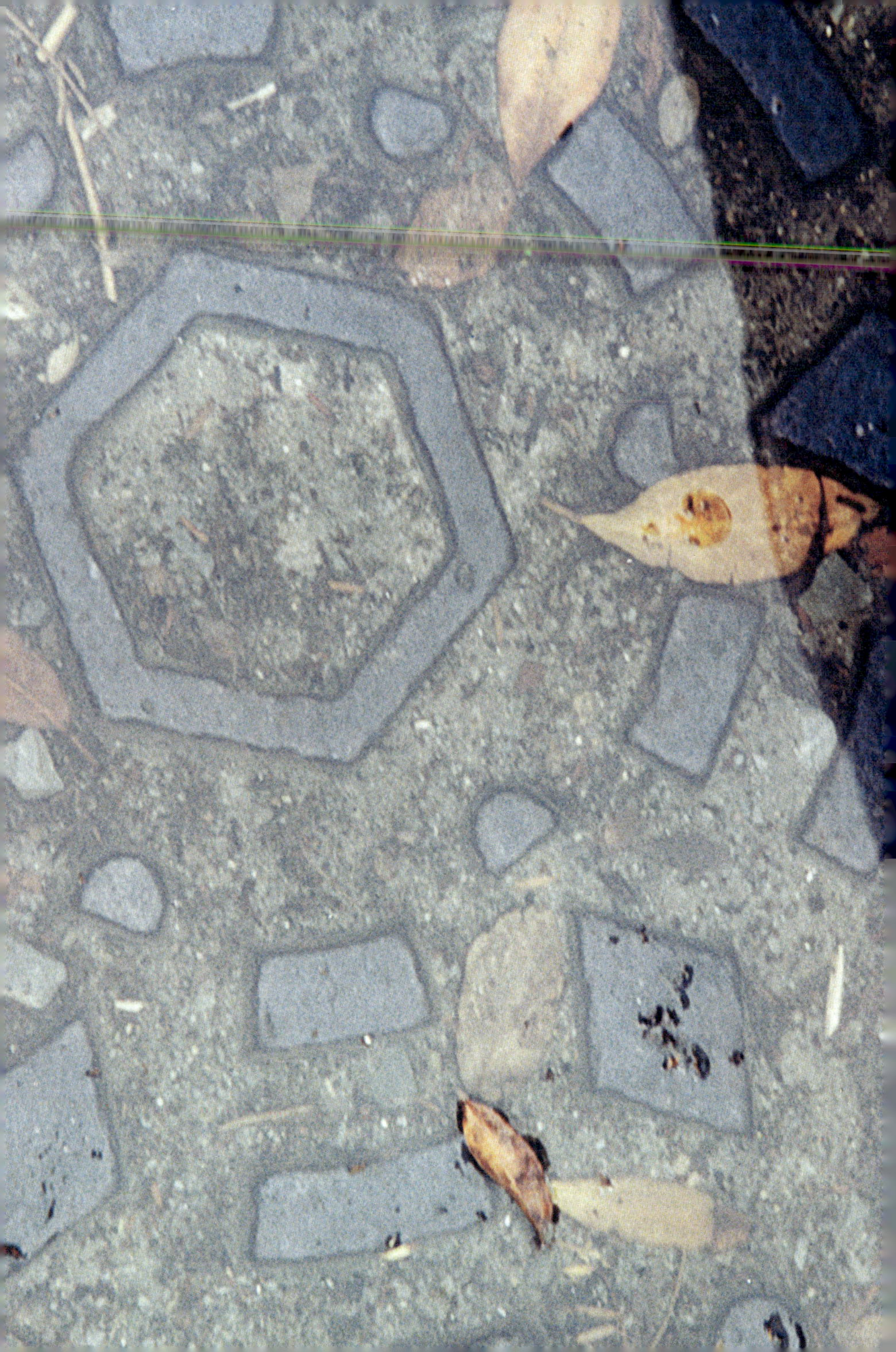

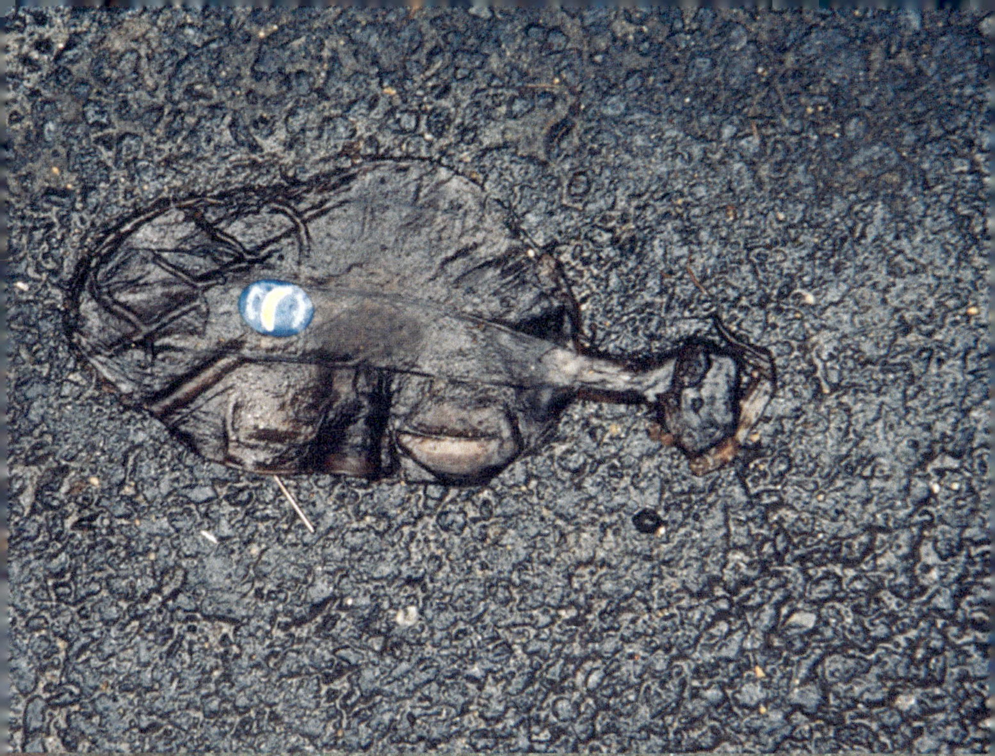

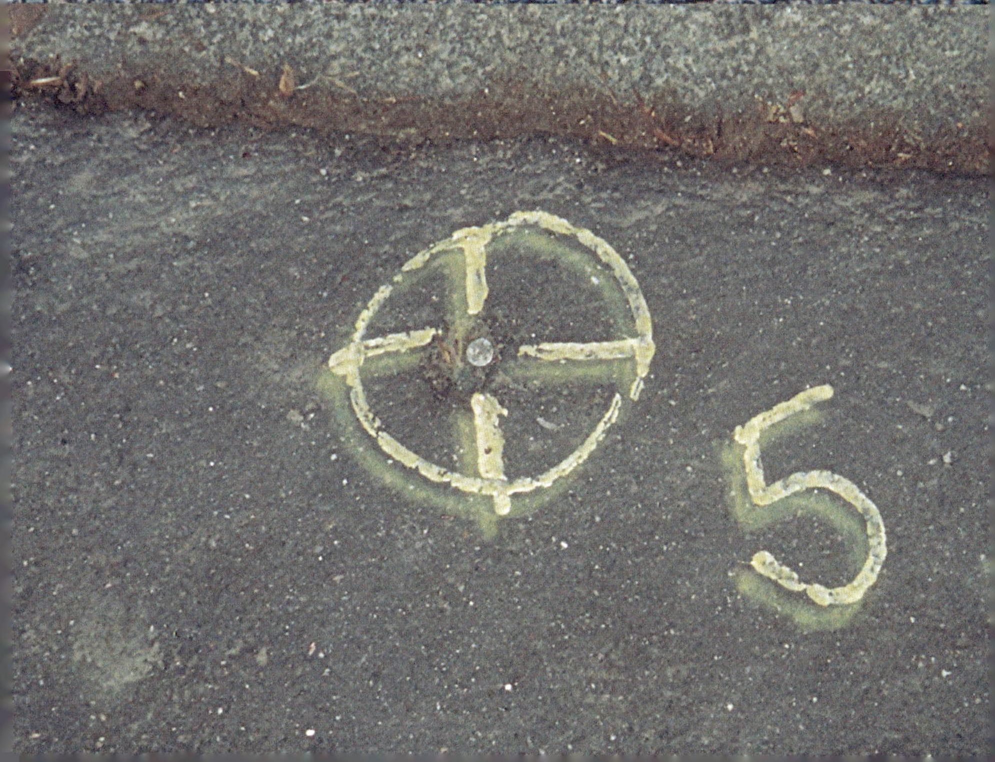
5

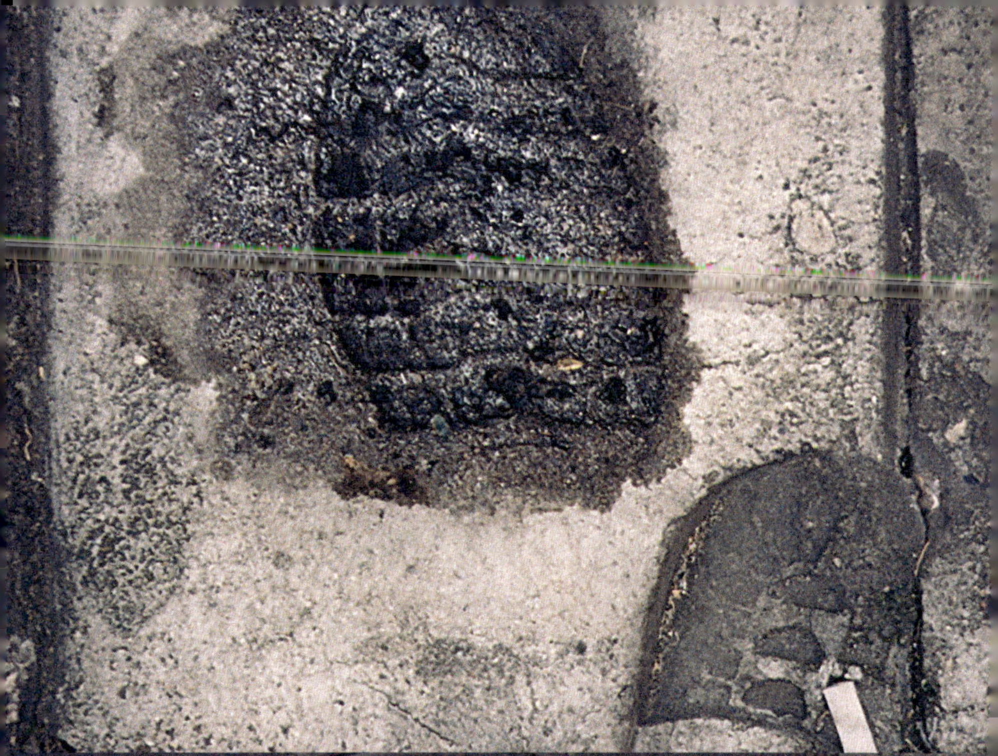

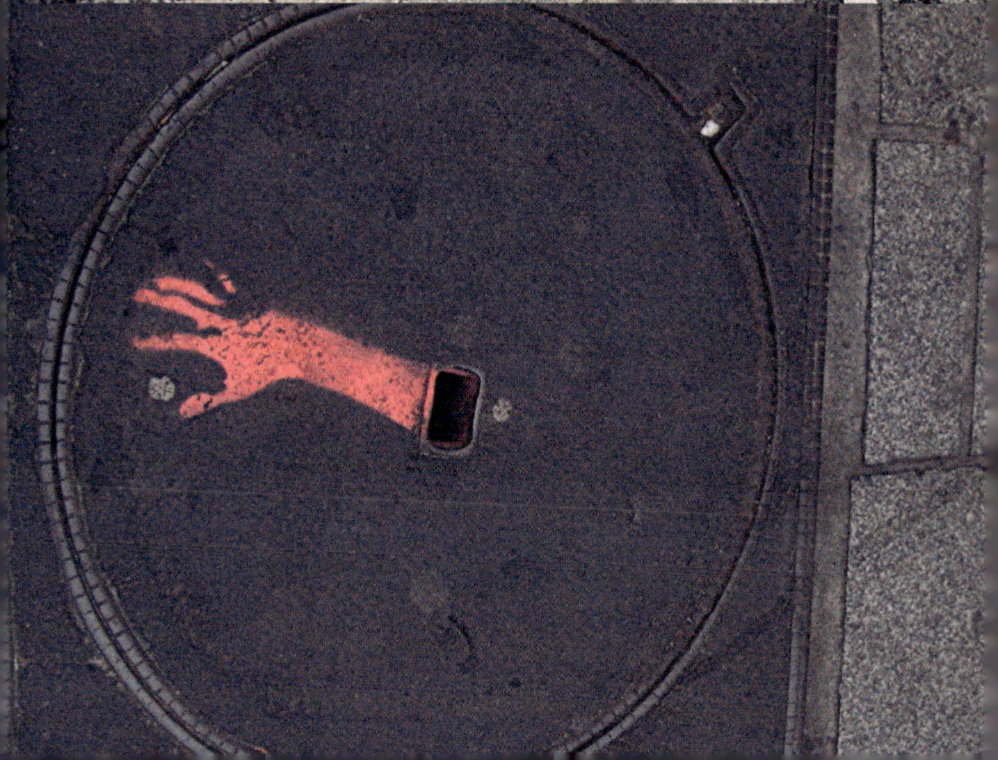

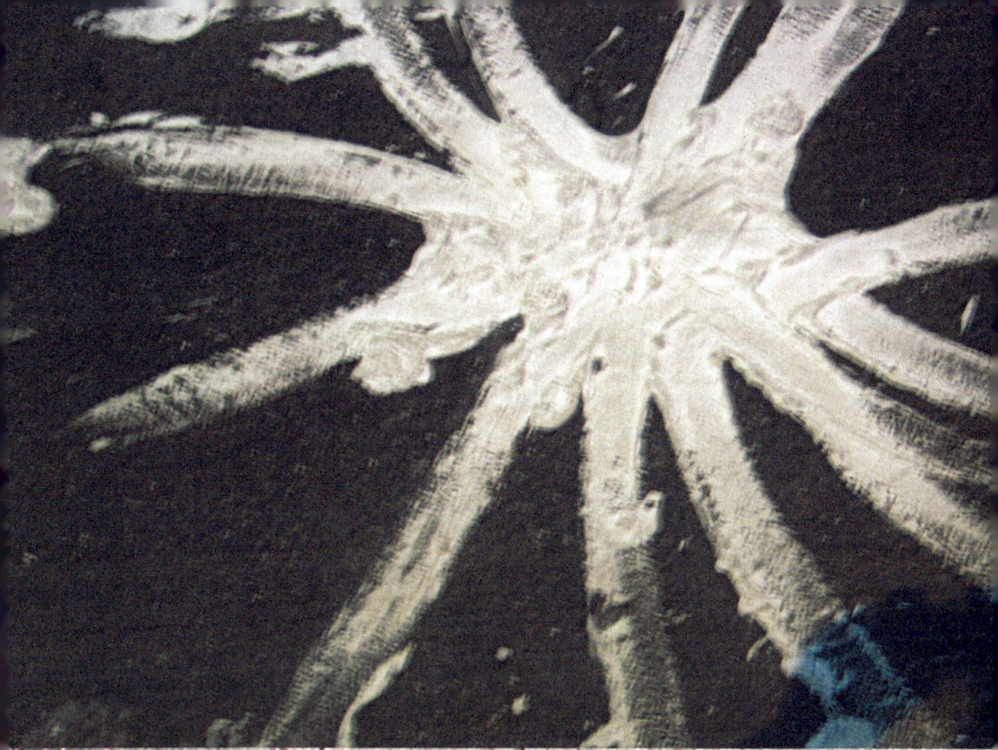

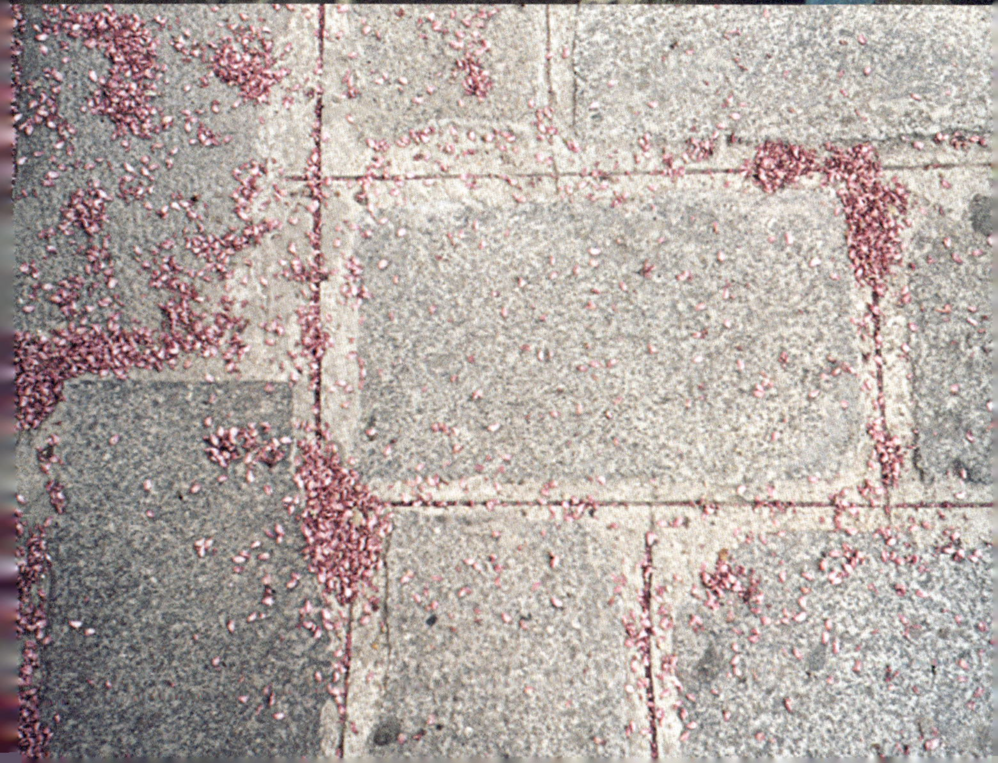

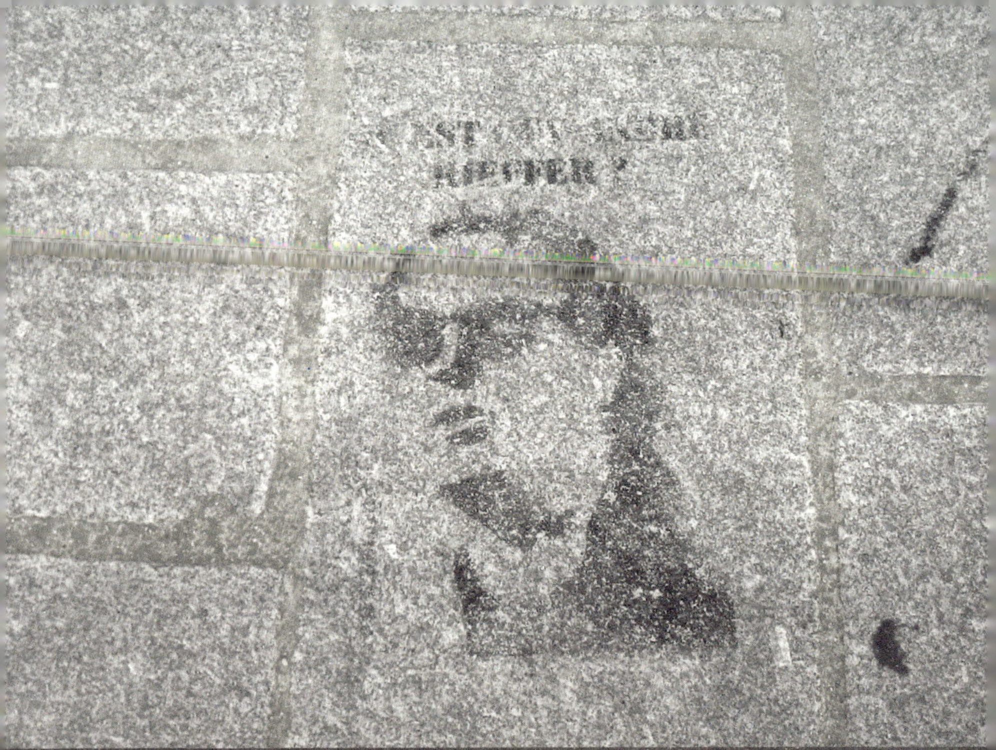

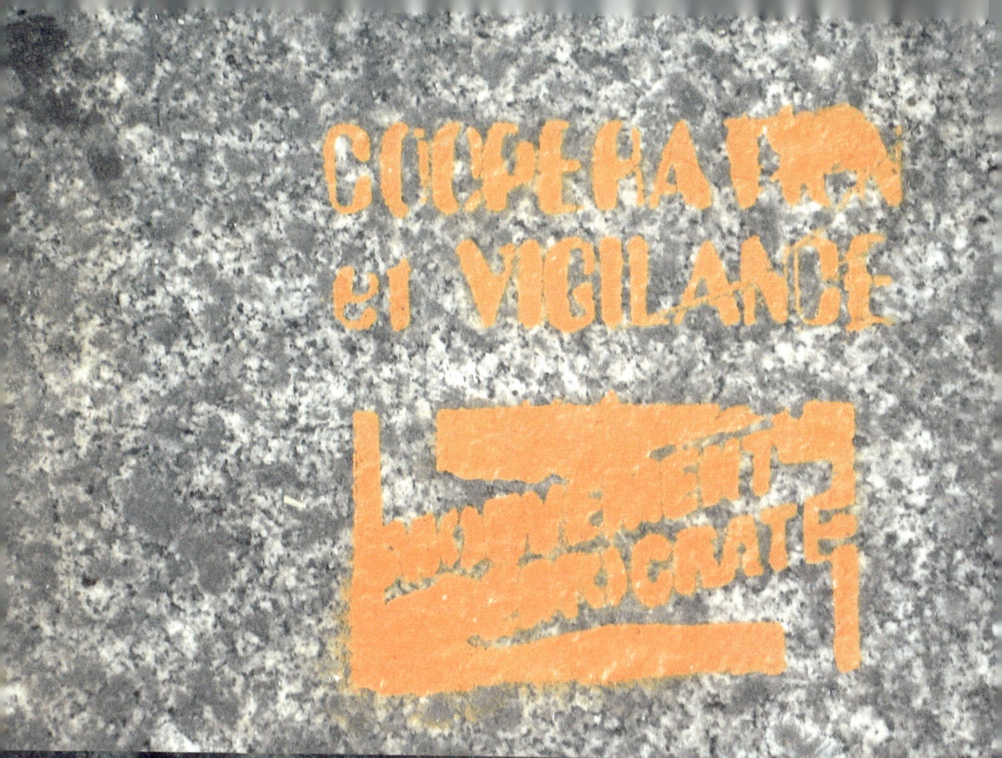
et VIGILANCE
MOUVEMENT

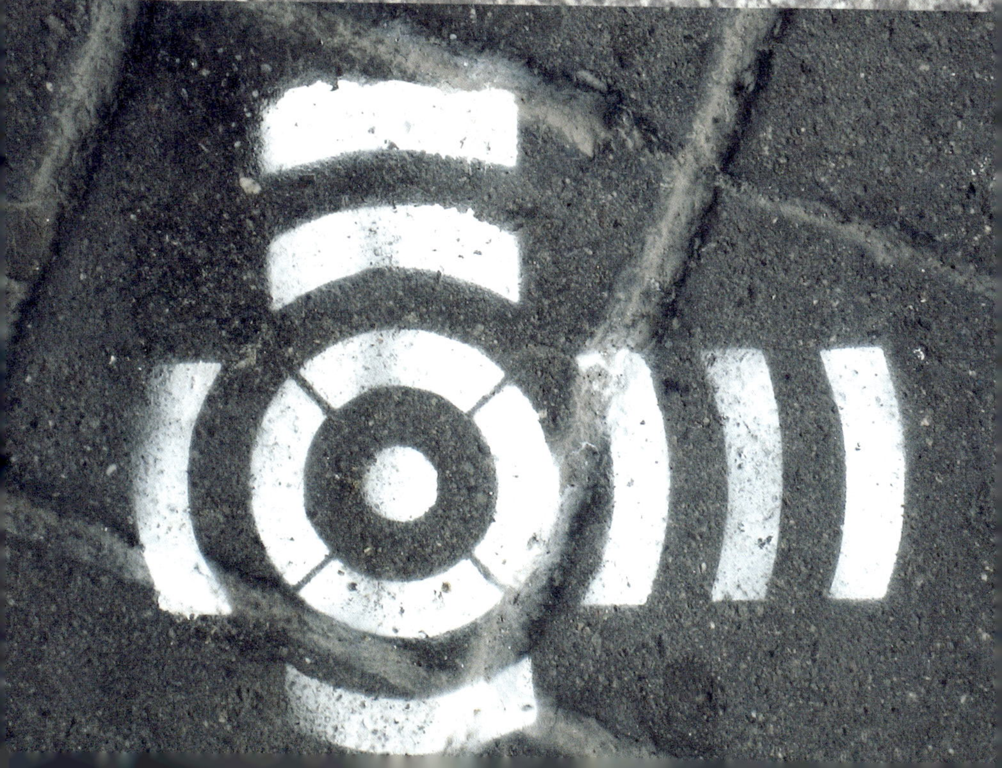

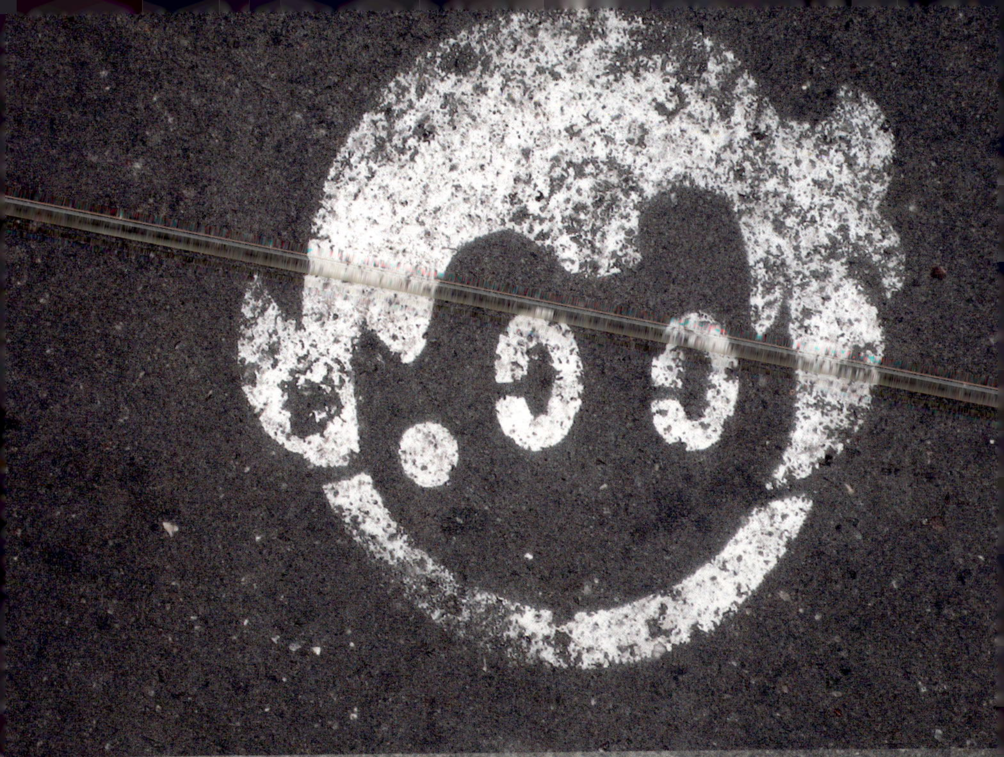

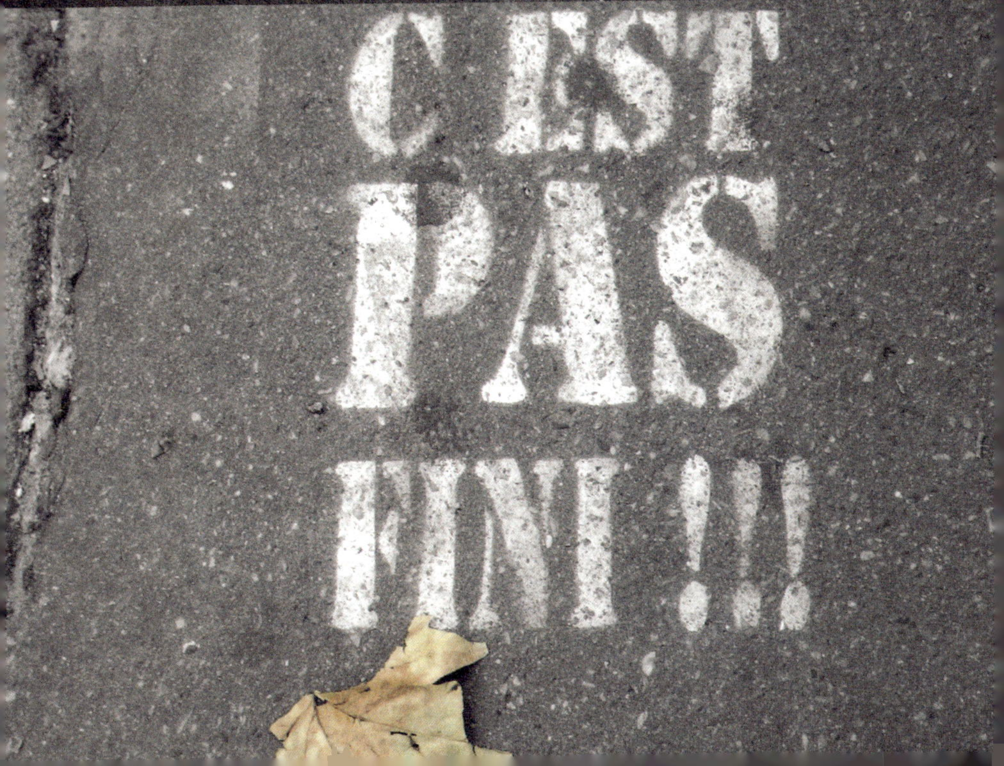
C EST
PAS
FINI !!!

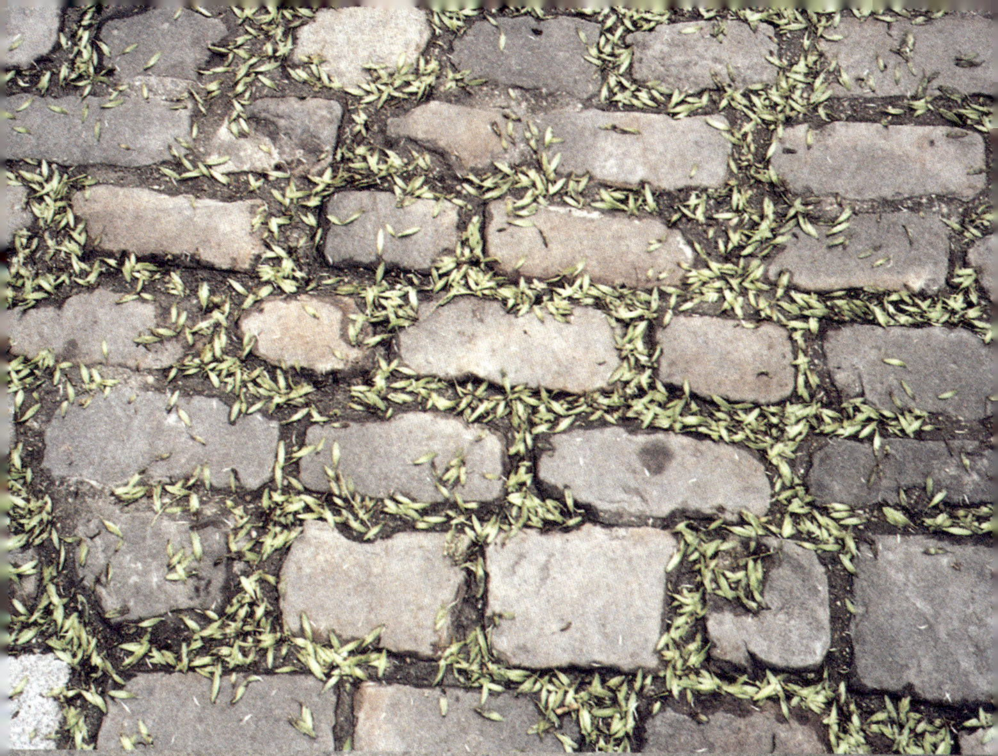

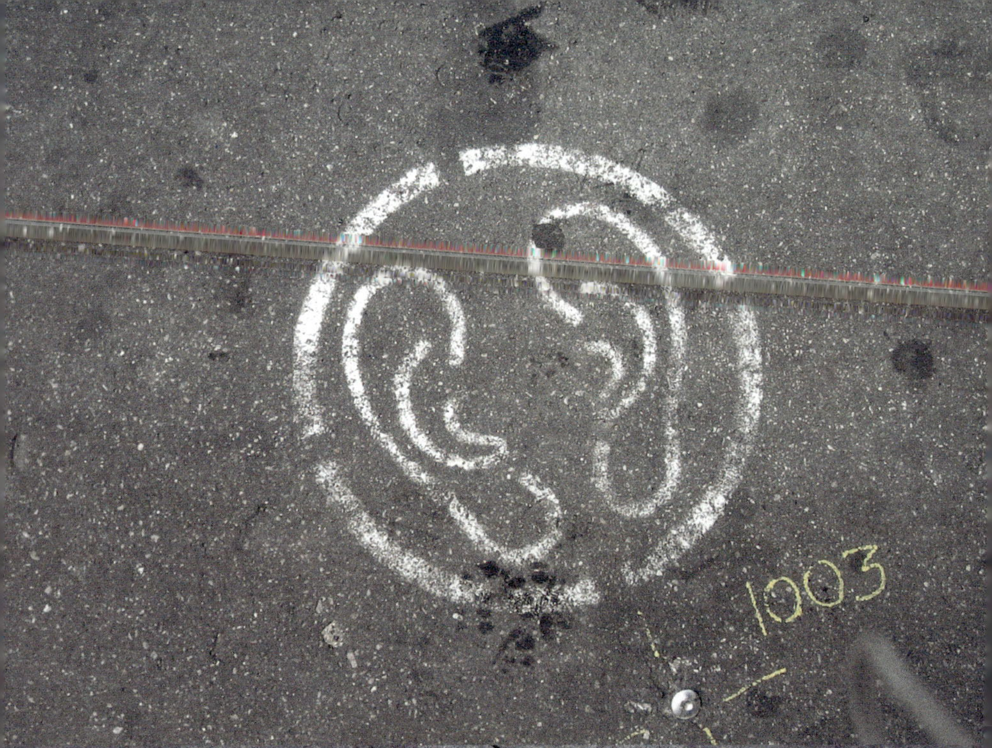
1003
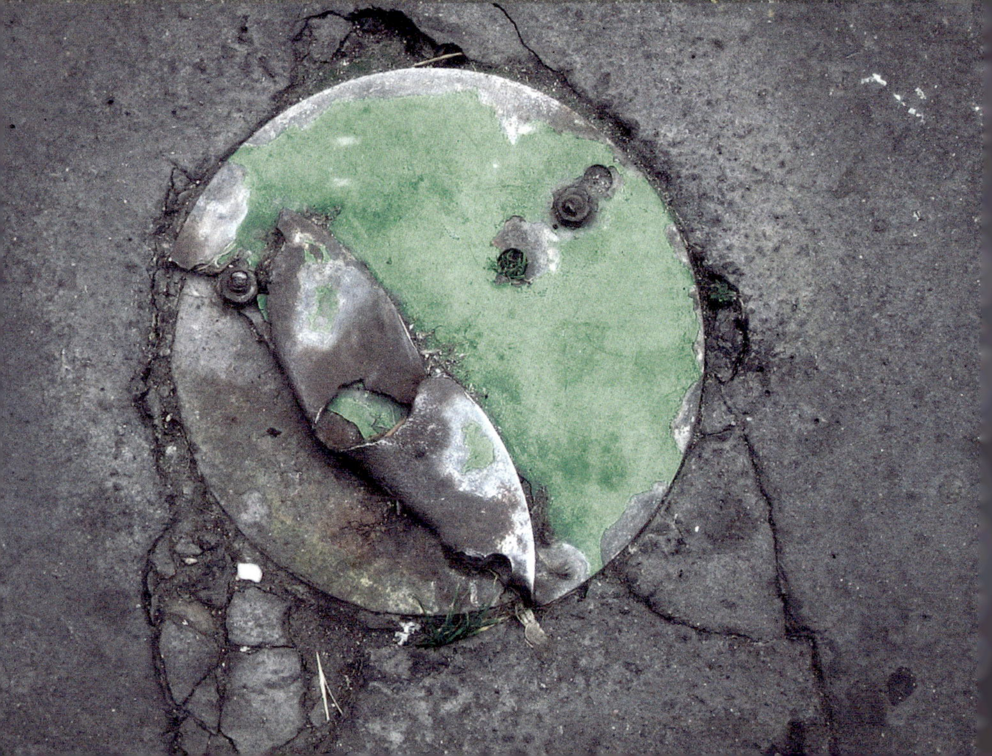

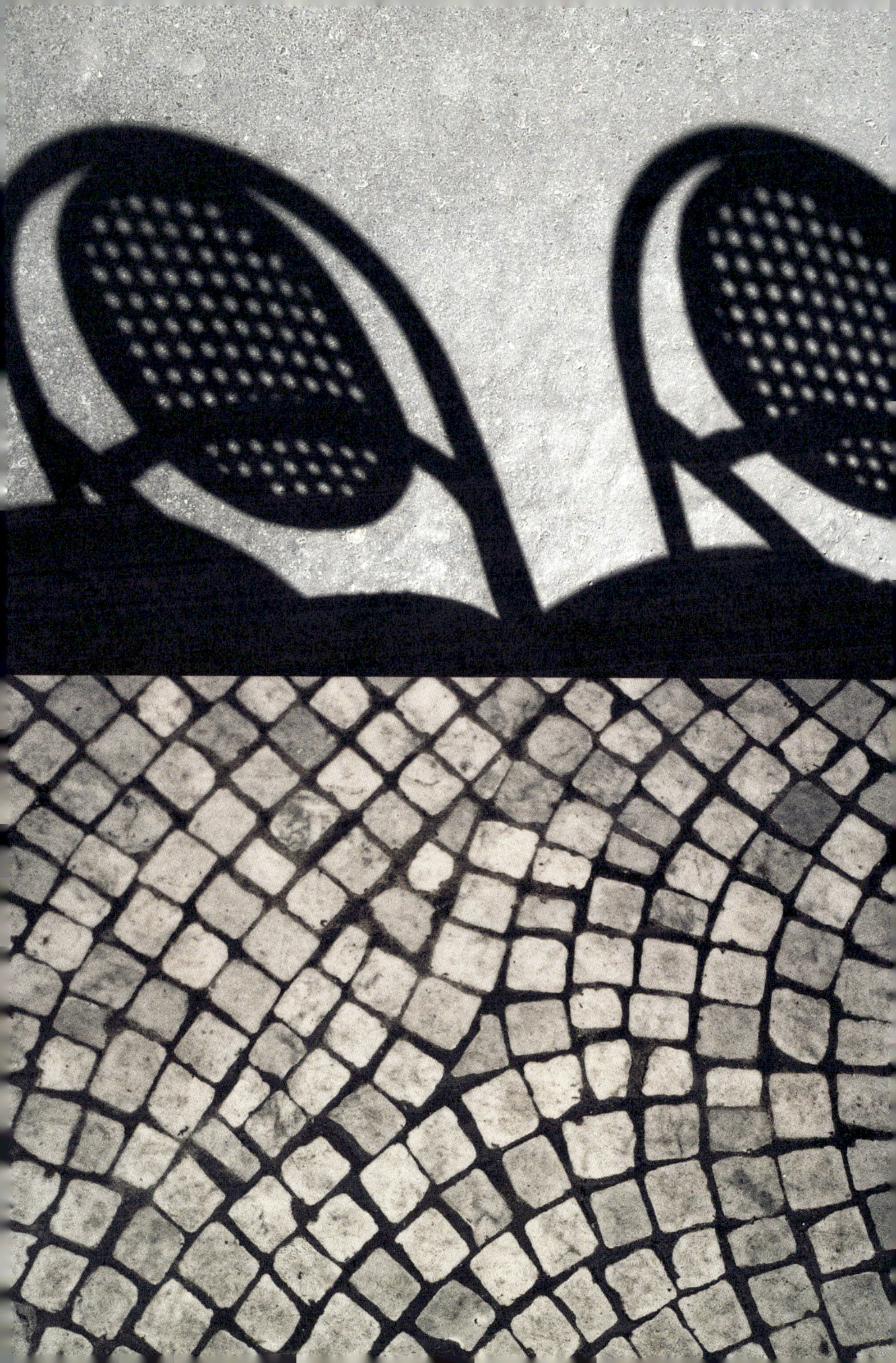

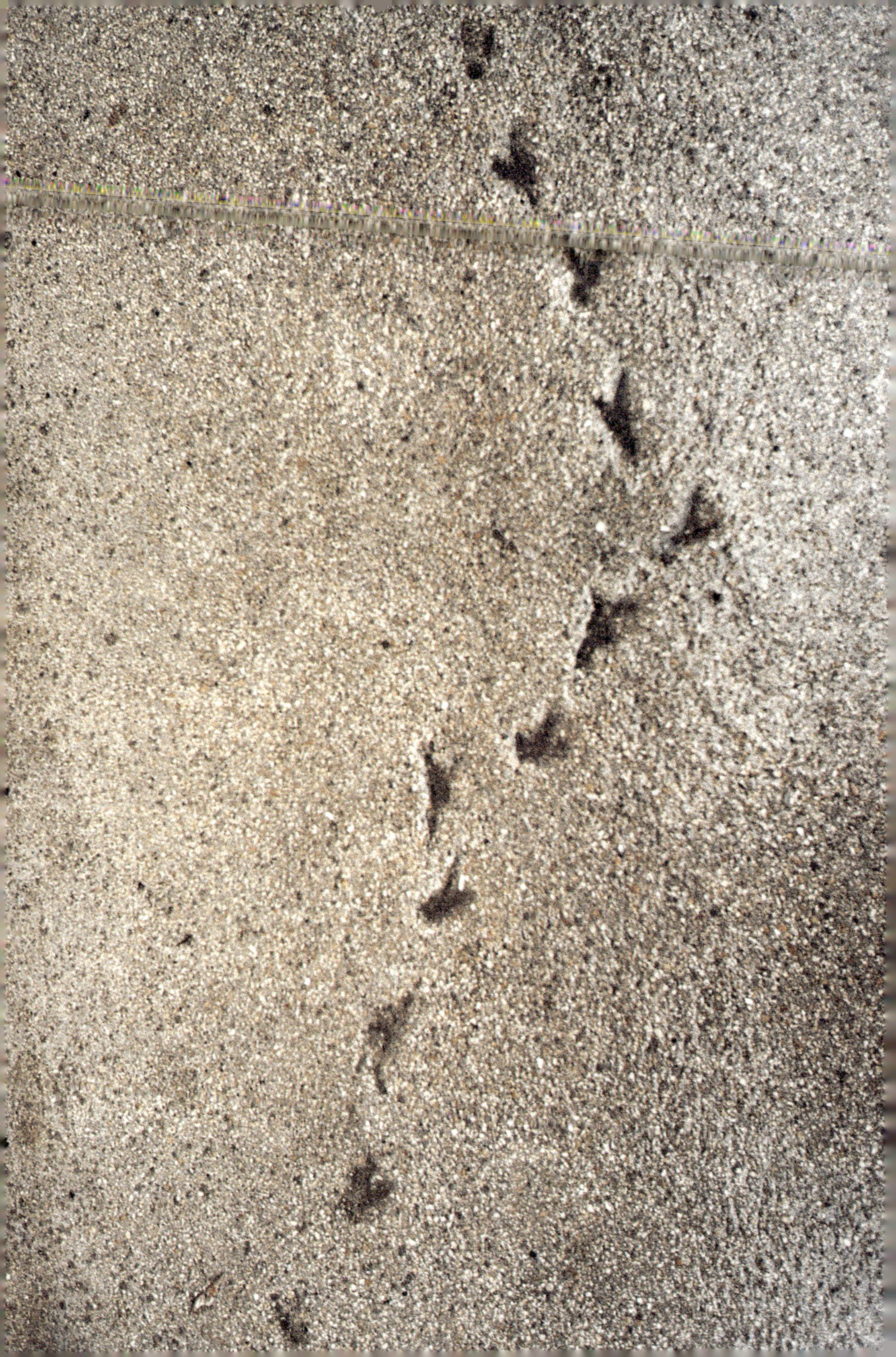

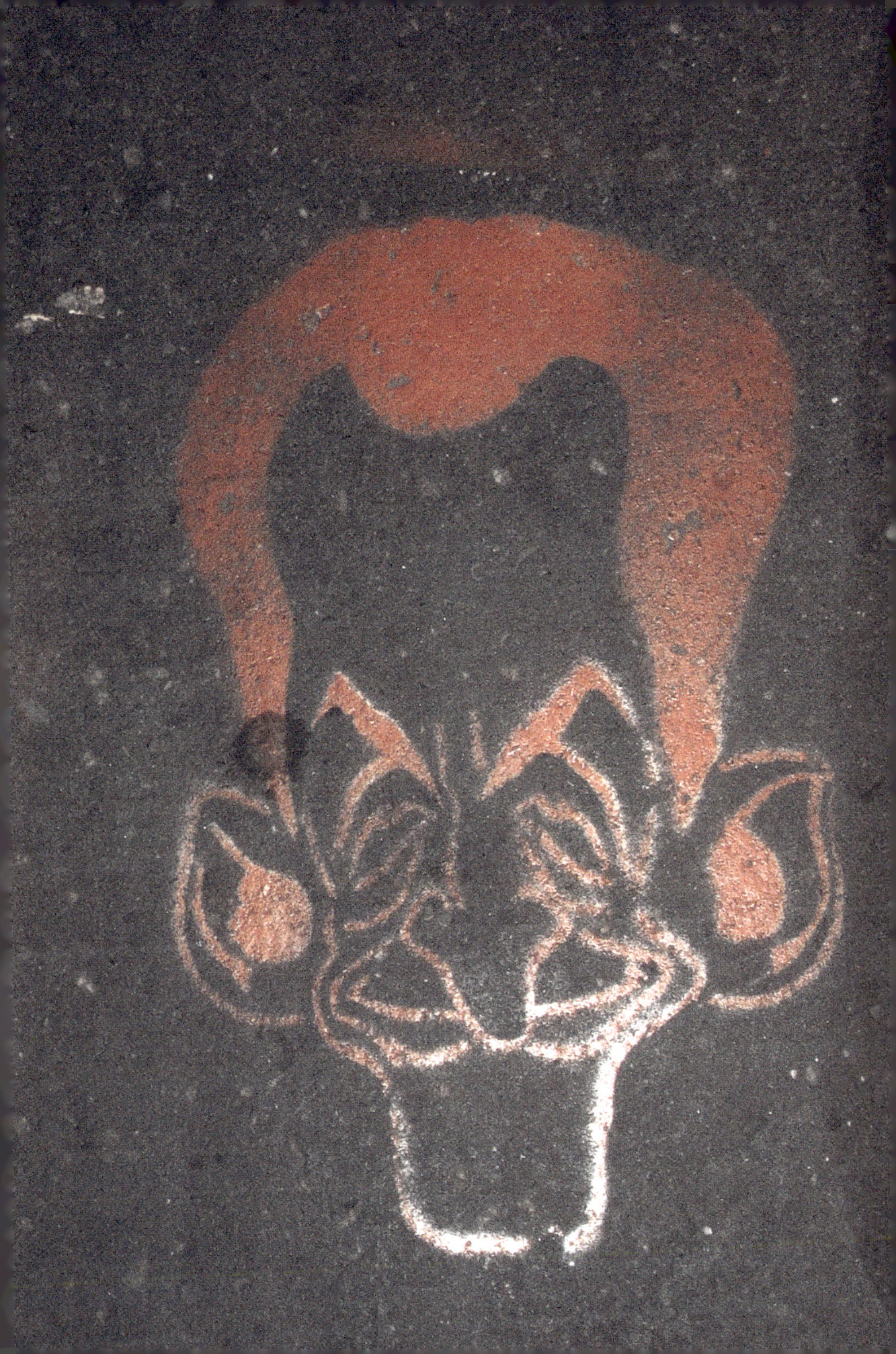

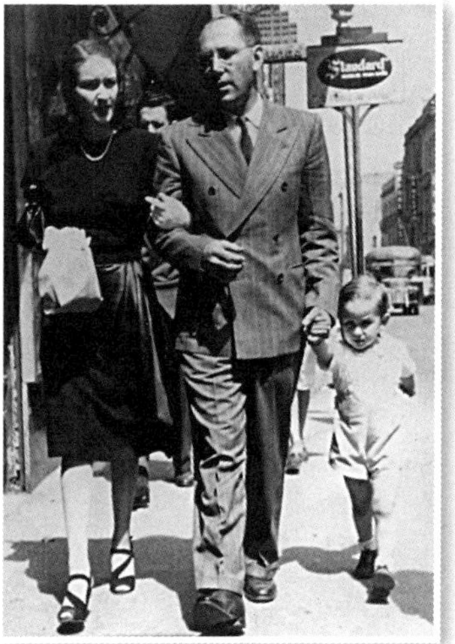

Bruno Newman recorriendo las banquetas
de la mano de sus padres.

El banquete de las banquetas
se terminó de imprimir en diciembre de 2008
en la ciudad de México, en los talleres de
Transcontinental Reproducciones Fotomecánicas, S.A. de C.V.
Se utilizó la tipografía Galliard, diseñada por Matthew Carter.